普通高等教育"十二五"规划教材

（电工电子课程群改革创新系列）

《电工技术》开放式精品示范课堂设计

罗瑞琼　宋学瑞　朱利香　刘子建　彭卫韶　著

中国水利水电出版社
www.waterpub.com.cn

内 容 提 要

全书分为两篇，第 1 篇是《电工技术》开放式精品示范课堂设计的理论基础，讲述先进的教学方法和现代教学手段在电工技术课堂和实验教学中的应用；第 2 篇是针对《电工技术》48 学时即 24 讲具体的课堂教学与实验教学过程设计。其中教学设计的内容覆盖有：电路模型和电路定律、电阻电路的等效变换、电阻电路的一般分析方法、电路定理、动态电路的时域分析、相量法、正弦稳态电路的分析、三相电路。每讲都含有：教学目的、能力目标、教学内容、教学重点、教学难点、教学手段、设计思路。教学过程设计有教学导入、重点讲解难点分析、任务驱动、自主探究。每小节内容后标出讲授时间，结尾有本节小结、课后作业、思考题、教学反思、本堂内容拓展延伸、布置下堂课内容的探究式预习、黑板板书设计。

本书是作者在长期从事《电工技术》教学过程中，不断将精品示范课堂设计中的思路和方案在教学过程中加以实践、修改、再实践、再修改，通过不断地总结提高，编著出版此书。书中附有通过教学反复修改后精心编写的例题、练习思考题，选题具有典型性、系统性、实用性的特点，有利于学生对重点、难点的理解与掌握，旨在培养学生的分析问题与解决问题的能力。为了增强学生的工程意识，书中介绍了大量的工程应用实例。

本书可作为高等院校非电专业学习电工技术的教师参考书和学生自学用书，也可作为相关工程技术人员学习电工技术的参考书。

图书在版编目（ＣＩＰ）数据

　《电工技术》开放式精品示范课堂设计 / 罗瑞琼等著. -- 北京：中国水利水电出版社，2014.9
　普通高等教育"十二五"规划教材. 电工电子课程群改革创新系列
　　ISBN 978-7-5170-2540-5

　Ⅰ．①电… Ⅱ．①罗… Ⅲ．①电工技术－课堂教学－教学设计－高等学校 Ⅳ．①TM-4

　中国版本图书馆CIP数据核字(2014)第220146号

策划编辑：雷顺加　　责任编辑：宋俊娥　　封面设计：李 佳

书　　名	普通高等教育"十二五"规划教材 （电工电子课程群改革创新系列） **《电工技术》开放式精品示范课堂设计**
作　　者	罗瑞琼　宋学瑞　朱利香　刘子建　彭卫韶　著
出版发行	中国水利水电出版社 （北京市海淀区玉渊潭南路 1 号 D 座　100038） 网址：www.waterpub.com.cn E-mail：mchannel@263.net（万水） 　　　　sales@waterpub.com.cn 电话：（010）68367658（发行部）、82562819（万水）
经　　售	北京科水图书销售中心（零售） 电话：（010）88383994、63202643、68545874 全国各地新华书店和相关出版物销售网点
排　　版	北京万水电子信息有限公司
印　　刷	三河市铭浩彩色印装有限公司
规　　格	184mm×260mm　16 开本　13.25 印张　348 千字
版　　次	2014 年 9 月第 1 版　2014 年 9 月第 1 次印刷
印　　数	0001—3000 册
定　　价	35.00 元（含 1CD）

凡购买我社图书，如有缺页、倒页、脱页的，本社发行部负责调换

版权所有·侵权必究

前　　言

随着电工技术的发展和教育理念的更新，教学内容也必须更新。课程组充分发挥自身优势和借鉴其他领域的发展成果，不断对课堂教学与实验教学进行改进和创新。作者在总结和吸收各院校教学改革的有益经验的同时，结合中南大学的教学特点编著了本书，在编著过程中删除陈旧过时或不适用的内容，增补新的知识和技术，力求反映电工技术发展新动向，注重经典理论与新技术、新产品的相结合，理论与实际应用相结合，突出先进性、实用性，加强学生工程实践能力和创新能力的培养。

开放式精品课堂设计不是简单的知识累积，而是一讲讲课堂教学和实践教学的艺术设计。通过课堂设计的编写，可以让教师像一个导演一样设计出课堂教学：怎么导入吸引学生；通过什么教学手段来激发学生兴趣；用什么教学方法引导学生思维紧跟老师；又怎样由易到难层层推进从而实现重点、难点的突破；怎样抓住重点，凸显亮点，讲出新意，讲出特色，所以说精品示范课堂设计是开放式精品示范课堂教学的总设计师。

本开放式精品示范课堂设计的特色是：

1. 教学内容丰富、难度恰当、重点突出，紧扣大纲，符合非电类专业要求。
2. 层次分明、结构合理、思路清晰、逻辑条理性强。
3. 运用了讨论式、案例式、探究式等多种教学方法进行启发教学。
4. 在教学中采用了 Multisim 虚拟仿真实验来提高教学效果，将难以理解的重点、难点用动画来演示。
5. 进行案例教学，每章末尾都附有工程实例，在教学中重视工程应用，突出能力、素质的培养。
6. 教学内容不断更新，反映了学科的最新知识和发展方向。
7. 重视实验教学，注重培养学生的动手能力和工程意识。

本书是顺应中南大学大力推广开放式精品示范课堂计划而编写的。它以中国水利水电出版社出版、刘子建老师主编的《电工技术》为依据，适应48学时的"电工技术B"教学使用，如果因专业需要讲授64学时的"电工技术A"，则只要加上电机部分即可。全书分为两篇，第1篇是开放式精品示范课堂设计的理论基础，讲述的是先进的教学方法和现代教学手段在电工技术课堂和实验教学中的应用；第二篇是针对48学时即24讲具体的教学设计，其中38学时是课堂教学设计，10学时是实验教学设计，它是我们进行《电工技术》开放式精品示范课堂教学的再现。

本开放式精品示范课堂设计适合作为高等院校的机械类、交通设备类、冶金类、环境类、能源与动力类、化工类、建筑类等相关专业教师的教学参考书，也可作为相关专业学生的自学用书。

本书由中南大学信息科学与工程学院罗瑞琼、宋学瑞、朱利香、刘子建、彭卫韶编写，本书在编写过程中得到了中南大学电工电子教学与实验中心许多教师的支持与帮助，特别是罗桂娥、张静秋、胡燕瑜、李中华等教师对本书的编写提出了很多宝贵意见和建议，在此表示衷心的感谢！

  本书的构思过程中得到了费洪晓教授、罗桂娥教授、张升平教授的指点，在此深表谢意！

  由于本书编写时间仓促，加上作者水平有限，书中难免有不妥甚至错漏之处。敬请读者、特别是使用本书的教师和学生提出宝贵意见，以便在今后的工作中不断完善与改进。

编 者

2014 年 7 月于中南大学

目　　录

前言

第1篇　开放式精品示范课堂设计的理论基础

一、精品示范课堂设计编写的意义与目的 ……………………………………………………… 1
二、先进的教学方法在精品示范课堂设计的应用 ……………………………………………… 1
三、本精品示范课堂设计的特色 ………………………………………………………………… 4

第2篇　精品示范课堂设计

第一讲　绪论、电路模型、电压和电流参考方向以及元件功率 ……………………………… 8
第二讲　基尔霍夫定律、电阻元件 …………………………………………………………… 17
第三讲　独立电源、受控电源、工程案例分析 ……………………………………………… 27
第四讲　电阻的串并联以及Y形连接和△形连接的等效变换 ……………………………… 37
第五讲　电压源、电流源的串并联与实际电源的等效变换、输入电阻 …………………… 47
第六讲　支路电流法和回路电流分析法 ……………………………………………………… 58
第七讲　结点电压法和叠加定理 ……………………………………………………………… 67
第八讲　戴维宁定理和诺顿定理 ……………………………………………………………… 79
第九讲　线性有源一端口网络等效参数测定电路设计（实验）……………………………… 91
第十讲　直流电路的习题课 …………………………………………………………………… 95
第十一讲　动态元件、换路定律和一阶电路零输入响应 …………………………………… 99
第十二讲　一阶电路零状态响应、全响应和三要素法 ……………………………………… 111
第十三讲　一阶RC电路过渡过程的分析（实验）…………………………………………… 122
第十四讲　正弦量的三要素及相量表示 ……………………………………………………… 127
第十五讲　相量法的分析基础和阻抗的串联与并联 ………………………………………… 133
第十六讲　正弦稳态电路的分析及功率 ……………………………………………………… 143
第十七讲　功率因数的提高、正弦电路的谐振 ……………………………………………… 152
第十八讲　阻抗的并联及功率因数的提高（实验）………………………………………… 162
第十九讲　串联谐振电路及电感参数测量电路设计（实验）……………………………… 166
第二十讲　三相电路、对称三相电路的计算 ………………………………………………… 170
第二十一讲　不对称三相电路的计算、三相功率 …………………………………………… 182
第二十二讲　三相交流负载电路的设计与测量（实验）…………………………………… 191
第二十三讲　动态电路、交流电路习题课 …………………………………………………… 195
第二十四讲　应用案例教学（讨论课）……………………………………………………… 198
参考文献 ………………………………………………………………………………………… 206

第 1 篇　精品示范课堂设计的理论基础

一、精品示范课堂设计编写的意义与目的

电工技术是研究物质的电磁客观规律并用于实践的科学技术。其内容包括电路的基本概念和基本定理、电路的分析方法、正弦交流电路、供配电技术基础、电路的暂态分析。《电工技术 B》是非电类专业的一门重要的技术基础课程，该课程的目的在于训练学生基本的分析问题和解决问题的能力，为学习后续课程、从事有关的工程技术工作打下坚实的理论与实践基础。此开放式精品示范课堂设计体现中南大学电工电子技术课程教学"保基础、重实践、少而精"的传统。教案内容紧扣教学大纲，在介绍基本概念、基本原理、基本分析方法的基础上加强和突出工程应用，满足较少学时教学的需要。电工技术课程的教学时数有限，又要不断引入新的教学内容，当然存在教学体系中有限课程容量与无限膨胀的课程内容之间的尖锐矛盾。课堂设计在编写中，从课程内容系统的观点出发重视外部特性，重视应用技术、基础知识的引出，重神轻形，力求理论形象直观。

中南大学于 2013 年正式启动开放式精品示范课堂建设工作，首批试点开放式精品示范课堂的课程有 12 门，其中，高等数学等公共基础课 4 门，基于医学案例的基础课程等专业核心基础课 8 门。开放式精品示范课堂计划是学校教学改革的重要环节，是对以往"满堂灌"式传统教学模式的一种根本性颠覆。课堂教学中必须达到的基本要求是：班级内必须分组、老师要规划好课程计划、提前告知学生课前任务。另外，老师要根据课堂进程，安排好随机讨论作业和课外大型作业，以培养学生的主动思考、分工合作的意识和能力。学生成绩的评判要综合考虑学生的平时成绩与课堂表现，学生成绩的给分依据和标准要明确。课堂教学改革不能局限于方式，更应该集思广益，以多种多样的方法和途径促进师生在课堂内外的交流互动，使学生完成知识的掌握、能力得到锻炼，营造一种自由、平等、开放、创新的教学环境。精品示范课堂教学中坚持以质量为本，是一次真正意义上的多向度的教学改革。这其中要求任课教师以高度的责任感、满腔的热情、全身心地投入去创新和实施各种探究式的教学模式，不断探索和运用各种新颖的教学方法，合理创建和采用科学的课程考核形式，充分调动学生进行自主学习、主动学习和创新学习，全面提高课程课堂教学的质量。

本精品示范课堂设计以精品课程评估体系为依据，进一步明确《电工技术 B》的定位和建设思路，全面推进教学内容、课程体系、教学方法、教学手段、教学条件和师资队伍的建设，在保持现有特色和优势的基础上，突出办学特色，提升该课程的教学质量，使之具有实用性和先进性。更加注重体现现代教育思想和观念，始终坚持知识、能力、素质协调发展和综合提高的原则，科学应用现代教育技术、方法和手段，把课程建设成具有较高教学水平和广泛示范辐射作用的开放式精品示范课程。

二、先进的教学方法在精品示范课堂设计中的应用

作者在多年的教学中不断探索和总结先进的教学方法，在课堂教学中运用实例教学、问题教学法、探究式教学法、讨论式教学法、仿真演示法、项目教学法等突出教学互动的多模式

教学方法，实现传统教学方式与现代教学方式的有机结合，力求现代教育技术手段在本课程得到最佳运用。本课堂设计编写体现了等多种方法在教学中的应用，适合《电工技术》的教学特点与要求，对于提高教学水平，改进教学方法、改善教学效果，促进教材体系向教学体系转化，逐步实现教学过程的科学化、教学技术与手段的现代化，具有重要意义。

1. 探究式预习法

在教学中，激发兴趣引出主题可以安排在上新课的前次课导入，由于大学生的好奇心、求知欲，课后的自学探究则顺理成章，这样不仅可提高学时的利用率，而且充分调动了学生自主学习的积极性。同时，利用课堂教学伊始，进行自主探究后的交流探讨，不仅能预热上课气氛，而且对那些探究学习不充分的学生是很好的补充，同时也促进了当天课程的进行。这在精品示范课堂教学中非常重要，学生只有在充分预习好下一讲内容后才能在课堂上与老师有更好的互动，而且在互动中可以与老师擦出火花。所以在本课堂设计的每一讲结尾都运用了仿真引入法、引例法、生活实例法等多种探究式预习方法。

2. 谈论法

谈论法特别有助于激发学生的思维，调动学习的积极性，培养他们独立思考和语言表述的能力。谈论法可分复习谈话和启发谈话两种。复习谈话是根据学生已学教材向学生提出一系列问题，通过师生问答形式以帮助学生复习、深化、系统化已学的知识。启发谈话是通过向学生提出来思考过的问题，一步一步引导他们去深入思考和探取新知识。这种方法属于互动型教学法，"电工学"是理工类专业基础课，课程内容深奥，实践性强，要求学生具有很强的逻辑思维能力和实践总结能力，需要适时的互动进行启发诱导，开拓思维。谈论法在本课堂设计中的"复习回顾新课导入"环节中都加以应用。

3. 比喻法

在教学实践中，我们会深刻体会到在讲解定义、概念的教学过程中，通过提供直观的实物、直观的模型、直观的语言等途径，能使枯燥的知识兴趣化、抽象的概念具体化、深奥的理论形象化。这样不但能减少教学难度，而且使教学内容直观、易懂、易记，更有助于培养学生的想象能力、思维能力和记忆能力，拓展学生的思路，调动学生的学习积极性。例如，在讲授直流电路这一章的"电流"与"电位"时，介绍导体内电流产生的条件：导体两端有电位差，就会有电流。如果介绍高水位与低水位的差值就是水位差，有水位差的两水位之间就有水流动。此时便自然引出电位差的概念；在讲基尔霍夫电流定律时用交通岗十字路口比作结点，电流比作车流，把 KCL 形象化，使教学内容直观、易懂、易记，这样可大大激发学生的学习兴趣。

4. 演示法

演示教学是教师在教学时，把实物或直观教具展示给学生看，或者作示范性的实验，通过实际观察获得感性知识以说明和印证所传授知识的方法。演示教学能使学生获得生动而直观的感性知识，加深对学习对象的印象，把书本上的理论知识和实际事物联系起来，形成正确而深刻的概念；能提供一些形象的感性材料，引起学习的兴趣，集中学生的注意力，有助于对所学知识的深入理解、记忆和巩固；能使学生通过观察和思考，进行思维活动，发展观察力、想象力和思维能力。例如，在讲电路元器件时事先制作电阻、电容、电感的实物板，让学生认识实实在在的元器件。在学习电机与电机控制时，将电机、变压器、触发器等电工设备的实物拿到课堂上，面对实物分析它们的内部结构和工作原理等，会让学生在加强学习兴趣的同时，对知识有最直观的理解。

5. 问题教学法

问题教学法是教育理论中熟知的一种互动式教学方法。通过设置问题，使学生用已有的知识去分析新问题，理解和接受新知识，把培养学生的主动思维能力作为侧重点，将他们从烦琐的记忆中摆脱出来。让学生在围绕问题进行学习，能准确地把握住要点，以提高学习效率。在本课堂设计中，在学习新知识前通过提出问题，然后本着解决问题的思路让学生一步一步进入学习中去。

6. 讨论式教学法

讨论式教学法是一种从新的人才质量观出发，以"学生为主体"的教学方法，目标是"教会学生自主学习"，培养具有创新精神和实践能力的人才。这不单是一个方法的变化，其实质是为了适应教学关系变化而做出的教育思想的深刻变化。由于它把学生在整个教学中的地位突出出来，给学生创造了一个潜能释放价值实现的环境和氛围，学生的学习主动性明显增强，整个教学过程变成同学、师生之间相互交流的互动过程。知识在交流中被升华，智慧在互动中被激发。

学生普遍反映讨论式教学法变单向传授为双向交流，有利于融洽师生关系，培养学生的民主精神，提高理论的应用能力。随着试验的深入和环境的宽松，学生对这种教学方法接受度也越来越高，更加积极地投入到讨论及相关工作中，来体现自己的能力和才华。同时教师在组织、应变上的能力也有了相应的提高。

7. 讲练法

讲解例题、练习题、习题课教学是巩固重要理论和方法的一种重要课堂教学形式，是培养提高学生的应用能力和分析能力的重要手段。在教学中，在阐明原理的前提条件下，结合典型例题让学生自己先去思考，提出解题思路，然后就学生提出的不同思路、方法给予点评，分析各种方法的正误性、优缺点等。这样一方面可以使学生在独立思考中锻炼思维能力，另一方面也可以让学生集众家之所长，开拓思维空间、开阔思路。再者，采用这种方法也有助于搞好课堂教学，通过观察学生的课堂表现，随时了解学生的听课情况、对知识的掌握程度，及时发现问题，及时解决。通过例题、习题的讲练，可揭示电工学知识的内在规律，沟通各部分知识的联系，从而使学生把所学的知识系统化、条理化，提高分析问题和解决问题的能力，能把所学的知识应用于实践。同时，以例题、习题为载体，能够使学生进一步理解和牢固掌握已学过的基础知识和技能，科学地掌握电工学知识和思想方法，发展学习能力，提高学习质量及素养。其中习题课采取学生主讲，辅导教师总结的方式进行，以加强学生学习能力的培养。学习知识的目的在于应用知识解决实际问题，而实际问题的解决过程就是对知识的再理解、再巩固的过程，既是能力的发展过程，也是拓展思维的过程。

8. 案例教学法

案例教学法是一种创新性的教学方法，其教学过程能体现建构主义和多元智能理论在现代教学中的科学运用，特别是教师在教学中的地位和作用发生了根本性的变化，真正体现了学生在整个教学活动中的主体地位。案例教学法强调通过学生的自主学习来获得知识和技能，有利于学生创新能力的培养和提高。本课堂教学中特别强调案例教学法的使用，在每章的结尾都列出一个与本章内容相关联的案例，让学生学以致用，激发学生学习电工技术的兴趣，增强学生的工程意识。

9. 项目教学法

项目教学法是指在教师的指导下，将一个相对独立的项目交由学生自己处理。其中信息的收集、方案的设计、项目实施及最终评价，都由学生全部或部分独立组织、安排学习行为，解决在处理项目中遇到的困难。这样不仅传授给学生理论知识和操作技能，而且培养了他们的职业能力，更能符合"卓越计划"对人才培养模式的需求。针对应用型人才培养模式，中南大学"电工技术"课程组在教学手段方面也做了大量的工作，在教学过程中采用了多种教学手段，包括多媒体教学、网络学堂和在课堂教学中采用 CAI 教学软件和 Multisim 10.0 仿真软件等辅助教师的课堂讲授，起到了良好的成果。同时将科研成果引入课堂教学，注重凝练国内外学科发展最新动态中的新知识，在授课中将凝练的新知识、新进展介绍给广大同学，扩大学生视野，拓宽学生知识面，有效地促进了师生交流，取得了极佳的教学效果。

10. 读书指导法

读书指导法是教师指导学生通过阅读教科书、参考书以获取知识或巩固知识的方法。学生掌握书本知识，固然有赖于教师的讲授，但还必须靠他们自己去阅读、领会，才能消化、巩固和扩大知识。电工学课程具有知识覆盖面广，实践性强等特点，在课堂上教师讲授的同时，也必须依靠课后阅读工具书才能对知识有更为深刻的理解。培养学生实践应用能力、思维开创性能力和创新性能力，有效地提高教学效果。

另外，教师要把局限于课堂的时间与空间扩大到课堂之外，引导学生到图书馆、实验室，到社会生活中去探究，还给学生更多读书、动脑、动手、实践、探究的机会。为此，我们采取了很多方法：实验教学中主要采取开放式创新性实验设计，在理论教学中主要是开展"学科专题论文"活动。这个活动主要利用课余时间，通过查阅资料和网上搜索，了解本课程与学生所学专业的联系及应用，并撰写科技小论文，通过交流共享，提高他们搜集信息的能力，开阔眼界，了解当代新技术发展趋势。

三、本精品示范课堂设计的特色

1. 紧扣大纲，重点体现能力培养

本课堂设计以中国水利水电出版社出版、刘子建老师编写的《电工技术》为依据，严格按教材体系和结构谋篇布局。教学内容、教学过程紧扣大纲。《电工技术 B》课程研究性教学的三个环节形成了学习能力和创新能力的渐进式培养模式：①通过启发式和讨论式的课堂教学使学生初步理解和掌握理论内容；②通过实验使理论内容得到验证和深化；③通过科研训练既可以使知识得到应用、能力得到提高，又可以促进后续学习。这一模式符合人类的具体—抽象—具体认知过程，不仅使学生学到了理论知识，更重要的是使学生带着浓厚的兴趣掌握了学习方法和应用方法。

2. 层次分明、结构合理、思路清晰、逻辑条理性强

本课堂设计编写的格式简明扼要、直观深刻、一目了然。正文前序有：【教学目的】、【能力目标】、【教学内容】、【教学重点】、【教学难点】、【教学手段】、【设计思路】。教学过程设计有教学导入，重点讲解难点分析、任务驱动、自主探究。每小节内容后标识讲授时间，结尾有【本节小结】、【课后作业】、【思考题】、【教学反思】、本堂内容【拓展延伸】、布置下堂课内容的【探究式预习】、【黑板板书设计】。章、节、目、一级标题、二级标题采用了不同的字体和颜色，整个教案看上去结构合理、层次分明、思路清晰、条理性强。

3. 每一讲教学内容巧妙导入、引人入胜

对于课堂教学来说，一定要把教学导入的环节做好。这是一堂课的"开局"，从一定意义上来说是最重要的一环，做好了这一点就能引人入胜，一下子把学生的注意力吸引过来。本课

堂设计教学导入方式灵活多样，有生活应用导入法、案例导入法、仿真导入法、电路引例导入法、问题导入法等。例如，在讲授谐振前先问学生在现实生活中碰到过谐振现象没有，等学生思考后慢慢引导他们联想到收音机的调谐即调频道就是电路的谐振现象。在讲基尔霍夫电流定律之前先布置学生用一仿真电路观察经过结点的支路电流代数和是否为零，如为零又是为什么。这样层层引导，直到学生自己把基尔霍夫电流定律总结出来，这样可积极调动学生的思维，让他们理解定律的实质后就可灵活运用定律来解决实际问题。

4. 注重启发式、探究式教学方法的应用，突出师生互动

现代教学理念强调兴趣在教学活动中的重要作用，教学从知识传授向培养能力转变。采用"提出问题—解决方案—得出结论"的启发式教学方法，引导学生发现问题、解决问题，激发学习的积极性，使学生不仅掌握相应的专业知识，还具备创新能力。比如，在讲解第2章的结点电压法时，首先不直接讲方法，而是通过引例先设疑，让学生思考用什么方法最优。这时学生会想到用前面学过的方法如支路电流法或回路电流法求解，结果发现要列多个方程，计算量大。这时教师引导启发学生：如果只允许列一个方程求解呢，再引导学生用结点电压来表示支路电流，这样学生就能自己发现结点电压法的优点所在，从而理解结点电压法的实质。本课堂设计每一讲在复习小结后马上用各种方法布置学生预习下一讲内容，比如用仿真法、引例法引导学生本节课下课后查找资料，预习下堂课内容。本课堂设计特别强调探究式预习，学生通过探究式预习可以很好地进入下堂课的学习，通过实践证明使用这种方法教学效果很好，非常有利于课堂讨论互动。这样预习、引入、讨论、启发引导层层推进、通过讲练例题使知识得以巩固、通过小结使知识得到升华，最后在本堂课结束时再布置下堂课的预习，这样整个内容不仅连贯，而且让学生觉得融会贯通，效果很好。探究式教学模式强调以学生为本，注重培养学生探究习惯和挖掘学生探究潜能。现代教育理念着眼点放在学生的发展上，不仅要使学生快速高效地掌握知识，而且更注重培养学生分析问题、解决问题的能力。建立探究式的教学氛围，不仅能充分发挥教学民主性，达到教师、学生、知识三者互动，而且可以改变当今流行的注入式教学对学生个性潜能的压制。通过探究式教学的训练，学生会掌握有效的学习方法，为终身学习和今后的工作奠定良好的基础。

5. 在教学中应用先进的教学手段

在教学中，对一些难以理解的抽象概念和过程用动画的方式加以解决，使抽象的理论形象化、复杂的电路实际化；增强学生对电路的理解和对电路结构的认识；增强学生学习的兴趣与热情。如在讲解交流电路的有功功率和无功功率时，一个是能量的吸收，一个是能量的互换，这些过程看不见、摸不着，如用动画的方式表现出来，学生就感到直观好懂。在教学过程中引入仿真软件 Multisim 10.0，以实现理论教学与实验教学一体化的思路。如分析谐振电压与电流同相时，用仿真电路中的示波器显示出两种波形，学生一下子就明白同相的概念并可深刻理解谐振现象。理论教学与实验一体化教学有助于改善传统电路理论教学的薄弱环节，仿真软件还可以开展软实验，弥补实验室设备和实验学时的不足，改变传统教学中理论与实际严重脱节的问题；增强学生分析和解决问题的能力，提高学生的综合素质。学生可以在课堂或课余时间进行知识点的扩充，形成富有启发性的双向教学。在此基础上，进行综合性和和研究性仿真，为今后学习专业课和参与科研打下了基础，有利于培养学生的创新能力和研究精神。可见，基于 Multisim 10.0 的虚拟实验可以弥补传统硬件实验的不足，而且符合现代测试技术和实验技术的发展趋势。

6. 精选案例，突显工程应用

案例型教学法是一种创新性的教学方法，其教学过程能体现多元智能理论在现代教学中的科学运用，特别是教师在教学中的地位和作用发生了根本性的变化，真正体现了学生在整个教学活动中的主体地位。案例教学法强调通过学生的自主学习来获得知识和技能，有利于学生创新能力的培养和提高。本课堂设计在每章的结尾都列出一个与本章内容相关联的案例，如第 1 章的安全用电与人体电路模型；第 2 章的直流电压表和直流电流表；第 3、4 章的实际电压表的负载效应；第 5 章的照相机中闪光灯电路；第 6、7 章的软开关技术；第 8 章的电力系统简介。这样做的设计意图是将这一章所学的知识运用到工程实例中，让学生学以致用，激发学生学习电工技术的兴趣，增强学生的工程意识，培养学生分析问题和解决问题的能力。

7. 理论联系实际，注意引入新技术、新知识

教学内容应及时反映当代电工技术的发展，使学生获得最新科学技术成果的知识。在讲解新课之前，首先给学生介绍将要学习的内容有什么用途，在章节后举出实际应用的具体电路和应用背景，这样一方面可激发学生的学习兴趣，提高其重视程度；另一方面还可启发学生拓宽思路，开阔眼界，学用结合，使得学生能尽快适应工程应用的需要，结合当前发展趋势，及时引入新技术。如在讲解直流稳压电源时，可以告诉学生一种新型的直流稳压电源（开关稳压电源）正兴起并且广泛应用；在讲电容元器件时引入超级电容器在电动公交车上快速充电时的应用；又比如在讲谐振时结合谐振在电力系统作为软开关的应用等。这样做既能够在较短的时间里把较新的知识传授给学生，又能突出重点，解决课程内容多、学时少的矛盾，使学生开阔视野、增加学习兴趣。

8. 重视实验教学，注重培养学生的动手能力和工程意识

在 10 学时实验中，我们设计了 5 个实验，在这 5 个实验中：有直流、有交流；有强电、有弱电；有验证性实验、由设计性实验。通过实验使学生掌握了各种电工仪器仪表的使用，实验后通过撰写实验报告掌握对实验数据的分析与处理。通过实验培养了学生独立分析问题、解决问题的能力和实验技能。

实践教学环节除了具有配合和促进课堂教学的作用，而且还具有提高学生动手能力、培养学生创新能力的作用。通过实践，学生将逐渐掌握基本实验测试仪器的使用方法以及基本的实验技能，为今后的专业实验及科学研究打下基础。此外，在具体的实践过程中，总会遇到一些意想不到的问题，面对这些问题，尽量要求学生独立思考、独立解决，让他们在反复的思考、实验中，利用所学的知识，找出问题的根源；并且可以有意识地要求学生对实验内容、实验方法提出自己的见解。鼓励学生大胆创新，搞一些小发明、小制作等等，在模拟科学研究过程的实验中，培养一名工程师应具备的创新能力、思维能力和动手能力。

这种强化《电工技术》课程实践教学的方法不仅有助于加深学生对基本理论的理解，为后续课程学习打下牢固的基础，而且帮助学生在获得基本专业技能知识的同时，也获得了实践创新意识和实际动手能力的锻炼。

第 2 篇　精品示范课堂设计

第一讲　绪论、电路模型、电压和电流参考方向以及元件功率
第二讲　基尔霍夫定律、电阻元件
第三讲　独立电源、受控电源、工程案例分析
第四讲　电阻的串并联以及 Y 形连接和 △ 形连接的等效变换
第五讲　电压源、电流源的串并联与实际电源的等效变换、输入电阻
第六讲　支路电流法和回路电流分析法
第七讲　结点电压法和叠加定理
第八讲　戴维宁定理和诺顿定理
第九讲　线性有源一端口网络等效参数测定电路设计（实验）
第十讲　直流电路的习题课
第十一讲　动态元件、换路定律和一阶电路零输入响应
第十二讲　一阶电路零状态响应、全响应和三要素法
第十三讲　一阶 RC 电路过渡过程的分析（实验）
第十四讲　正弦量的三要素及相量表示
第十五讲　相量法的分析基础和阻抗的串联与并联
第十六讲　正弦稳态电路的分析及功率
第十七讲　功率因数的提高、正弦电路的谐振
第十八讲　阻抗的并联及功率因数的提高（实验）
第十九讲　串联谐振电路及电感参数测量电路的设计（实验）
第二十讲　三相电路、对称三相电路的计算
第二十一讲　不对称三相电路的计算、三相功率
第二十二讲　三相交流负载电路的设计与测量（实验）
第二十三讲　动态电路、交流电路习题课
第二十四讲　应用案例教学（讨论课）

第一讲　绪论、电路模型、电压和电流参考方向以及元件功率

【教学目的】

1. 理解电路模型的概念。
2. 掌握运用电流、电压的参考方向来判断实际方向。
3. 联系实际理解功率，使学生能够熟练地判断电路元件在电路中的作用。

【能力目标】

1. 结合《教育部关于实施卓越工程师教育培养计划》，培养学生的工程意识。
2. 通过探讨生活中的电现象，激发学生对《电工技术》课程的兴趣和求知欲。

【教学内容】

- 电路的作用、组成
- 电压、电流的实际方向和参考方向
- 功率的计算并判断元件在电路中起电源作用还是负载作用

【教学重点】

1. 电流和电压的参考方向。
2. 功率的计算和判断。

【教学难点】

在不同参考方向下，功率本身含义不同。在关联参考方向下，功率为正值代表元件吸收功率；在非关联参考方向下，功率为正值代表元件发出功率。

【教学手段】

1. 以卓越工程师应具备的能力和素质标准来引导本门课程学习的方向。
2. 以神舟十号与电工之间的关系为例来强调电工学习中工程意识的培养。
3. 通过图 1-2 讨论《电工技术》在专业体系中的地位来阐述课程的重要性。
4. 演示仿真电路，让学生明白 Multisim 10.0 是学好电工课程的一种重要的工具。
5. 通过对电桥电路中支路电流的求解这种任务驱动教学法来引导学生理解求解电压电流时为什么要引入参考方向，实现难点和重点的突破。
6. 分析简单的手电筒电路中电池的电压与电流的实际方向相反是电源，即提供能量，灯泡的电压与电流的实际方向相同是负载，即吸收能量。让学生理解电路中电源的电压与电流的实际方向相反，负载的电压与电流的实际方向相同。

【设计思路】

绪论作为一门课程的开门课，在整个教学过程中有着重要的作用。在绪论课上，首先以《现代卓越工程师应具备的能力和素质标准》来指出电工技术学习的方向，然后使用各种手段激发出学生学好本门课程的兴趣与愿望，最后指出本课程的特点以及如何学好它。也就是为什么要学习电工技术，如何学好电工技术。最后在学习电压、电流、功率时用常见的实际电路由浅到深层层推入。在本堂课结尾引出仿真电路，布置学生预习基尔霍夫电压、电流定律。

第一讲 绪论、电路模型、电压和电流参考方向以及元件功率

教学环节	教学行为	教学方法 设计意图
绪论 （5分钟）	**绪 论** **一、现代卓越工程师应具备的能力和素质标准** 　　美国工程教育的认证由美国工程与技术认证委员会（ABET）制定了 11 条工程教育专业认证标准，可视为一名合格的现代卓越工程师应具备的能力和素质标准：①具备应用数学、科学与工程等知识的能力；②具备设计、实验分析与数据处理的能力；③具备根据需要设计一个部件、一个系统或一个过程的能力；④具备经多种训练形成的综合能力；⑤具备验证、指导及解决工程问题的能力；⑥具备对职业道德及社会责任的了解；⑦具备有效表达与交流的能力；⑧懂得工程问题对全球环境和社会的影响；⑨具备终生学习的能力；⑩具备有关当今时代问题的知识；⑪具备应用各种技术和现代工程工具去解决实际问题的能力。 **二、工程的定义** 　　对科学知识进行有目的的应用，如图 1-1 中的神舟十号。 图 1-1　神舟十号（特别指出神舟十号与工程实际、电工技术的关联） **特别强调**：面对卓越工程师教育培养方案，在电工技术的学习中应强调工程实际应用。	教学方法： 案例引入法 设计意图： 通过对现代卓越工程师应具备的能力素质标准和神舟十号与电工之间的关系的介绍，强调整个电工技术课程的学习应围绕卓越计划的标准来展开。在重视加强课程基础的前提下，更加注重学生的工程实践能力、表达交流沟通能力与团队合作精神、终生学习能力的培养。
	三、本课程的性质和任务 　　**性质**：《电工技术 B》是工科非电类专业的一门重要的技术基础课。 　　**任务**：本课程的任务是使学生获得电工技术方面的基本理论、基础知识和基本技能；培养学生分析问题和解决问题的能力；为深入学习相关专业课程，以及为今后从事专业工作打下良好的基础。 **四、课程特点** 　　电工技术的特点：基础性、应用性、先进性。 　　（因为专业要求且课时少只要求掌握基本知识）　（重视器件应用，重视工程应用）　（与时俱进地跟上当前新技术） **五、《电工技术 B》在专业体系中的地位** 　　《电工技术 B》是非电类专业电气工程领域里的第一门技术基础	教学方法： 讲授法 探究法 设计意图： 通过图 1-2 的讲解，让学生认识到《电工技术 B》课程在本专业中的作用和地位。通过介绍大量身边的例子，

课。它是后续课的基础、专业的基础。它在专业体系中的构架如图1-2所示（以机电专业为例）。

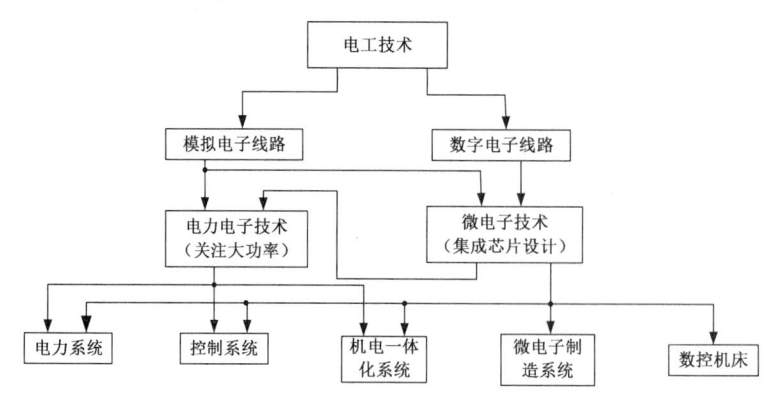

图1-2　机电专业电工技术与后续专业课的联系

六、电与人们的生活密切相关

在课程的第一节课和学生一起探讨生活中的电现象：身边常用的电器如电灯、电视、手机、电脑等；学校、家庭用电情况……

指导学生到图书馆或上网查阅电工技术的发展概况，了解其应用情况和发展趋势。建议学生利用业余时间翻阅一些《无线电手册》、《电气时代》等书报刊物，了解本门学科发展的最新动态，拓宽知识领域。

七、如何学好《电工技术》

1. 注意掌握三基：基本原理、基本分析方法、基本应用。
2. 注重综合分析与设计、注重工程化素质培养。
3. 重视实验课。实验可培养动手能力，同时有助于理论的深化。

八、介绍 Multisim 10.0 仿真软件

Multisim 10.0 是一个电路原理设计、电路功能测试的虚拟仿真软件。它可以对电路的各种参数进行即时分析，模拟各种变化过程，如图1-3所示。所以一定要掌握它。

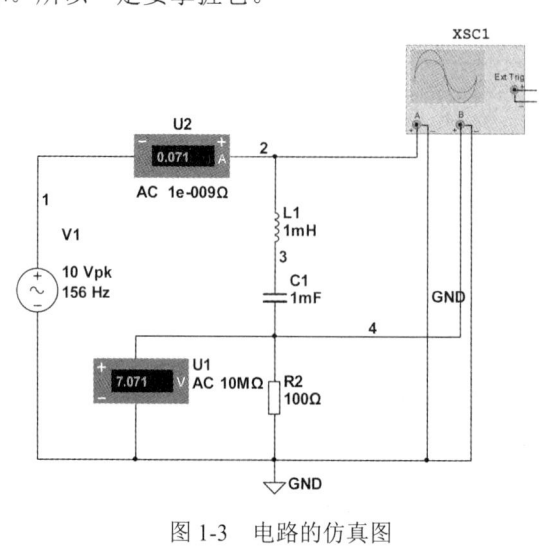

图1-3　电路的仿真图

绪论（15分钟）

使学生对电路的应用形成一个初步的印象，从而进一步激发学生学好本门课程的兴趣与愿望。让学生在学习这门课程时注重工程化素质培养，同时通过实验加快培养自己的动手能力。

教学方法：
仿真演示法

设计意图：
通过即时演示仿真电路，让学生对Multisim 10.0仿真软件有一个直观的印象，它可使复杂的过程直观地表现出来。让学生明白Multisim 10.0仿真软件是电工理论和实践学习的一种重要的工具。掌握它可为今后学习专业课和参与科研打下了基础，有利于培养学生的创新能力和研究精神。

	电路模型、电压和电流参考方向以及元件功率	教学方法：讲授法
	一、电路的概念	
	电路是电流的通路，是为了某种需要由某些电工设备或元件（电气器件）按一定的方式组合起来的电流通路装置，如图 1-4 所示（以常见的手电筒为例）。	设计意图：以日常生活中常见的实际电路为例，让学生觉得电路就在身边并感觉到学有所用，激发学生学习电路的兴趣。
重点讲解　难点分析　任务驱动　自主探究（10分钟）	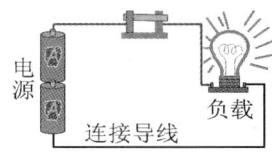

图 1-4　手电筒实际电路

二、电路的组成与作用
1. 组成（电源、中间环节、负载）
手电筒中电池是电源，连接导线及开关是中间环节，灯泡是负载。
2. 作用
①实现电能的传输、分配与转换（图 1-5 以电力系统为例）。

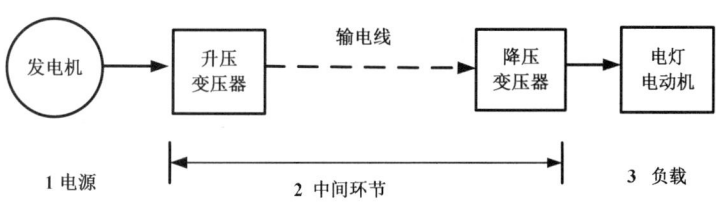

图 1-5　电力系统电路

②实现信号的传递与处理（见图 1-6，以教室中的扬声器为例）。

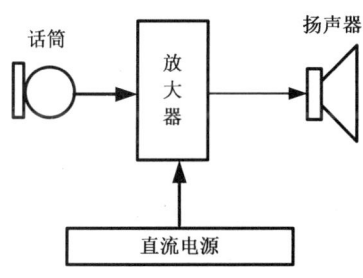

图 1-6　教室中扬声器电路

三、电路的模型
用理想电路元件组成的电路称为实际电路的电路模型。
（在幻灯片上演示手电筒的电路模型） | |
| | 四、电路的基本物理量及其参考方向
1. 电流（current）及其参考方向
①电流的实际方向。
单位正电荷定向移动的方向即为电流的实际方向。 | 教学方法：任务驱动法
设计意图：以电桥电路为 |

提问：为什么一定要引入参考方向？

通过图 1-7 引入：如果不引入参考方向就无法确定支路电流 I_x 的实际方向，所以在计算复杂电路之前必须要假设 I_x 的参考方向。

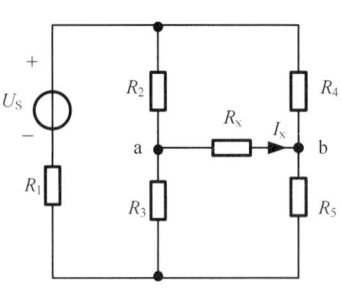

图 1-7 电桥电路

提问：什么是参考方向？

假设的方向，如图 1-7 中假设 I_x 的方向从左向右。

②参考方向的表示法。

a) 用箭头表示，如图 1-7 所示 I_x 的方向从左向右。

b) 用双下标表示，如图 1-7 所示 I_{ab}。

③实际方向与参考方向的关系（对比高中物理中的参照物）。

如电流 $I_{ab}=3A$，则电流实际方向与参考方向一致，如图 1-7 中电流 I_x 从 a 流向 b；如电流 $I_{ab}=-3A$，则电流实际方向与参考方向相反，如图 1-7 中电流 I_x 从 b 流向 a。

④仿真验证：电流的实际方向是唯一确定的。

通过观察可以发现：

图 1-8（a）中电流表正接时参考方向为 A 到 B，电表读数为 0.988A，这时支路电流的实际方向与参考方向相同，电流从 A 流向 B；

图 1-8（b）中电流表反接时参考方向为 B 到 A，电表读数为 –0.988A，这时支路电流的实际方向与参考方向相反，故电流还是从 A 流向 B。

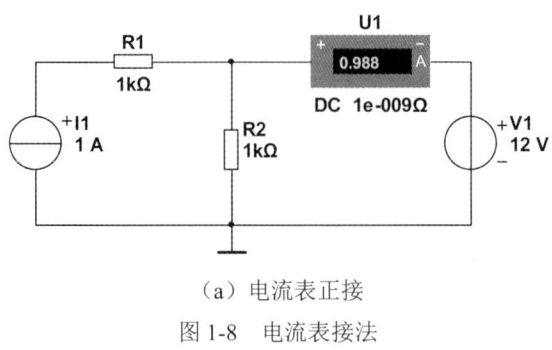

（a）电流表正接

图 1-8 电流表接法

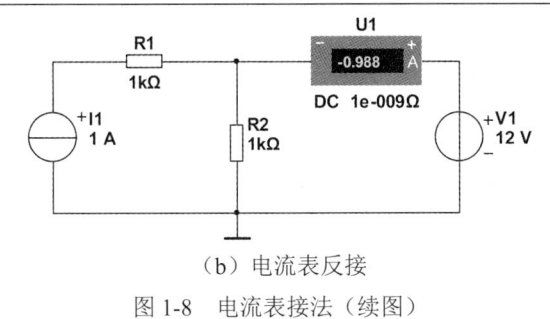

（b）电流表反接

图 1-8　电流表接法（续图）

重点讲解 难点分析 任务驱动 自主探究（10分钟）	2．电压（voltage）及其参考方向 ①电压的实际方向：高电位指向低电位。 ②参考方向的表示法（与电流比较）。 a)用箭头表示，如图 1-9（a）所示；b)用双下标表示，如图 1-9（b）所示；c)用"+"和"−"表示，如图 1-9（c）所示。 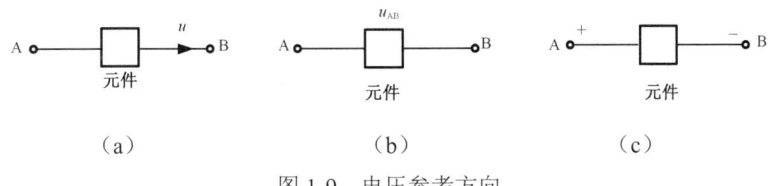 图 1-9　电压参考方向 ③实际方向与参考方向的关系。 如电压 $u_{AB}=10\,\text{V}$，则电压实际方向与参考方向一致；如电压 $u_{AB}=-10\,\text{V}$，则电压实际方向与参考方向相反。 3．关联参考方向 当元件的电压和电流参考方向一致时，这样假定的参考方向为关联参考方向；相反，为非关联参考方向。	
重点讲解 难点分析 任务驱动 自主探究（30分钟）	4．功率（power）和电能（electrical energy） 引入：从去商店买 30W 的灯泡引入功率的概念，使学生对功率有感性认识。 ①能量：元件从 t_0 到 t 获得的能量 w 可以根据电压和电流的定义求得，为：$w=\int_{t_0}^{t}ui\,\mathrm{d}t$。 ②功率：是单位时间内所做的功，即：$p=\dfrac{\mathrm{d}w}{\mathrm{d}t}=ui$。 提问：如何判断电路元件是电源（发出功率）还是负载（吸收功率）？ 判断依据：按照电压和电流的实际方向来判断，以手电筒电路为例，很显然图 1-10 中电压源中电压与电流的实际方向相反，它是将化学能转化为电能，所以它在电路中发出功率；负载 R 中电压与电流的实际方向相同，它是将电能转化为光能，所以它吸收功率。以此延伸到参考方向。	教学方法： 讲授法 讨论法 设计意图： 由手电筒电路中电池是电源、灯泡是负载为例组织学生讨论：电源的电压与电流的实际方向相反。从简单电路入手，让非电类学生学起电工来感到轻松易懂。

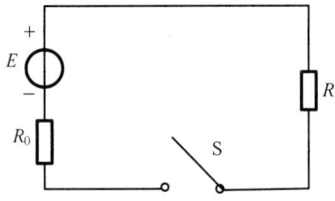

图 1-10　手电筒电路模型

强调：电器设备或元件的额定值与实际值。

例 1-1：如图 1-11 所示的电路中，元件 A 吸收的功率为 20W，元件 B 吸收的功率为 20W，元件 C 产生的功率为 20W，分别求出三个元件中的电流 I_1、I_2、I_3。

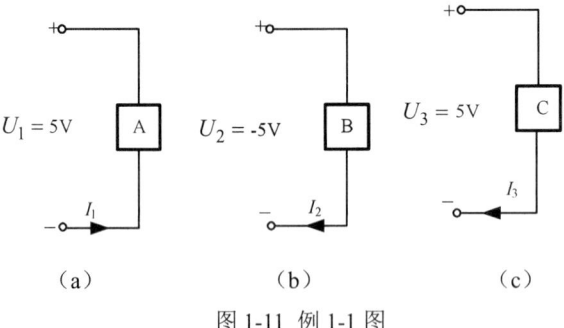

图 1-11　例 1-1 图

解：图 1-11（a）中 ui 非关联，有：$P = U_1 I_1 = 5I_1 = -20\text{W}$，得 $I_1 = -4\text{A}$。

图 1-11（b）中 ui 关联，有：$P = U_2 I_2 = -5I_2 = 20\text{W}$，得 $I_2 = -4\text{A}$。

图 1-11（c）中 ui 关联，有：$P = U_3 I_3 = 5I_3 = -20\text{W}$，得 $I_3 = -4\text{A}$。

例 1-2：求图 1-12 中的 I、U 和三个元件的 P。

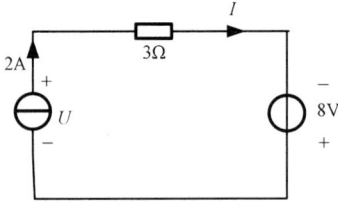

图 1-12　例 1-2 图

解：$I = 2\text{A}$，$U = 3I - 8 = -2\text{V}$。

$P_{2\text{A}} = UI = -4\text{W}$，$UI$ 非关联，所以吸收功率。

$P_{8\text{V}} = 8I = 16\text{W}$，$UI$ 非关联，所以发出功率。

$P_R = RI^2 = 12\text{W}$，UI 关联，所以吸收功率。

$\sum P = 0$，满足功率守恒定律。

【本节小结】

1. 电路的作用与组成；
2. 参考方向的规定，与实际方向的关系；

教学方法：
练习法

设计意图：
通过实例的陈述和分析，让学生深刻理解参考方向的概念和功率的计算及判断。但不管电压与电流的参考方向怎么假设，元件只要是吸收功率，那么元件的电压与电流的实际方向是相同的；反之若元件发出功率，它的电压与电流的实际方向是相反的。

教学方法：
呈现法
探究法

归纳小结 拓展延伸 (5分钟)	3．如何判断各元件是电源还是负载。 【拓展延伸】 　　指导学生到图书馆或上网查阅电工技术的发展概况，了解其应用情况和发展趋势以及与本专业的关系。教师要把局限于课堂的时间与空间扩大到课堂之外，引导学生到图书馆、实验室，到社会生活中去探究，给学生更多读书、动脑、动手、实践、探究的机会。通过查阅资料和网上搜索，了解本课程与学生所学专业的联系及应用，并撰写科技小论文，通过交流共享，提高他们搜集信息的能力，开阔眼界，了解当代新技术发展趋势。 　　相关网站： 　　http://lib.csu.edu.cn/pubnew/zndxtsgnew/index.html 　　http://www.cnki.net 　　http://www.voeoo.com/ 　　http://www.chinaelc.cn/ 【课后作业】 　　习题一：1-1、1-2。 　　自学 Multisim 10.0 仿真软件。 【思考题】 　　1．电压与电流的实际方向会因参考方向的不同而改变吗？ 　　2．电池在电路中一定是电源吗？ 【布置预习】 　　1．学完了电路中电压、电流、功率这三个物理量，那么这三个物理量在电路中如何求解？ 　　2．利用仿真软件预习基尔霍夫电压、电流定律。针对图1-13所示电路，理解电路中支路电压与电流除跟元器件本身的伏安特性有关外，跟电路的拓扑结构有何关系？ 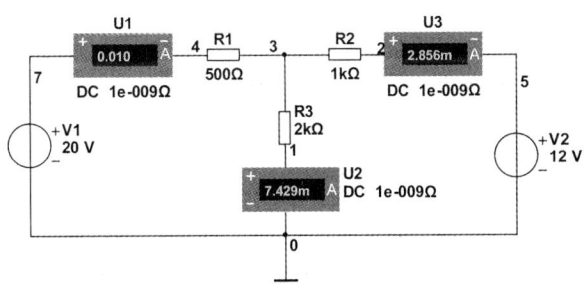 图1-13　电路仿真图	设计意图： 在总结中，升华学生的感性认识，使学生体会到本节课学习的收获。引导学生到图书馆、实验室，到社会生活中去探究，使学生懂得不同学科的知识具有内在的和广泛的联系，从而使学生具备站在学科交叉点上去开拓新的领域的能力。最后通过设计承前启后的思考题布置学生课后预习。
教学反思	每门课的绪论很重要。通过图1-2的讲解，让学生明白《电工技术》是高等院校工科专业的一门重要的技术基础课程，是学好本专业其他后续课程的基础。通过介绍电在现代工农业生产和日常生活中与人们息息相关的实际应用，使学生深切感受到作为一个未来卓越的工程技术人员，没有扎实的电工知识将难以胜任本职工作，从而激发学生学好电工技术的热情。德国著名教育家第斯多惠说得好："教学的艺术不在于	

传授的本领，而在于激励、唤醒、鼓舞。"通过今天的教学，学生有了学好电工技术的愿景，我觉得达到了应有的效果，很有成就感。

今天通过具体的电桥引例，让学生明白了为什么在求解电流电压时要引入参考方向，而且还利用仿真让学生直观地观察参考方向的选择，通过仿真分析可让学生深刻理解参考方向与实际方向的关系，比以前不举例只一味强调参考方向的重要性效果好很多。在讲解如何判断元件是吸收功率还是发出功率时，通过从简单的大家一看就懂的手电筒电路入手，感觉学生学起来比以前轻松易懂。

有待改进：如果能设计一简单的实物演示电路，并在电路中串联一个模拟的电流表，在正接与反接时指针的正转与反转就能直观地演示电流实际方向与参考方向的关系，那么学生就能更深刻地理解参考方向了，可惜实现起来有点难。

黑板板书设计：

一、电路的组成：电源、中间环节、负载

二、电流的实际方向：单位正电荷定向移动的方向

　　为什么一定要引入参考方向？

　　图 1-7：如电流 $I_x = 3\text{A}$，则电流实际方向与参考方向一致。

　　如电流 $I_x = -3\text{A}$，则电流实际方向与参考方向相反。

1.5.1 基尔霍夫电流定律

1. 内容　$\sum i_入 = \sum i_出$

2. 应用

三、功率的判断方法（参考图 1-10）

1. 根据电压和电流的实际方向：

　　电压和电流的实际方向相反则发出功率。

　　电压和电流的实际方向相同则吸收功率。

2. 在电压和电流为关联参考方向下：

　　$p>0$，表示该元件吸收功率；$p<0$，表示该元件发出功率。

3. 在电压和电流为非关联参考方向下：

　　$p>0$，表示该元件发出功率；$p<0$，表示该元件吸收功率。

第二讲　基尔霍夫定律、电阻元件

【教学目的】

1．明确支路、结点、回路、网孔等概念。
2．熟练掌握基尔霍夫电压、电流定律的内容和应用。

【能力目标】

1．熟练掌握基尔霍夫定律的内容及应用，能应用定律列方程。
2．教给学生研究问题的方法，培养和锻炼学生的思维能力，提高学生分析和解决问题的能力。

【教学内容】

- 基尔霍夫电流定律、基尔霍夫电压定律
- 电阻的伏安特性、功率

【教学重点】

1．基尔霍夫电流定律：描述电路中支路电流之间的约束关系。
2．基尔霍夫电压定律：描述电路中支路电压之间的约束关系。
3．电阻元件的电压和电流的关系。

【教学难点】

基尔霍夫电流、电压定律的使用：在使用基尔霍夫定律时，特别注意定律所描述的电压和电流都是相对于参考方向进行讨论。

【教学手段】

1．用 Multisim 10.0 仿真电路导入新课。
2．介绍基尔霍夫定律的背景知识，情境引入明确目标。
3．用电量守恒和能量守恒定律推出基尔霍夫电流定律和基尔霍夫电压定律。
4．用交通岗十字路口类比电路的结点，电流比作车流，学生通过理解十字路口流进车辆等于流出的车辆，很快就理解了基尔霍夫电流定律中流进结点的电流必等于流出结点的电流。
5．通过大量的讲练使学生进一步熟练运用基尔霍夫电流定律和基尔霍夫电压定律求解电路。

【设计思路】

复习电压、电流、功率这三个物理量。利用仿真引导学生观察三块电流表的读数，自己归纳总结出基尔霍夫电流定律。再通过介绍基尔霍夫定律的背景知识进一步加深对基尔霍夫定律的理解。然后从电荷守恒和电能守恒定律推出基尔霍夫电流、电压定律的本质。最后通过大量的讲练复习巩固基尔霍夫电流定律和基尔霍夫电压定律。在课程结束时,提问学生电路的结构可用基尔霍夫电流、电压定律来描述,那么组成电路三部分的元器件是什么,它们各有什么特点,引导学生预习电源元件。

教学环节	教学行为	教学方法设计意图
复习回顾 新课导入 (5分钟)	提问:电路由哪三部分组成? 提问:什么是参考方向? 提问:怎样根据参考方向判断实际方向? 在黑板上板书电路图加以描述。 提问:怎样判断元件是吸收功率还是发出功率? 提问:电流和电压参考方向如何标示? 解释:结合图例复习电流和电压参考方向的标示。由于参考方向的任意性,所以对于一个元件在标示电流和电压的参考方向时会有四种组合,可划分为相关联和不相关联两种情况。不同情形,表达式有不同形式。 演示仿真导入新课:引导学生观察图 1-14 中三块电流表中的读数有什么规律?为什么? 图 1-14 电路仿真图	教学方法: 仿真演示法 讨论法 设计意图: 通过回顾,让学生充分理解参考方向在方程建立中的作用。同时通过仿真导出今天的授课内容。电压、电流看不见摸不着,但在电表上就可直观地表示出来,这使本来抽象的过程变得形象直接,同时增进了师生之间的互动性,学生对所学内容更易理解,印象深刻,提高了学生的学习兴趣。
情境引入 明确目标 (5分钟)	一、介绍基尔霍夫定律的背景知识 ● 基尔霍夫定律的地位 ● 定律提出者基尔霍夫的简单介绍 ● 基尔霍夫定律的组成 二、介绍本堂课的教学内容和目的 ● 了解基尔霍夫定律的内容 ● 掌握基尔霍夫定律的应用	教学方法: 情境法 设计意图: 把基尔霍夫定律形象化、具象化,明确学生学习的内容,激发学习的动力。

三、支路、结点和回路

支路、结点、回路。结合图形分析支路、结点、回路的个数，加深对名词的理解。

1. 支路：在电路图 1-15 中，每一个元件即为一条支路，或某些元件的组合（如电压源与电阻的组合或电流源与电阻的并联组合）看成一条支路。如图中支路 1、2、3、4、5、6。

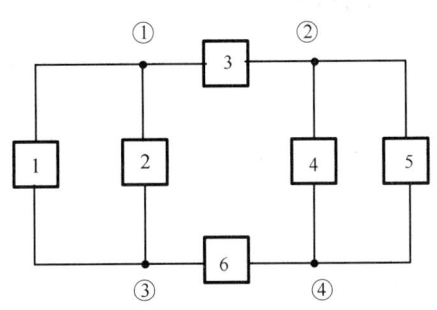

图 1-15　具有 4 个结点的电路

2. 结点：支路与支路的连接点，如①②③④。
3. 回路：从电路的一个结点出发，经过一系列支路与结点，又回到原来起始结点这个闭合路径称为回路。支路（1 2）、（1 3 4 6）、（1 3 5 6）等分别构成回路。

四、基尔霍夫电流定律

引导：从电流的连续性即电荷不能堆积在结点上，启发学生自己把基尔霍夫电流定律想象出来。然后引出基尔霍夫电流定律。

1. 定义

基尔霍夫电流定律（简称 KCL）：在集总电路中，在任一时刻，流出任一结点的电流代数和恒等于零（类比于交通岗十字路口）。

即对任一结点有：$\sum i = 0$。

注意："流出"结点电流是相对于电流参考方向而言。"代数和"指电流参考方向，如果是流出结点，则该电流前面取"+"；相反，电流前面取"–"。

2. 推广

在集总电路中，在任一时刻，流出任一闭合面的电流代数和恒等于零。"代数和"指电流参考方向如果是流出闭合面，则该电流前面取"+"；相反，电流前面取"一"。

3. 本质

KCL 定律是电流连续性的表现，即流入结点的电流等于流出结点的电流。

	4. 引入电路仿真（用 Multisim）（如图 1-16） 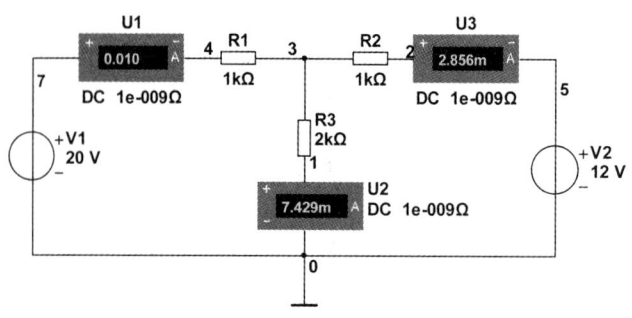 图 1-16　KCL 仿真图	教学方法： 仿真演示法 设计意图： 在仿真中改变参数演示 KCL，在电表中让学生很直观地看到三条支路电流的代数和等于零，加深对 KCL 的理解。从而提高学生对电路的综合分析能力、设计能力。
重点讲解 难点分析 任务驱动 自主探究 （15分钟）	5. 通过实例讲解基尔霍夫电流定律（KCL）的应用 　　目的：通过图 1-17 的实例讲解，掌握电流方程的建立，进一步体会参考方向和方程建立的关系。 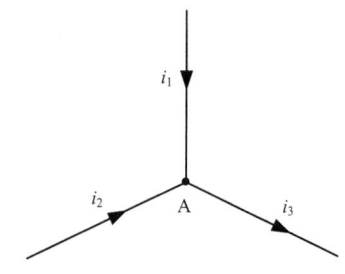 图 1-17　一个结点的电路 　　目的：通过图 1-18 的讲解，明确 KCL 同样适用于广义结点。 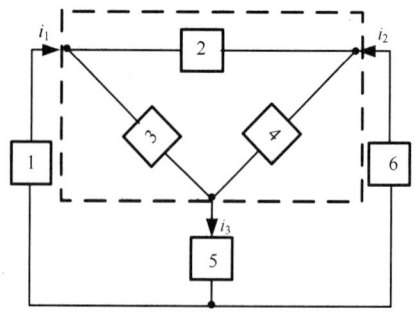 图 1-18　KCL 用于广义结点 　　目的：观察图 1-19，思考 i 为何为零，体会 KCL 的应用。 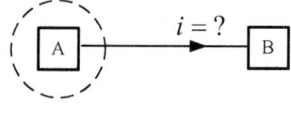 图 1-19　KCL 的应用	教学方法： 练习法 范例教学法 设计意图： 通过实例的陈述和分析，引导学生进行独立思考和判断，激发学生探索问题。

例 1-3：电路如图 1-20 所示：若 I_1=9A，I_2=–2A，I_4=8A，求：I_3。

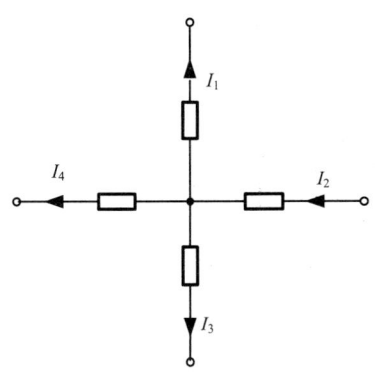

图 1-20 例 1-3 图

解：列 KCL 方程：$I_1 - I_2 + I_3 + I_4 = 0$

$$9 - (-2) + I_3 + 8 = 0$$

（流入结点取负值）

（电流的实际方向与参考方向相反）

$$I_3 = -19\text{A}$$

例 1-4：电路如图 1-21 所示，求 i_1、i_2。

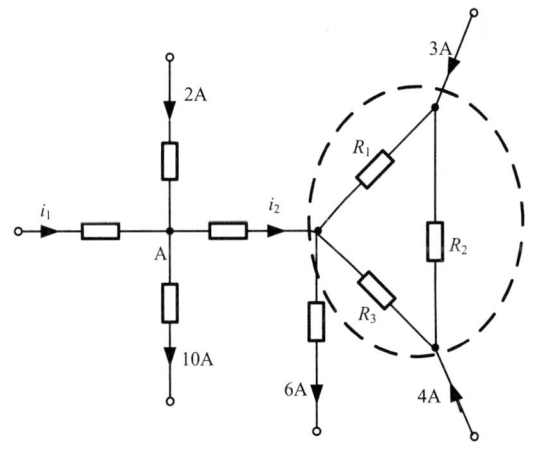

图 1-21 例 1-4 图

解：对由 $R_1 R_2 R_3$ 构成的闭合曲线列 KCL 方程：

$$-i_2 + 6 - 4 - 3 = 0$$
$$i_2 = -1\text{A}$$

对结点 A 列 KCL 方程：

$$-i_1 - 2 + 10 + i_2 = 0$$
$$i_1 = 7\text{A}$$

设计意图：通过实例的陈述和分析，引导学生在列 KCL 方程时要注意电流是流进还是流出结点。

设计意图：通过实例的陈述和分析，引导学生应用基尔霍夫电流定律的推广来求解电量。

五、基尔霍夫电压定律

引导：电压是单位正电荷从一点移到另一点所做的功，那么电荷沿着回路走一圈所做的功为零，启发学生自己把基尔霍夫电压定律想象出来。然后引出基尔霍夫电压定律。

1. 定义

基尔霍夫电压定律（简称 KVL）：在集总电路中，在任一时刻，沿任一回路，所有支路电压的代数和恒等于零。

即对任一回路有：$\sum u = 0$。

用基尔霍夫电压定律列回路方程，首先必须假定回路的绕行方向，"代数和"指支路电压参考方向如果与假定回路绕行方向一致时，则该支路电压前面取"+"；相反，支路电压前面取"−"。

2. 推广

在集总电路中，在任一时刻，任一闭合结点序列，前后结点之间的电压之和恒等于零。

3. 本质

电压与路径无关。

4. 引入电路仿真

如图 1-22 所示，在一个有两个回路的电路中，在一个回路的三条支路中加入三个电压表，变换电源和电阻参数，在电表中让学生很直观地看到三条支路电压的代数和等于零，从而加深对 KVL 的理解。

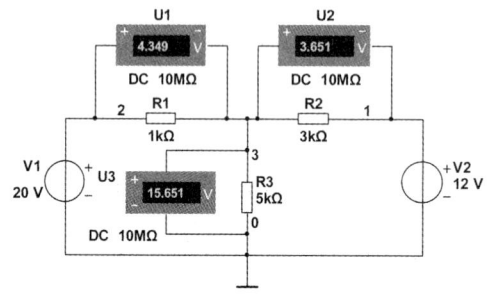

图 1-22 验证基尔霍夫电压定律的仿真电路图

5. 通过实例讲解基尔霍夫电压定律（KVL）的应用

目的：通过图 1-23 的分析，学习应用 KVL 对回路建立电压方程的方法。

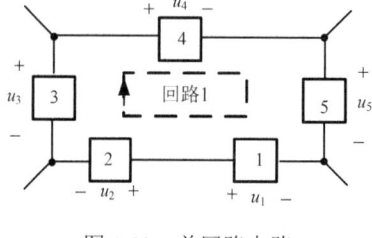

图 1-23 单回路电路

目的：通过图 1-24 的分析，学习针对电阻元件，分别应用电流和电压的参考方向建立回路电压方程的方法。

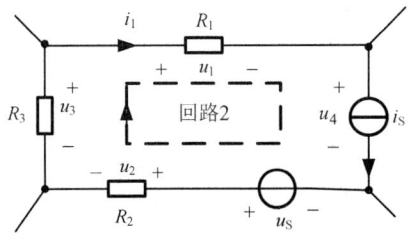

图 1-24 加上元器件的单回路电路

例 1-5：有一闭合回路如图 1-25 所示。

已知 $U_{ab}=3\text{V}$，$U_{bc}=9\text{V}$，$U_{ad}=7\text{V}$，$U_S=12\text{V}$，求电压 U_{bd} 和 U_{dc}。

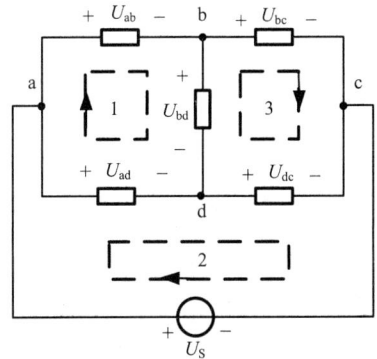

图 1-25 例 1-5 图

设计意图：
通过例 1-5 中图 1-25 的分析，学习选择不同的回路建立电压方程的方法。

解：在图 1-25 所示的回路 1 中应用 KVL，绕行方向为顺时针，则有

$$U_{bd}-U_{ad}+U_{ab}=0$$
$$U_{bd}=U_{ad}-U_{ab}=(7-3)\text{V}=4\text{V}$$

求解电压 U_{dc}，可以在不同的回路中求解。

解法一：在图 1-25 所示的回路 2 中应用 KVL，绕行方向为顺时针，则有

$$U_{ad}+U_{dc}-U_S=0$$
$$U_{dc}=U_S-U_{ad}=(12-7)\text{V}=5\text{V}$$

解法二：可以利用上面求得的电压 U_{bd}，在图 1-25 所示的回路 3 中应用 KVL，绕行方向为顺时针，则有

$$U_{bc}-U_{dc}-U_{bd}=0$$
$$U_{dc}=U_{bc}-U_{bd}=(9-4)\text{V}=5\text{V}$$

例 1-6：求图 1-26 电路中的 I 与 U。

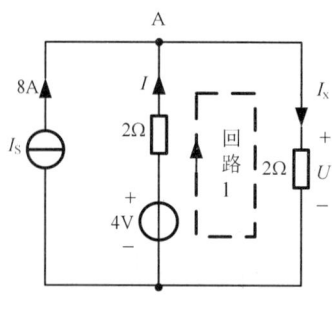

图 1-26　例 1-6 图

解：对结点 A 列 KCL 方程：
$$-8 - I + I_x = 0$$
$$I_x = 8 + I$$

对回路 1 列 KVL 方程：
$$2(8+I) - 4 + 2I = 0$$

求得：
$$I = -3\text{A}$$
$$U = 2(8+I) = 10\text{V}$$

设计意图：
讲解分析思路。目的是如何灵活建立关于 I 和 U 的方程来求解变量，方程建立的基础为基尔霍夫定律给出的电流和电压的约束。

六、线性电阻元件

电阻是一种将电能不可逆地转化为其他形式能量（如热能、机械能、光能等）的元件。如图 1-27 为电阻实物图。

实际电阻器示例

实际电阻器示例

图 1-27　电阻实物图

教学方法：
讲授法
实物引入法

设计意图：
以图片和实物为教具，增强学生对电阻的感性认识，充分体现电工技术的应用性。提高学生的工程应用能力。

1. 电阻符号（如图 1-28 所示）

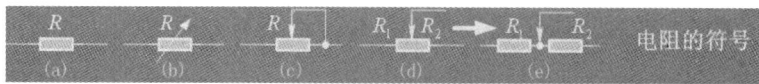

图 1-28　电阻符号图

2. 定义

在任何时刻，它两端的电压和电流关系服从欧姆定律。
在关联参考方向情况下（如图 1-29 所示）：

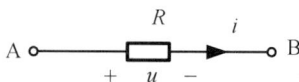

图 1-29　关联参考方向情况

重点讲解　难点分析　任务驱动　自主探究（15 分钟）

$$u = Ri$$

在非关联参考方向下（如图 1-30 所示）：

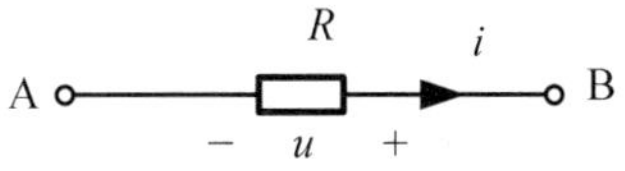

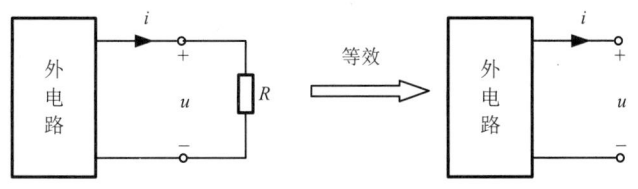

图 1-30 非关联参考方向情况

$$u = -Ri \text{（或 } i = -Gu\text{）}$$

3．特性

对于线性电阻，电压和电流的伏-安特性是通过原点的直线。

4．能量和功率

电阻元件的功率为：$p = i^2 R = \dfrac{u^2}{R}$。电阻元件只能从外电路吸收能量，不能对外电路提供电能，故称为无源元件。

5．电路开路、短路的概念

① 开路（如图 1-31）

无论电压 u 为多大，$i = 0\text{A}$，则电阻 R 相当于无穷大，为开路。

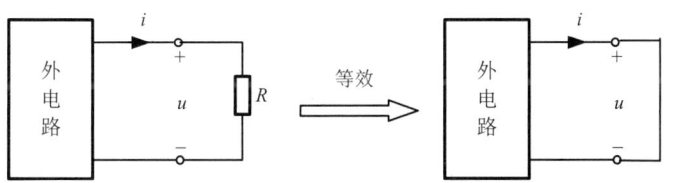

图 1-31 开路的概念

② 短路（如图 1-32）

无论电流 i 为多大，$u = 0\text{V}$，电阻 R 相当于零，等效为短路。

图 1-32 短路的概念

例 1-7：100Ω 电阻器，功率为 1W，问电流和电压的使用范围？

解：$I_N = \sqrt{\dfrac{P}{R}} = \dfrac{1}{10}\text{A}$ （额定电流值）

$U_N = RI_N = 10\text{V}$ （额定电压值）

应用拓展：展示由各种电阻元件构成的实物板，让学生了解各种各样的电阻，并进一步了解电阻除了阻值外还要注意它的额定功率。从全国电子设计大赛的开关电源设计中去说明在什么情况下要选择大功率电阻。进一步指导学生一定要重视电工技术的应用性。

设计意图：
强调开路、短路的概念，为以后等效变换做铺垫。

设计意图：
展示各种电阻的实物板，为以后的工程应用打下坚实的基础。

归纳小结 拓展延伸 （5分钟）	【本节小结】 　　1. KCL、KVL 适用于集总参数电路，只与电路的拓扑结构有关，与元件性质无关。 　　2. KCL 反映了电路在结点上的电流约束关系。 　　3. KVL 反映了电路在回路中的电压约束关系。 　　4. 理解定律的内容，养成自己列方程的习惯。 　　5. 电阻的伏安特性以及开路短路的概念。 【课后作业】 　　习题一：1-5　1-6 【思考题】 　　基尔霍夫电流定律和基尔霍夫电压定律的本质是什么？ 【布置预习】 　　1. 组成电路三部分的元器件是什么？各有什么特点？ 　　2. 寻找电压源、电流源的实物，及如何理解它们的模型。	教学方法： 呈现法 设计意图： 在总结中，升华学生的感性认识。使学生体会到本节课学习的收获。
教学反思	本节课的重点是让学生充分理解基尔霍夫定律的内容，并掌握在不同形式表述下建立方程的方法，最终养成自己列方程的习惯。在讲解基尔霍夫定律之前，先从电量守恒和能量守恒定律引导学生自己想出基尔霍夫电流定律与基尔霍夫电压定律，再用日常生活的交通岗去比喻结点，最后通过仿真直观演示 KCL、KVL，整个过程使用"引导—启发—讲授—练习—总结"的启发式教学方法。这样一来感觉学生非常轻松地就能把基尔霍夫定律理解透彻，比起以前单刀直入讲解基尔霍夫定律的效果好得多。最后在灵活利用基尔霍夫定律求解复杂电路时，通过实例分析培养学生分析问题和解决问题的能力。	

黑板板书设计：

1.5.1　基尔霍夫电流定律
　　1. 内容　　$\sum i_入 = \sum i_出$
　　2. 应用
　　　图 1-17：　$i_1 + i_2 = i_3$
　　　　或　　$i_1 + i_2 - i_3 = 0$
　　　　或　　$i_3 - i_1 - i_2 = 0$
　　　图 1-18：广义结点 $i_1 + i_2 = i_3$
　　　图 1-19：$i=0$
1.5.2　基尔霍夫电压定律
　　1. 内容　　$\sum u_升 = \sum u_降$

2. 应用
　　图 1-23：$\begin{cases} u_1 + u_3 = u_2 + u_4 + u_5 \\ -u_1 + u_2 - u_3 + u_4 + u_5 = 0 \end{cases}$
　　图 1-24：$\begin{cases} -u_S + u_2 - u_3 + u_1 + u_4 = 0 \\ -u_S + u_2 - u_3 + R_1 i_1 + u_4 = 0 \end{cases}$
　　其中因为参考方向相关联：
　　　　　　$u_1 = R_1 i_1$
例 1-6：求电路中的 I 与 U。图略
解　对于结点 a 应用 KCL：$8 + I = I_x$
　　其中：　　$I_x = U/2$
　　对于回路 1 应用 KVL：$U - 4 + 2I = 0$
　　即可求得对应参数。

第三讲　独立电源、受控电源、工程案例分析

【教学目的】

1. 充分理解并掌握独立电源、受控电源的伏安特性。
2. 熟练应用独立电源、受控电源的特性分析计算电路。

【能力目标】

1. 通过实际的电路元器件的分析与应用，提高学生的工程应用能力。
2. 提高分析、解决问题的能力以及把所学知识运用到专业工程实际的能力。
3. 通过新器件的学习，让学生了解本学科器件发展的最新动态，培养学生关注前沿的学术品格。

【教学内容】

- 独立电压源、电流源的伏安特性
- 受控源的伏安特性
- 工程案例分析

【教学重点】

独立电源包括独立电压源和独立电流源，受控源为非独立电源。

【教学难点】

受控源表示的是电路中一条支路对另一支路的控制关系。

【教学手段】

1. 演示电压源的实物图片和实物板。通过演示能使学生获得生动而直观的感性知识，加深对学习对象的印象，把书本上理论知识和实际事物联系起来，形成正确而深刻的概念。
2. 通过介绍器件的发明与最初的电气特性推出伏安定律，理解元件的本质。
3. 知识拓展：引导学生上网或去图书馆查找有关新器件的应用，启发学生拓宽思路，开阔眼界，学用结合，使学生能尽快适应工程应用的需要。

【设计思路】

复习提问引出新课，组成电路三部分中提供电能的是电源器件。这堂课重点要重视应用。从电压源的实物图片和元件的发明与最初的电气特性入手一步一步推出元件的伏安特性，进一步理解元件的本质，展出实物板，引导学生上网查找探究几种最新元件的应用。最后分析工程实例：安全用电与人体电路模型，通过分析实例让学生将所学理论与实践结合起来，达到学以致用的目的。在本堂课结尾时用基尔霍夫定律难以解决的复杂电路为引例导出第 2 章电路的一般分析方法，布置预习。整个过程使用"引导—启发—讲授—练习—总结"的启发式教学方法。

教学环节	教学行为	教学方法设计意图
复习回顾 新课导入 （5分钟）	复习回顾： 提问：电路由哪三部分组成？ 提问：怎样判断元件是吸收功率还是发出功率？ 提问：电路中电阻元件是负载吸收功率，那么在电路中发出功率的元件又是什么？ 导入新课： 上节课学习了求解电路的三个物理量（电压、电流、功率）时用到的基尔霍夫定律，那么电路由哪些元器件构成呢？今天我们接着学习构成电路元器件中的电源元件。	教学方法： 讨论法 设计意图： 参考方向是电路分析中很重要的概念。通过回顾，让学生充分理解参考方向在求解电路中的作用。
重点讲解 难点分析 任务驱动 自主探究 40分钟）	一、独立电源（电压源和电流源） 电源即提供电源之源，它是将其他形式的能量转化为电能的装置。 1. 电压源 电压源能对外电路提供一个不随外接电路变化而变化的电压，而流过电压源的电流取决于电压源外接的电路。电压源为零时在电路中相当于短路。（如图 1-33 为常见的电压源） 电池示例　　　稳压电源示例 图 1-33　电压源实物图 ①符号：如图 1-34 所示。 图 1-34　电压源的电路符号 ②伏安关系： $U = U_S$　　　I 为任意（直流） $u = u_S(t)$　　$i(t)$ 为任意 其伏安关系曲线如图 1-35 所示。	教学方法： 讲授法 实物引入法 设计意图： 从电池、发电机引入电压源。使学生对电压源有一个感性认识。

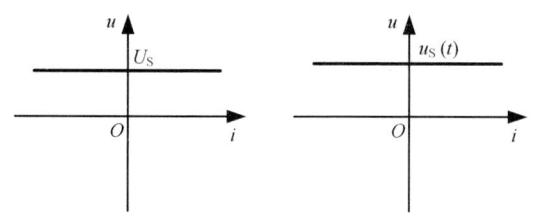

图 1-35 电压源的伏安特性曲线

强调：理想电压源的内阻为 0。

安全提醒：理想电压源两端千万不能短路。因为它的内阻为 0。

例 1-8：求下列图 1-36 中的 I 和 U。

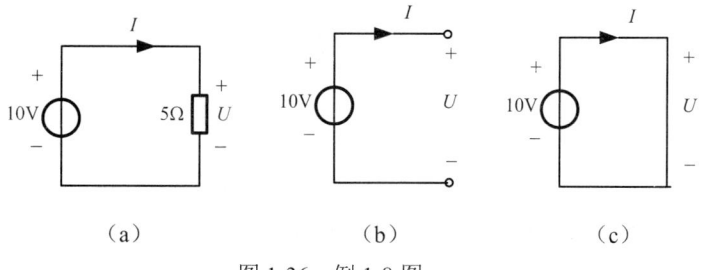

图 1-36 例 1-8 图

解：$U = 10\text{V}$　　$U = 10\text{V}$　　$U = 10\text{V}$
　　$I = 2\text{A}$　　　$I = 0$　　　　$I = \infty$

例 1-9：求图 1-37 中电压源的 P。

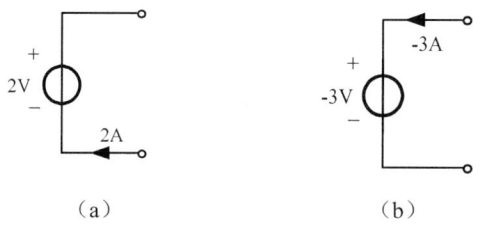

图 1-37 例 1-9 图

解：图（a）中 u、i 非关联，$P = 2 \times 2 = 4\text{W}$，产生功率。意味该电源对外电路提供功率；

图（b）中 u、i 关联，$P = (-3) \times (-3) = 9\text{W}$，吸收功率。表示消耗功率，例如电池充电。

2. 电流源

电流源对外电路能够提供一个不随外接电路变化而变化的电流。而电流源两端的电压取决于电流源外接的电路。电流源为零在电路中相当于开路。

强调：理想电流源的内阻为 ∞。

① 符号：如图 1-38 所示。

设计意图：
电压源对外电路能够提供一个不随外接电路变化而变化的电压，而流过电压源的电流还取决于电压源外接的电路。由图 c 看出电压源短路时电流为 ∞，所以电压源千万不能短路。

设计意图：
例题结果表明电压源既可产生功率，也可以消耗功率。

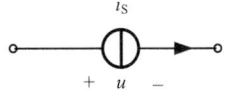

图 1-38　电流源的电路符号

②伏安关系：

$$I = I_S \quad U \text{ 为任意（直流）}$$
$$i = i(t) \quad u(t) \text{ 为任意}$$

其伏安关系曲线如图 1-39 所示。

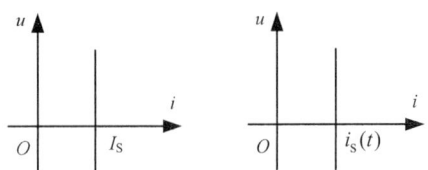

图 1-39　电流源的伏安特性曲线

小结：在电路中起"激励"作用的电源为独立电源。它包括独立电压源和独立电流源。电压源和电流源在电路中一般工作在电源状态，但有时也工作在负载状态。如电池在充电的时候就是负载。电压源和电流源都能提供能源，所以都是有源元件。

例 1-10：求下列图 1-40 中的 I 和 U。

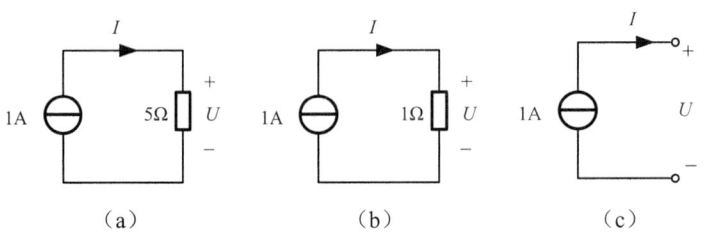

图 1-40　例 1-10 图

解：$I = 1\text{A}$　　　　$I = 1\text{A}$　　　　$I = 1\text{A}$
　　$U = 5\text{V}$　　　　$U = 1\text{V}$　　　　$U = \infty$

3. 拓展

引导学生去查阅有关开关电源的知识。

设计意图：
电流源对外电路能够提供一个不随外接电路变化而变化的电流，而流过电流源的电压取决于电压源外接的电路。由图 c 看出电流源开路时电压为 ∞，所以电流源不能开路。

| 重点讲解难点分析任务驱动自主探究 | 二、受控源——非独立电源
1. 定义
　　受控源虽然也输出电压或电流，但其输出的电压或电流与某一支路的电压或电流有关，受这些电压或电流的控制，故名受控源（如图 1-41 为受控源的实物模型）。
　　比如：对三极管有 $I_c = \beta I_b$，故它的电路模型是受控源。 | 教学方法：
讲授法
实物引入法
设计意图：
从常见的电器入手，让学生对受控源有一个 |

(30分钟)

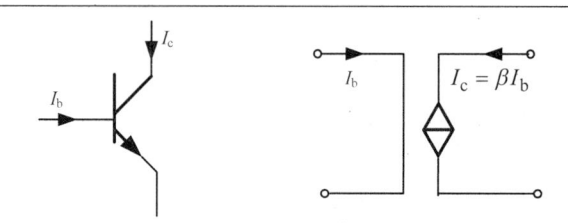

图 1-41 受控源的实物模型三极管

感性认识。以三极管为例，为后续课程模电课程打基础。

2. 受控源的分类

根据受控源在电路中呈现的是电压还是电流的特性，以及这个电压或电流是受另一部分的电压或电流的控制作用，受控源可分为电压控制电压源（VCVS）、电压控制电流源（VCCS）、电流控制电压源（CCVS）和电流控制电流源（CCCS），如图 1-42 所示。

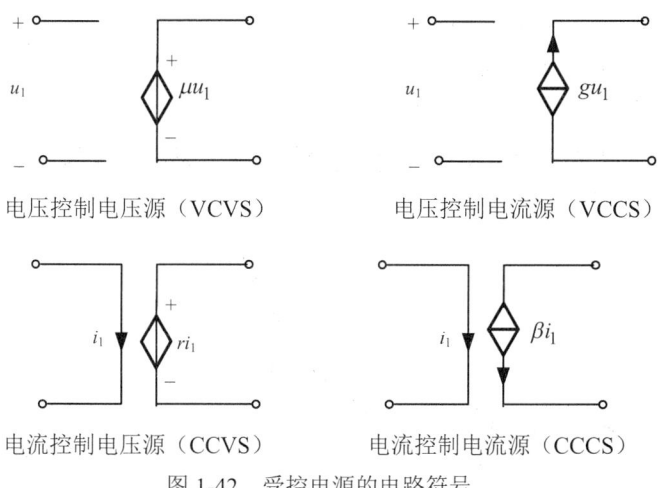

电压控制电压源（VCVS）　　电压控制电流源（VCCS）

电流控制电压源（CCVS）　　电流控制电流源（CCCS）

图 1-42 受控电源的电路符号

3. 受控源与独立源的区别

电压源和电流源，它们不受外界电路的影响，作为电源或输入信号时，在电路中起"激励"作用，在电路中产生相应的电流和电压，这些电压和电流便是"响应"，而这类激励叫独立电源。

受控源又称为"非独立"电源。受控电压源的电压和受控电流源的电流都不是给定的时间函数，而是受电路中某一部分的电流或电压的控制。

例 1-11：求图 1-43 中受控源的功率。

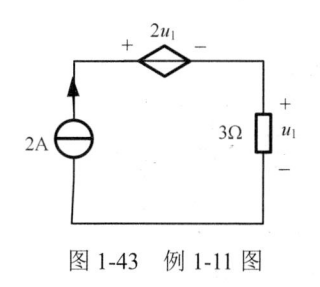

图 1-43 例 1-11 图

教学方法：
比较法
设计意图：
将受控源与独立源比较去学习。强调受控源描述的是一条支路对另一条支路的控制关系。
设计意图：
举含有独立源和受控源的例

解：$P = 2u_1 \times 2$

$u_1 = 3 \times 2 = 6\text{V}$

$P = 2 \times 6 \times 2 = 24\text{W}$

例 1-12：求图题 1-44 图中的 u_{cb}。

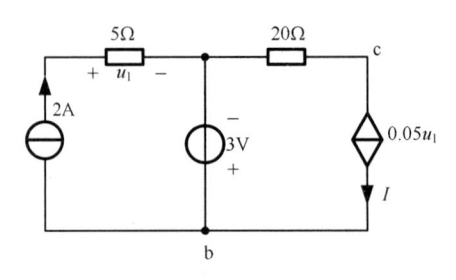

图 1-44　例 1-12 图

解：$u_1 = 2 \times 5 = 10\text{V}$

$I = 0.05u_1 = 0.5\text{A}$

$u_{cb} = -20 \times 0.5 - 3 = -13\text{V}$

例 1-13：电路如图 1-45 所示，计算图中受控源的功率，并判断是吸收还是发出功率？

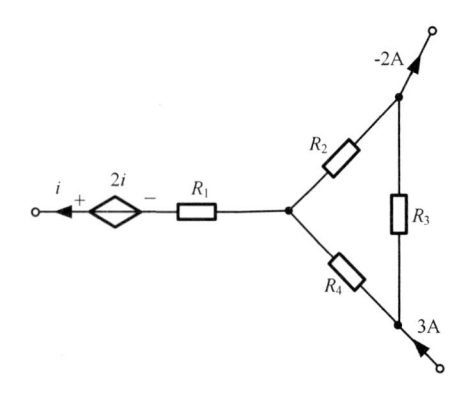

图 1-45　例 1-13 图

解：对 R_1、R_2、R_3 构成的闭合回路列 KCL 方程：

$i + (-2) - 3 = 0$

$i = 5\text{A}$

$P = 2 \times 5 \times 5 = 50\text{W}$

例 1-14：求图 1-46 电路中的 I_2。

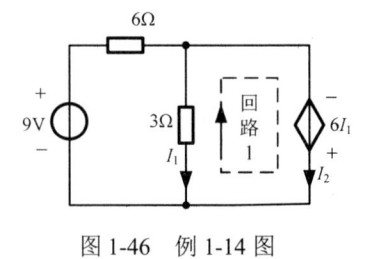

图 1-46　例 1-14 图

题让学生进一步理解受控源是一种控制关系，控制量有电量，被控制支路就有电量。

设计意图：
这道例题首先要灵活运用 KCL 和 KVL 列方程。在列得 KVL 方程求出

解：对回路 1 列 KVL 方程：
$$-6I_1 - 3I_1 = 0$$
$$I_1 = 0$$

这时原电路等效为如图 1-47 所示。

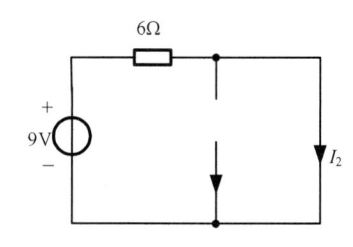

图 1-47　图 1-46 等效电路图

在图 1-47 中：$I_2 = 1.5A$。

例 1-15：电路如图 1-48 所示，求 u、i_1 和 i_2。

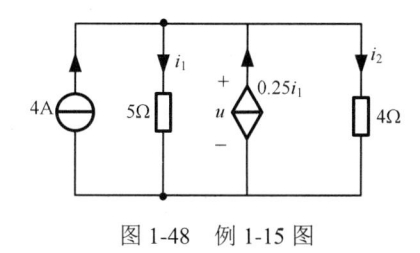

图 1-48　例 1-15 图

解：

KCL：
$$4 + \frac{1}{4}i_1 = i_1 + i_2$$
$$i_1 = \frac{u}{5}$$
$$i_2 = \frac{u}{4}$$

解得：$u = 10V$，$i_1 = 2A$，$i_2 = 2.5A$。

$I_1 = 0$ 后，要将 3Ω 电阻支路开路，电压受控源的电压受 $I_1 = 0$ 的控制使得受控源的电压等于零，这时要将受控电压源支路短路，这样电路就很简单了。所以开路、短路的概念很重要。

重点讲解 难点分析 任务驱动 自主探究 （10 分钟）

工程实例：安全用电与人体电路模型

所谓安全用电，是指在使用各种用电设备时，为防止各种电气事故危及人的生命及设备的正常运行所采取的必要安全措施和规定的用电注意事项。

电作为一种能量形式，在特定的情况下可能导致电伤害。在高压输电线或大型电气设备附近往往可以看到"危险－高压"等类似的警告牌。这说明电能可能是危险的。

电能能否造成人身伤害取决于电流的大小、持续的时间、频率和电流如何通过人体。电流的大小取决于电压和电阻。人体电阻大约为 10～50kΩ，当角质层被破坏时，则降到 800～1000Ω。为了不至于造成人身伤害，有必要给出安全电压值或安全电流值。目前，大多数国家将交流 50V 作为安全电压的极限值。我国规定交流 42V、

36V、24V、12V 和 6V 为安全电压的额定值。电气设备安全电压值的选用应根据使用环境、使用方式和工作人员状况等因素选用不同等级的安全电压。目前根据国际电工委员会标准，不论男女老少均采用 10mA 作为安全电流值。

电流对人体能产生综合性的影响。电流通过人体后，使肌肉收缩产生运动，造成机械性损伤。电流产生的生物化学反应将引起人体一系列的病理反应和变化，从而使人体遭受严重的伤害。其中尤为严重的是当电流流经心脏时，微小的电流即可引起心室颤动，甚至导致死亡。表 1-1 给出人体对不同电流的生理反应，这些数据是科学家通过事故原因分析获得的近似结果。

表 1-1 人体对电流的生理反应

电流大小/mA	生理反应
1~5	能感觉到，但无害
10	有害电击，但没有失去肌肉控制
23	严重有害电击，肌肉收缩，呼吸困难
35~50	极端痛苦
50~70	肌肉麻痹
235	心脏颤动，通常在几秒钟内死亡
500	心脏停止跳动

可以通过建立简单的人体电路模型来进一步研究电流流经人体的情况。图 1-49（a）为人体简化电路模型，其中 $R_1 \sim R_4$ 分别表示头颈、臂、胸腹和腿的电阻。一种可能的触电方式为手和单脚接触电气设备电源的两端而遭受电击，如图 1-49（b）所示，其中 R_{p1}、R_{p2} 分别为手部和脚部的接触电阻，u_S 为电源电压。通常我们可以假设 $u_S = 220V$，$R_1 = 500\Omega$，$R_2 = 350\Omega$，$R_3 = 50\Omega$，$R_4 = 200\Omega$，$R_{p1} = 3k\Omega$，$R_{p2} = 8k\Omega$，则流过人体的电流为：

$$i = \frac{u_s}{R_{p1} + R_2 + R_3 + R_4 + R_{p2}} = \frac{220}{3000 + 350 + 50 + 200 + 8000}$$
$$= 18.97\text{mA}$$

可见，流经人体的电流超过了安全电流值，如果触电将导致电击安全事故。一旦出现触电事故，先要切断电源，再实施其他抢救措施。

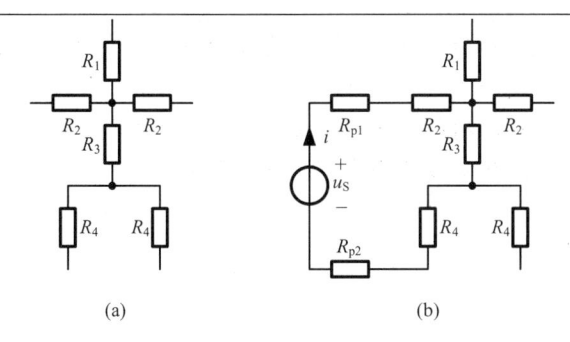

图 1-49 人体简化电路模型

设计意图：将这一章所学的知识运用到工程实例中，让学生学以致用，激发学生学习电工技术的兴趣，增强学生的安全意识，培养学生分析问题和解决问题的能力。

归纳小结 拓展延伸 (5分钟)	【本节小结】 1．几种元件的伏安关系。从伏安关系总结电阻是静态元件。 2．从能量的角度总结电阻是无源元件，电压源、电流源是有源元件。 【拓展延伸】 指导学生到图书馆或上网查阅超级电容器在现代生产中的应用、结合全国电子设计大赛让学生自主学习开关电源的相关知识。 【课后作业】 习题一：1-4、1-7、1-8 【思考题】 受控源与独立源有什么根本区别？ 【布置预习】 通过在幻灯片上演示一复杂电路，如图 1-50，让学生思考用基尔霍夫定律求解电量容易吗？如不容易怎么办？导入新课第 2 章电阻电路一般分析方法的求解。 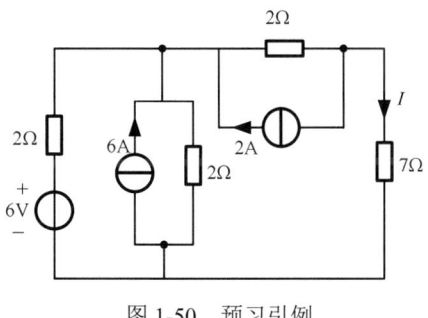 图 1-50 预习引例	教学方法： 呈现法 探究法 设计意图： 在总结中，升华学生的感性认识，使学生体会到本节课学习的收获感。通过引例引导学生预习第二章内容。
教学反思	元器件是组成电路的基本单元，所以一定要理解它们的本质特点。在讲解每一个元器件时，首先通过图片让学生认识元件，让学生对这个元件有一个感性认识，再从它最原始的电气特性开始分析，层层深入，直到找到它的伏安特性，最后分析功率。这一章是基础，宁愿慢一点，一定要让学生透彻理解元件，为后面的学习打好基础。

在讲完每一个元器件后，将现在这个元件的最新产品介绍给学生，让电工技术教学内容随着时代的改变而不断更新。

有待改进：由于自己的科研实践不足，在讲新器件的最新应用时，显得有点力不从心。所以自己要在生产实践方面多下工夫，丰富自己的课堂内容。如在一个实际制作中，同一阻值电阻的种类（碳膜电阻、水泥电阻、金属膜电阻和线绕电阻等）及功率应如何进行选择？

黑板板书设计：

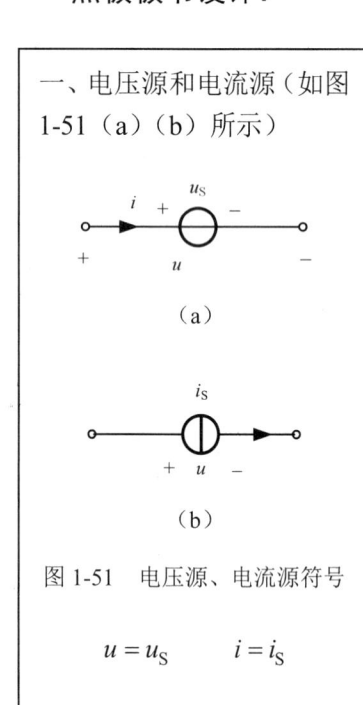

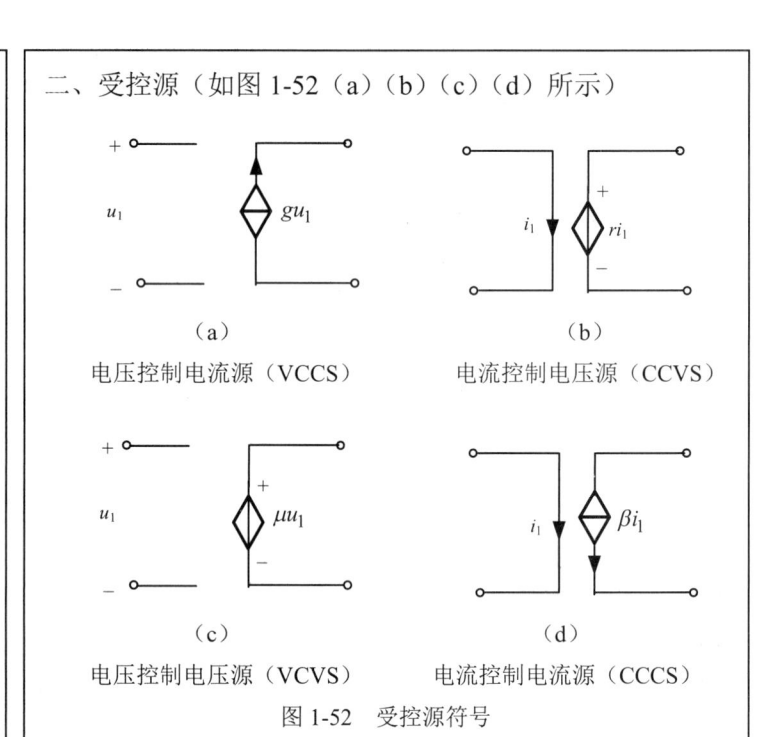

一、电压源和电流源（如图 1-51（a）（b）所示）

（a）

（b）

图 1-51 电压源、电流源符号

$u = u_S \qquad i = i_S$

二、受控源（如图 1-52（a）（b）（c）（d）所示）

（a）电压控制电流源（VCCS）

（b）电流控制电压源（CCVS）

（c）电压控制电压源（VCVS）

（d）电流控制电流源（CCCS）

图 1-52 受控源符号

第四讲　电阻的串并联以及 Y 形连接和△形连接的等效变换

【教学目的】

1．掌握端口等效变换的条件、对象和目的。
2．会用电阻等效变换的关系分析电路。
3．会用电阻的 Y 形与△形连接等效变换的关系分析电路。

【能力目标】

1．培养学生的科学素养，严谨的学风。
2．培养学生运用知识的综合能力和创新意识。

【教学内容】

- 等效变换的概念
- 电阻的串、并联
- 电阻的 Y 形连接和△形连接的等效变换。

【教学重点】

1．等效变换的概念：对外等效，对内不等效。
2．电阻 Y 形与△形连接等效变换的关系以及等效变换方式的选择原则。

【教学难点】

1．等效变换的使用。在利用等效变换计算电路中电压和电流时，必须保证所求电压和电流部分的电路不变。
2．具体电路分析中，Y 形与△形等效变换的方式选择。

【教学手段】

1．用基尔霍夫定律难以解决的复杂电路为引例导出第 2 章电路的一般分析方法。
2．用 Multisim 10.0 仿真电路导入新课，让学生理解等效的本质。
3．通过求现实生活中经常用到的变阻器滑动时的电压并考虑安全问题让学生理解电阻的串并联的应用。

【设计思路】

这堂课是第 2 章的开始，首先用引例引入为什么要学习第 2、3、4 章的一般分析方法，然后宏观地介绍三类方法即等效法、方程法、定理的理念和思想，让学生对这三章有一条线索去学习。这条线索是前面介绍的方法有缺陷需改进，所以要一步一步引入新的方法，最后引出戴维宁定理。在讲等效时用仿真引入新课等效的概念和实质，尤其是要理解为什么要引入等效，怎样去等效，这是关键，学生只有充分理解后才能正确运用这种方法去求解电路。在课程中用常见的电路让学生理解电阻的串并联。以求解电桥电路的电阻为引例引出 Y 形与△形连接等效变换。从等效变换的概念推出 Y 形与 △ 形连接等效变换的公式，通过练习掌握变换的思路并分析平衡电桥电阻的求解。

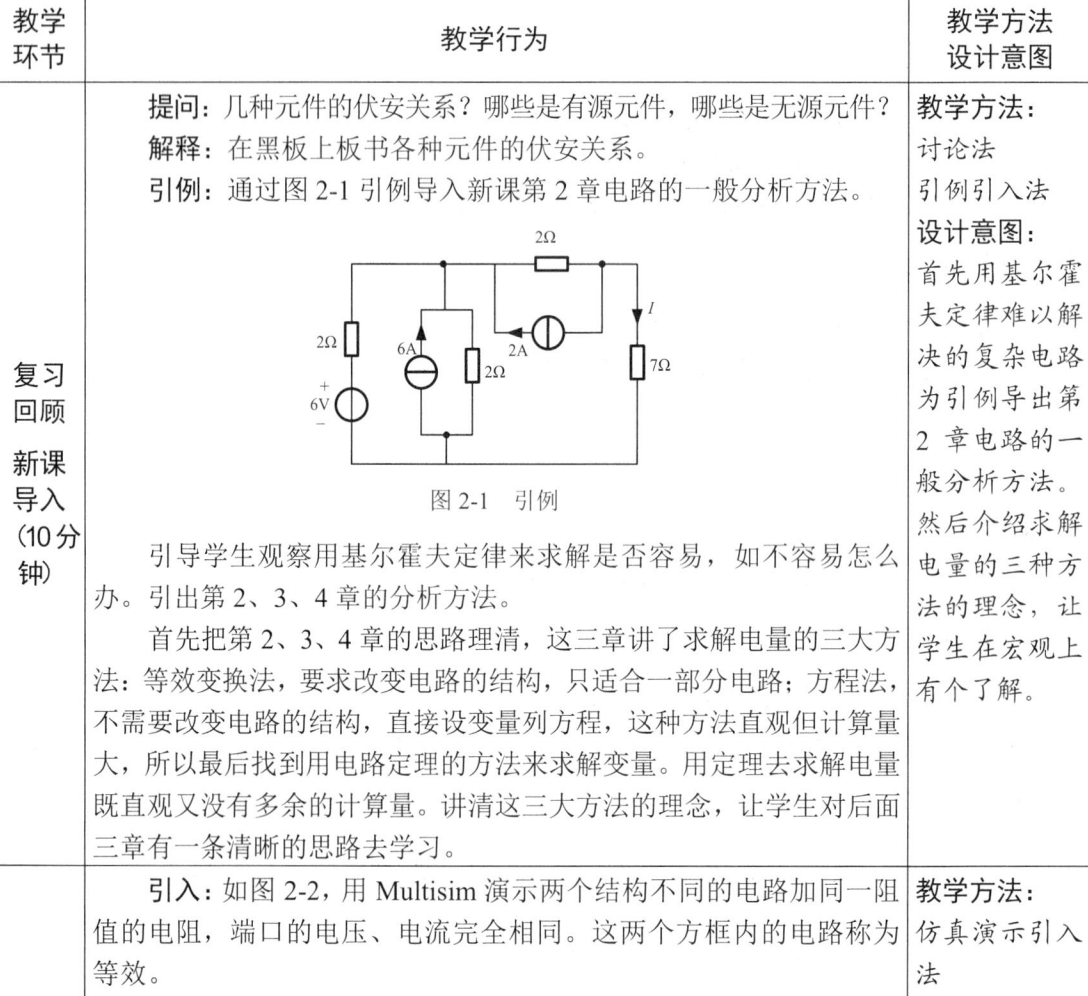

教学环节	教学行为	教学方法设计意图
复习回顾 新课导入 （10分钟）	提问：几种元件的伏安关系？哪些是有源元件，哪些是无源元件？ 解释：在黑板上板书各种元件的伏安关系。 引例：通过图 2-1 引例导入新课第 2 章电路的一般分析方法。 图 2-1 引例 引导学生观察用基尔霍夫定律来求解是否容易，如不容易怎么办。引出第 2、3、4 章的分析方法。 首先把第 2、3、4 章的思路理清，这三章讲了求解电量的三大方法：等效变换法，要求改变电路的结构，只适合一部分电路；方程法，不需要改变电路的结构，直接设变量列方程，这种方法直观但计算量大，所以最后找到用电路定理的方法来求解变量。用定理去求解电量既直观又没有多余的计算量。讲清这三大方法的理念，让学生对后面三章有一条清晰的思路去学习。	教学方法： 讨论法 引例引入法 设计意图： 首先用基尔霍夫定律难以解决的复杂电路为引例导出第 2 章电路的一般分析方法。然后介绍求解电量的三种方法的理念，让学生在宏观上有个了解。
仿真引入 明确目标 （5分钟）	引入：如图 2-2，用 Multisim 演示两个结构不同的电路加同一阻值的电阻，端口的电压、电流完全相同。这两个方框内的电路称为等效。 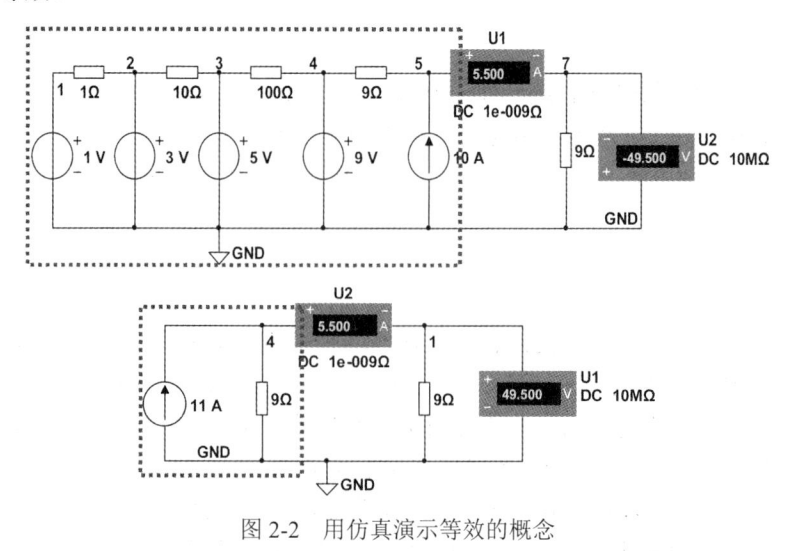 图 2-2 用仿真演示等效的概念	教学方法： 仿真演示引入法 设计意图： 用仿真演示直观地显示出两端口电压电流相同，使等效概念形象化。根据学生在课堂上提出的问题，即时改变实验数据进行仿真。这样大大激发了学习的动力，给予

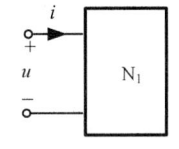

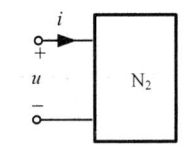

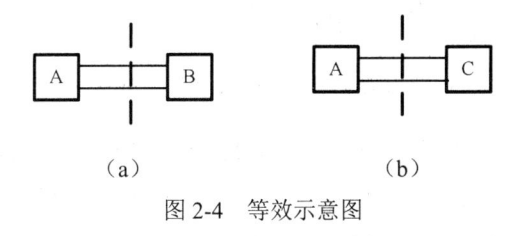

	不断地改变负载电阻的值，让学生观察两端口电压、电流一直相等。	了传统教学模式所不能比拟的启发性。
重点讲解 难点分析 任务驱动 自主探究（10分钟）	一、电路等效的定义 设有两个二端电路 N_1 和 N_2，如图 2-3 所示，若 N_1 与 N_2 的外部端口处(u, i)具有相同的电压电流关系（VCR），则称 N_1 与 N_2 相互等效，而不管 N_1 与 N_2 内部的结构如何。 图 2-3 等效电路图 尽管这两个网络可以具有完全不同的结构，但对任一外电路而言，N_1 和 N_2 具有完全相同的作用——<u>对外等效，对内并不等效。</u> 二、为什么要等效 电路理论中，等效的概念极其重要。利用它可以：①化简电路，②减少方程变量的数目。 三、等效的含义 如图 2-4 所示，对任何电路 A，如果用 C 代替 B 后，能做到 A 中的电流、电压、功率不变，则称 C 与 B 等效。 （a）　　　　　（b） 图 2-4 等效示意图	教学方法： 讲授法 讨论法 设计意图： 通过案例展示、集体讨论，引导学生积极思考，加深对等效概念的理解。培养学生的科学素养及严谨的学风。
重点讲解 难点分析 任务驱动 自主探究（20分钟）	四、电阻的串联 1. 等效电阻 R_{eq}：$R_{eq} = \sum_{k=1}^{n} R_k$，即 n 个电阻串联，等效电阻等于各个串联电阻之和。 2. 性质：电阻串联，电压按电阻成正比分配。 五、电阻（电导）的并联 1. 等效电导 G_{eq}：$G_{eq} = \sum_{k=1}^{n} G_k$，即 n 个电导并联，等效电导等于各个并联电导之和。 2. 性质：电阻（电导）并联，电流按电阻成反比分配（或按电导成正比分配）。 **例 2-1**：图 2-5 所示的电阻分压电路。该电路利用电位器（具有滑动触端的三端电阻器）上滑动触端 c 的滑动，可向负载提供 $0 \sim U_i$	

的可变电压，现已知 $R_L = 50\Omega$，$R_{ab} = 100\Omega$，$U_i = 220V$，求当滑动触端 c 滑到 a 点、中间及 b 点时，求电阻 R_L 中的电流 I_L、电压 U_L 以及总电流 I。

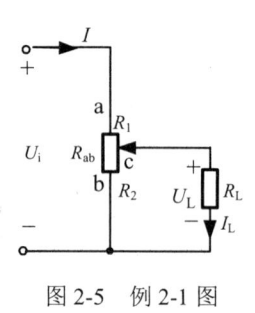

图 2-5 例 2-1 图

解：负载电阻 R_L 中的电流 I_L、电压 U_L 及总电流 I 的参考方向如图 2-5 所示。

（1）当滑动触端 c 滑到 a 点时，两个电阻 R_{ab} 与 R_L 并联且承受同一电压 U_i。

$$U_L = U_i = 220V$$

$$I_L = \frac{U_L}{R_L} = \frac{220}{50} = 4.4A$$

根据分流公式，$I_L = \frac{G_L}{G_{ab} + G_L} I$，其中，$G_{ab} = \frac{1}{R_{ab}}$，$G_L = \frac{1}{R_L}$，则

$$I = \frac{R_L + R_{ab}}{R_{ab}} I_L = \frac{50 + 100}{100} \times 4.4 = 6.6A$$

（或 $I_{ab} = \frac{U_i}{R_{ab}} = \frac{220}{100} = 2.2A$，$I = I_L + I_{ab} = 4.2 + 2.2 = 6.6A$）

（2）当滑动触端 c 滑到中间时，电阻 R_{ab} 上半部电阻 $R_1 = 50\Omega$，下半部电阻 $R_2 = 50\Omega$，此时，电阻 R_2 与负载电阻 R_L 并联后再与 R_1 串联；显然电路为电阻混联电路，相应的等效电阻为

$$R = R_1 + \frac{R_2 R_L}{R_2 + R_L} = 50 + \frac{2500}{100} = 75\Omega$$

$$I = \frac{U_1}{R} = \frac{220}{75} = \frac{44}{15} \approx 2.93A$$

根据分流公式，有

$$I_L = \frac{1}{2} I = 1.47A$$

$$U_L = I_L R_L = 1.47 \times 50 = 73.5V$$

（3）当滑动触端 c 滑到 b 点时，负载电阻 R_L 被短接，所以

$$U_L = 0, \quad I_L = 0, \quad I = \frac{U_1}{R} = \frac{220}{100} = 2.2A$$

由例 2-2 可见，电位器是利用串联电阻的分压原理取出信号电压 U_i 的一部分向负载输出。输出电压的大小随滑动触点的移动而连续变

化，因此普遍用于电气设备中各种物理量的调节，如录音机、电视机、收音机的音量调节等。

任务驱动引入新课（5分钟）	一、电阻的 Y 形连接和△形连接的等效变换 1．问题的引出（求图 2-6 中的 R_{eq} ） 图 2-6 引例 思考：观察图 2-6 电路，各电阻之间既不是串联又不是并联，如何求 R_{eq} ？ 引导：如将①②③组成的△形连接转换成 Y 形连接呢？	教学方法： 任务驱动法 设计意图： 通过问题的引出，引导学生能够利用已学过的等效知识，当电阻 Y 形与△形连接时，找到一种求解等效电阻的思路，引出今天的 Y 形与△形连接的等效变换。
	2．等效变换关系 根据等效概念：图 2-7 中两电路端口的伏安关系相同，则可等效。 $$u_{12Y}=u_{12\triangle},\ u_{23Y}=u_{23\triangle},\ u_{31Y}=u_{31\triangle}$$ $$i_{1Y}=i_{1\triangle},\ i_{2Y}=i_{2\triangle},\ i_{3Y}=i_{3\triangle}$$ 图 2-7 电阻的 Y 形连接和△形连接 △形→Y 形的变换关系式中的规律： $$\triangle 电阻 = \frac{Y电阻两两乘积之和}{Y不相邻电阻} \qquad Y电阻 = \frac{\triangle 相邻电阻之乘积}{\triangle 电阻之和}$$ 3．Y 形与△形连接等效变换的特殊情形（平衡电桥电路） 中学物理已经给出电桥电路的相关知识，若图 2-8 电路满足： $$\frac{R_1}{R_3}=\frac{R_2}{R_4} \quad (或 R_1R_4=R_2R_3)$$ 则电路中电流 $I=0$，称为电桥平衡。	教学方法： 讲练法 设计意图： 通过等效变换的概念推算出△形→Y 形的变换关系式中的规律。在黑板上板书并总结公式的规律，便于学生记忆。

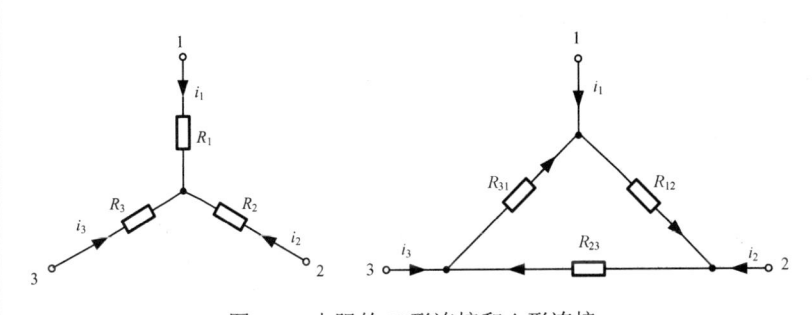

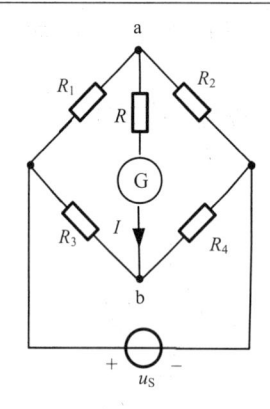

重点讲解 难点分析 任务驱动 自主探究（35分钟）

图 2-8　电桥电路

例 2-2：在图 2-9 中，求 R_{eq}。

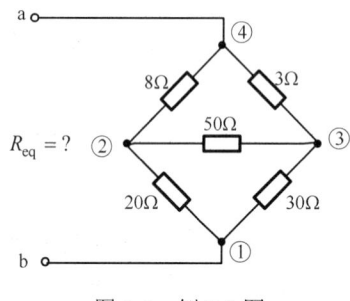

图 2-9　例 2-2 图

解：将图 2-9 所示的电路等效成图 2-10 所示。

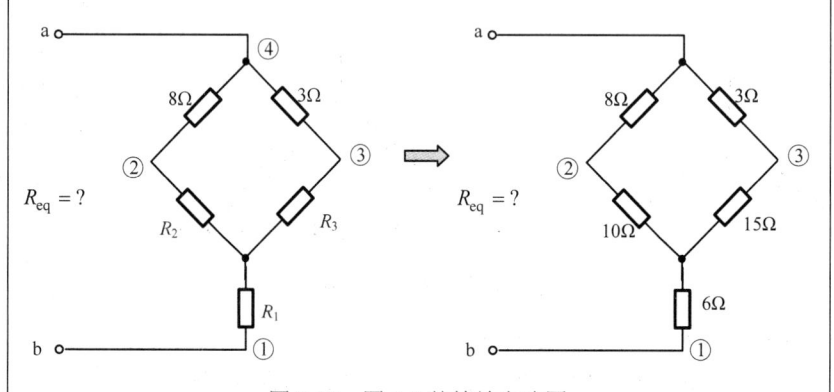

图 2-10　图 2-9 的等效电路图

$$R_1 = \frac{20 \times 30}{20 + 30 + 50} = 6\Omega$$

$$R_2 = \frac{20 \times 50}{20 + 30 + 50} = 10\Omega$$

$$R_3 = \frac{50 \times 30}{20 + 30 + 50} = 15\Omega$$

$$R_{eq} = 15\Omega$$

教学方法：
范例教学法

设计意图：
问题的提出，引导学生思考，如何将已学过的知识运用到新知识的学习中。让学生自己给出平衡电桥的结论，从而在电阻 Y 形、△形等效变换相关计算时，得到一种更为简单的方法。教给学生研究问题的方法，培养和锻炼学生的思维能力。

首先让学生思考，如何选择才能使运算尽可能简单？选择什么方式？△形→Y形？还是Y形→△形？对哪部分电路进行了变换？如图2-9，如果选择将②、③、④组成的△变形成Y形呢？这样选择计算难度要大多少？

思考：根据电路理论的知识，当图2-8中ab支路电流$I=0$时，该支路可如何处理？

结论：电桥平衡时ab支路可视为<u>开路</u>，也可视为<u>短路</u>。

例2-3：求图2-11的R_{eq}。

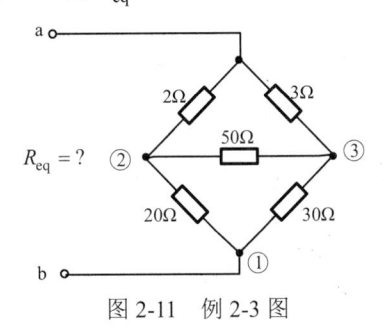

图2-11 例2-3图

解：显然电路满足电桥平衡，所以很容易求出

$$R_{eq} = \frac{2\times 3}{2+3} + \frac{20\times 30}{20+30} = 13.2\Omega$$

利用电桥平衡原理简化了Y、△连接等效电阻的计算。

例2-4：求图2-12中所示的电流i。

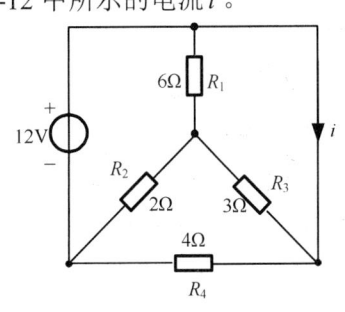

图2-12 例2-4图

解法一：首先把图中$R_1R_2R_3$构成的Y形连接等效成△连接，如图2-13所示。

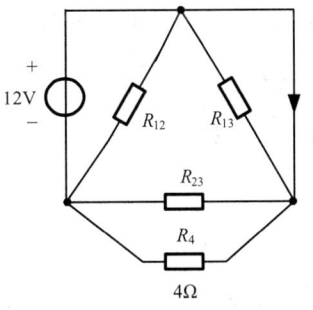

图2-13 图2-12等效图

设计意图：
在等效过程中，一定要注意等效端点的位置，即与原电路比较，应该清楚哪些地方等效变化了，哪些地方没有变，没变部分中电流、电压在等效前后应保持不变。

图 2-13 中 R_{13} 被短路，R_{12} 与电压源并联，所以 R_{12}、R_{13} 无须计算，只要求出 R_{23} 即可。

$$R_{23} = \frac{R_1R_2 + R_2R_3 + R_1R_3}{R_1} = 6\Omega$$

$$i = \frac{12}{R_{23} // R_4} = \frac{12}{12/5} = 5A$$

解法二：把图 2-12 中 $R_2R_3R_4$ 构成的△连接等效成 Y 形连接，如图 2-14 所示。

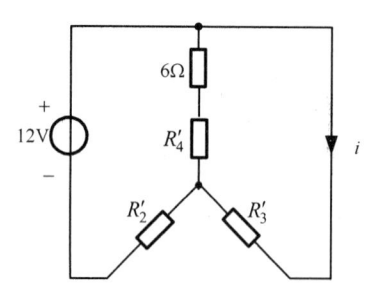

图 2-14 图 2-13 等效图

这样等效时 $R_2'R_3'R_4'$ 必须要算出来，显然解法一比解法二要简单得多。所以等效时一定要仔细观察，找到一种最优方法。

练习：图 2-15（a）、（b）复杂电阻网络的化简及计算。

(a)

(b)

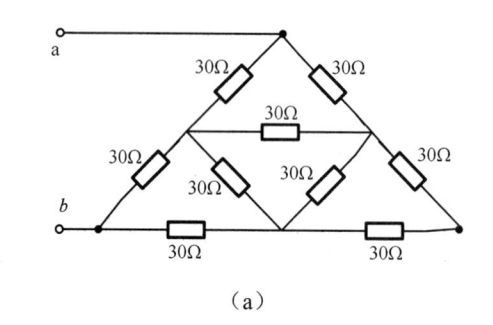

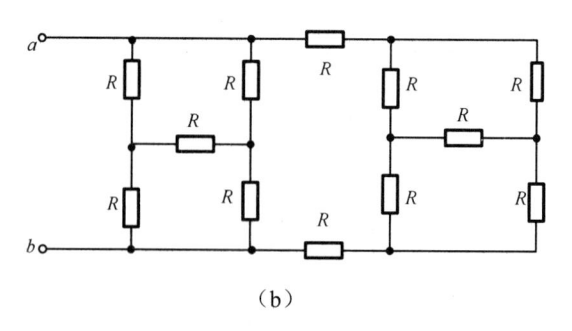

图 2-15 复杂电阻网络

注意：合理选择变换方式和电阻！仔细观察平衡电桥。

教学方法：
练习法
设计意图：
让学生清楚△形、Y 形的变换方法可以应用于怎样复杂的电阻网络，以及该如何求解。这里只讲思路。

归纳小结 拓展延伸 (5分钟)	【本节小结】 　1. 等效实际是对外等效。 　2. 在求解电量的过程中等效的目的是为了简化电路，求解电量的支路不能进行等效。 【课后作业】 　习题二：2-1、2-2 【思考题】 　1. 为什么要进行等效变换？ 　2. 为什么求解电量的支路不能进行等效变换？ 【布置预习】 　1. 实际电压源和实际的电流源能不能进行等效变换？引出新课。 　2. 给出仿真电路如图 2-16 所示，预习实际电压源和实际的电流源等效变换。 图 2-16　仿真电路	教学方法： 呈现法 探究预习法 设计意图： 复习本堂课的内容，提高学生的归纳、总结、计算能力。通过仿真布置预习下一堂课内容。
教学反思	这堂课通过引例让学生理解为什么要学习第 2、3、4 章电阻电路的一般分析方法。然后宏观地介绍三类方法即等效法、方程法、定理的理念和思想，让学生对这一章有一条线索去学习，这样学生在接受各种方法时就会有条不紊，而且还可对比各种方法的优缺点去学习，效果比直接接受单个方法要好。这是一位专家听课时建议的，通过实践确实不错。然后用仿真进入新课等效，学生通过观察可让抽象概念形象化、具体化，使复杂的过渡过程直观地表现出来。学生反映效果很好。	

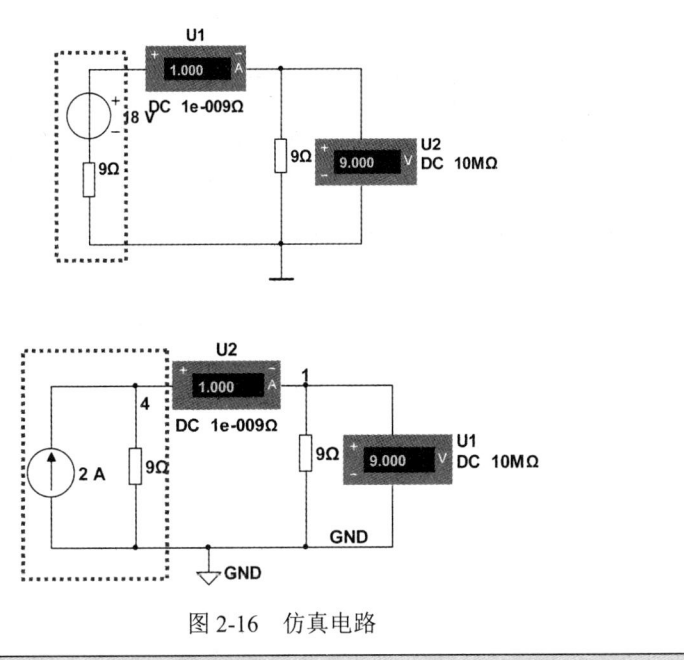

黑板板书设计：

一、等效的概念（如图 2-17 所示）

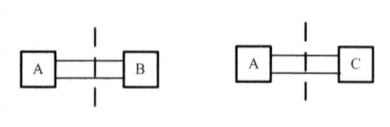

图 2-17　等效图

二、等效的实质

　　对外等效，对内并不等效。

二、电阻的 Y 形连接和 △ 形连接的等效变换（如图 2-18 所示）

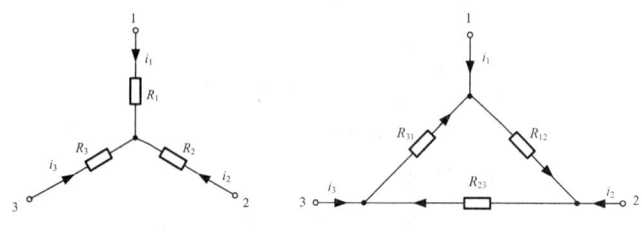

图 2-18　电阻的 Y 形连接和 △ 形连接

$$R_1 = \frac{R_{31}R_{12}}{R_{12}+R_{23}+R_{31}} \qquad R_{12} = \frac{R_1R_2+R_2R_3+R_3R_1}{R_3}$$

$$R_2 = \frac{R_{12}R_{23}}{R_{12}+R_{23}+R_{31}} \qquad R_{23} = \frac{R_1R_2+R_3R_2+R_3R_1}{R_1}$$

$$R_3 = \frac{R_{23}R_{31}}{R_{12}+R_{23}+R_{31}} \qquad R_{31} = \frac{R_1R_2+R_2R_3+R_3R_1}{R_2}$$

第五讲　电压源、电流源的串并联与实际电源的等效变换、输入电阻

【教学目的】

1．正确运用电压源、电流源模型的相互转换简化电路。
2．能求解某电路的输入电阻。

【能力目标】

1．教给学生研究问题的方法，培养和锻炼学生的思维能力，提高学生分析和解决问题的能力。
2．培养学生的学习兴趣和正确的思维方法，让学生对科学的严谨性有一个新的认识。

【教学内容】

- 实际电源的等效变换
- 电压源的串联、电流源的并联
- 受控源的电源模型的等效变换
- 无源一端口网络的等效电阻

【教学重点】

1．实际电源的等效变换。
2．含受控源的无源一端口等效电阻的求解。

【教学难点】

实际电压源与实际电流源之间进行等效变换时，电压源和电流源的方向问题。

【教学手段】

1．用 Multisim 10.0 仿真电路导入实际电压源和实际电流源之间的等效变换。
2．通过讲练例题让学生掌握实际电压源和实际电流源之间的等效变换求解方法。
3．通过讲练例题让学生掌握含受控源的一端口的等效电阻的求解方法。

【设计思路】

用 Multisim 10.0 仿真电路导入实际电压源和实际电流源之间的等效变换，再通过讲练总结出电源之间等效变换的技巧。通过讲练例题让学生掌握含受控源的一端口的等效电阻的求解方法，为戴维宁定理做好铺垫，实现重点难点的突破。

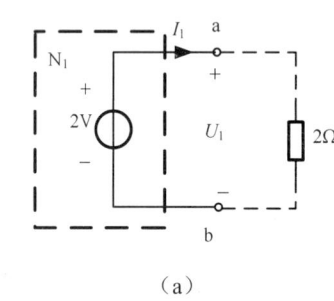

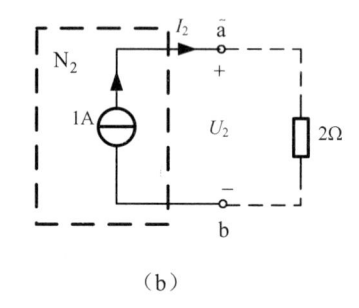

教学环节	教学行为	教学方法设计意图
复习回顾 新课导入 （5分钟）	**等效的概念：** 如图2-19所示，若N_1与N_2的外部端口处(u, i)具有相同的电压电流关系，则称N_1与N_2相互等效，而不管N_1与N_2内部结构如何（对外等效，对内并不等效）。 观察图2-18（a）、（b）所示电路。 （a）　　　　　　　　　（b） 图2-19　等效示意图 可求得： （a）：$\begin{cases} U_1 = 2\text{V} \\ I_1 = 1\text{A} \end{cases}$ （b）：$\begin{cases} U_2 = 2\text{V} \\ I_2 = 1\text{A} \end{cases}$ 思考：端口电压、电流相同，N_1和N_2是否等效？	**教学方法：** 讨论法 **设计意图：** 复习端口等效变换的概念。围绕提出的问题进行讨论。目的是通过此例题，要求学生正确理解和掌握等效变换的条件、对象和目的。
重点讲解 难点分析 任务驱动 自主探究 （20分钟）	**一、电压源的串联** n个电压源串联，端口电压为n个电压源之代数和u_S。电压u_S仍具有电压源的性质，所以这个电压u_S为n个电压源串联的等效电压源。 注意：在电路分析中，当一个端口网络由一个电压源与任一复杂网络（不管有源还是无源）并联时，此端口网络可用一个独立电压源来等效替代上面一端口网络，此独立电压源的电压等于电压源的电压。 **二、电流源的并联** n个电流源并联之后，端口电流为n个理想电流源之代数和i_S。电流i_S仍具有理想电流源的性质，所以这个电流i_S为n个电流源并联的等效电流源。 注意：当一个端口网络由一个电流源与任一复杂一端口网络串联（不管有源还是无源）时，此端口网络可用一个独立电流源来等效替代上面一端口网络，此独立电流源的电流等于电流源的电流。	**教学方法：** 练习法 范例教学法 **设计意图：** 通过实例的陈述和分析，引导学生进行独立思考和判断，激发学生探索问题的兴趣。培养学生运用知识的综合能力。

例 2-5 化简图 2-20 所示的电路。

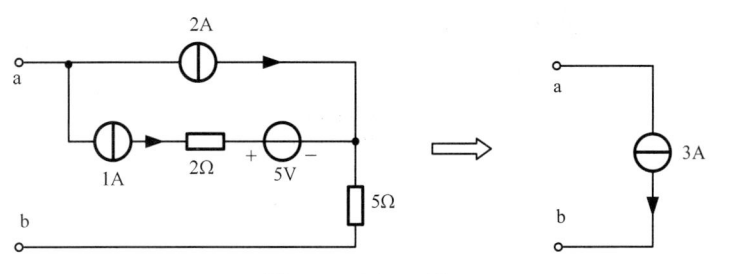

图 2-20 例 2-5 图

例 2-6 化简图 2-21（a）所示的电路。

解：将图 2-21（a）等效为图 2-21（b）。

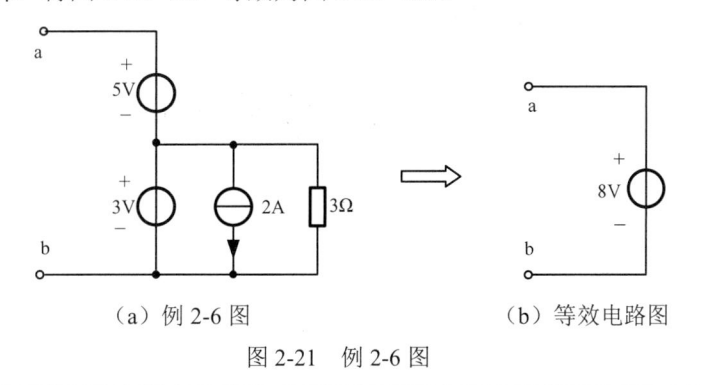

（a）例 2-6 图　　（b）等效电路图

图 2-21 例 2-6 图

三、实际电源的等效变换

1. 实际电源模型

实际电源一般都含有内阻，如干电池就由电压源与电阻器来近似模拟。实际电压源一般可看成一个电压源与电阻的串联组合，如图 2-22（a）所示；实际电流源一般可看成一个电流源与电阻的并联组合，如图 2-22（b）所示。

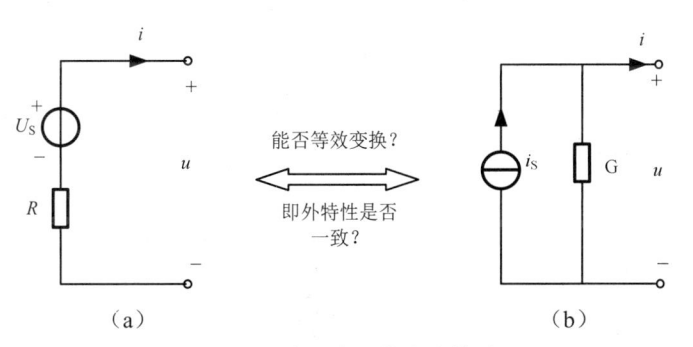

能否等效变换？即外特性是否一致？

图 2-22 实际电源的电路模型

2. 仿真引入实际电源的等效变换

引入：如图 2-23（a）、（b），用 Multisim 演示实际电压源和实际电流源加同一阻值的电阻，端口的电压、电流完全相同。那么这两个电路称为等效。

仿真引入电源等效变换（10分钟）

教学方法：
讲授法
范例法
设计意图：
从发电机、干电池引出实际电压源的模型。联系实际：购买实际电压源时，内阻是越大越好还是越小越好？那实际电流源呢？并根据等效的概念推出实际电源等效变换的条件。

（a）

（b）

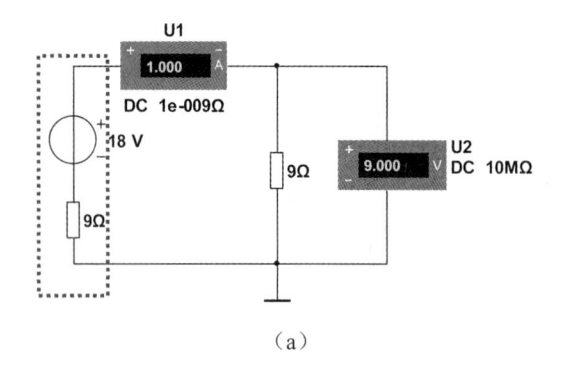

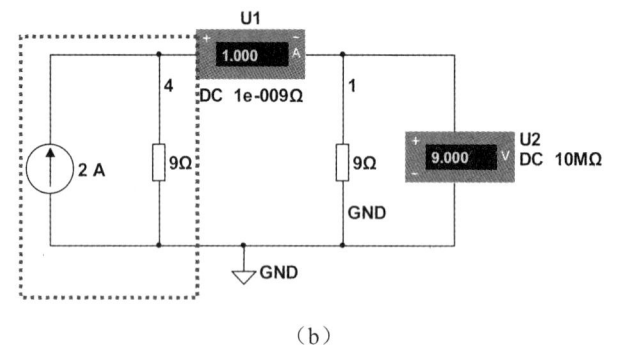

图 2-23　用仿真演示等效的概念

不断地改变外接电阻的值，让学生观察两端口电压、电流一直相等。

3．实际电源等效变换的条件

对实际电压源：$u = u_S - Ri$

对实际电流源：$i = i_S - Gu$ ➡ $u = \dfrac{1}{G}i_S - \dfrac{1}{G}i$

令：$u_S = \dfrac{i_S}{G}$，$R = \dfrac{1}{G}$，或 $i_S = \dfrac{u_S}{R}$，$R = \dfrac{1}{G}$，这样，图 2-23（a）（b）的外特性一致，从而说明能进行等效变换。

注意：互换时电压源电压的极性与电流源电流的方向的关系。

例 2-7　将图 2-24 所示电路化为最简形式的等效电压源或等效电流源。

（a）　　　　　　　　　　　（b）

重点讲解

难点分析

任务驱动

自主探究

（30分钟）

教学方法：
讲授法
范例法
设计意图：
通过大量的讲练让学生掌握如何灵活运用实际电压源与电流源之间的等效变换来化简电路。

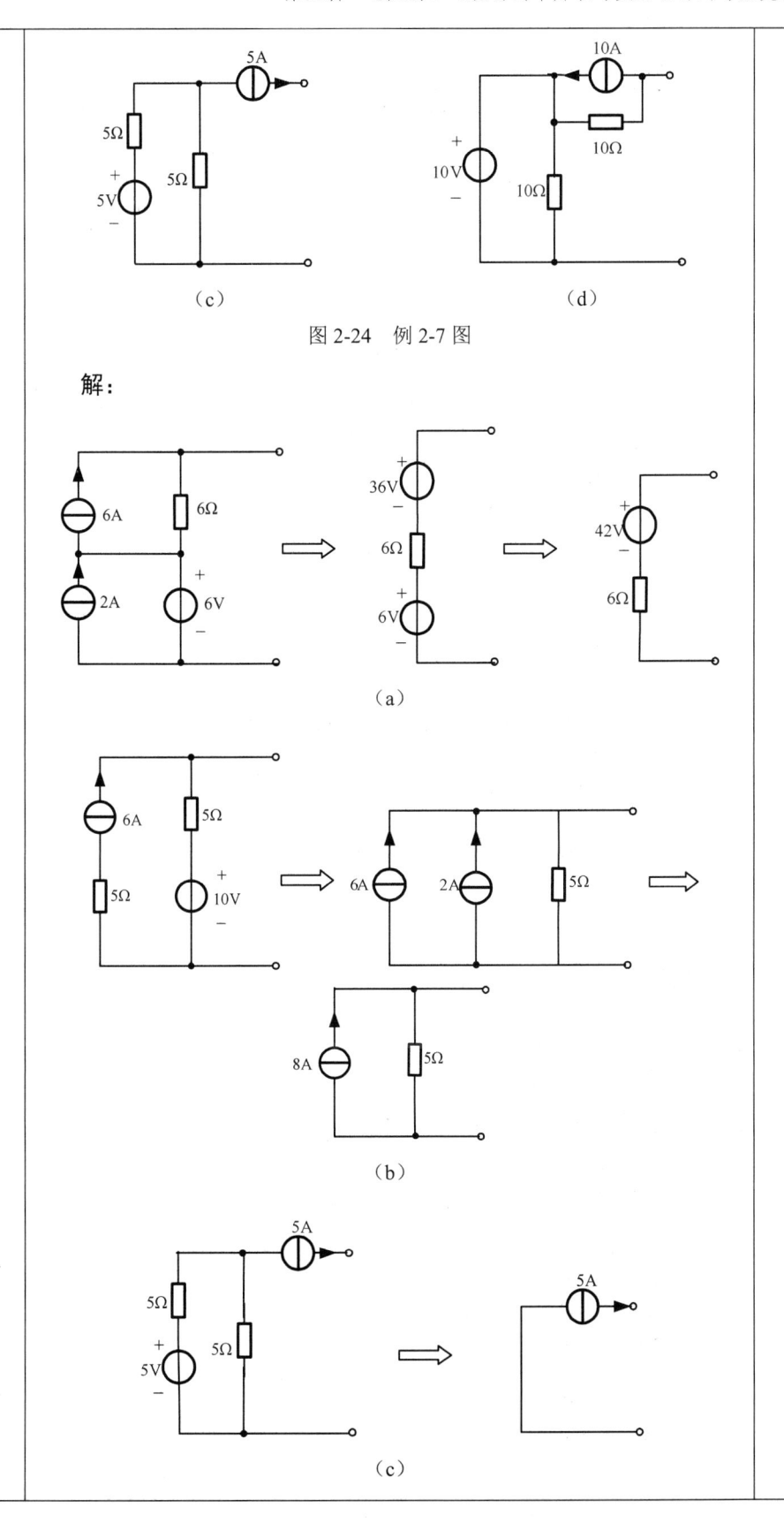

第五讲 电压源、电流源的串并联与实际电源的等效变换、输入电阻

图 2-24 例 2-7 图

解：

(d)

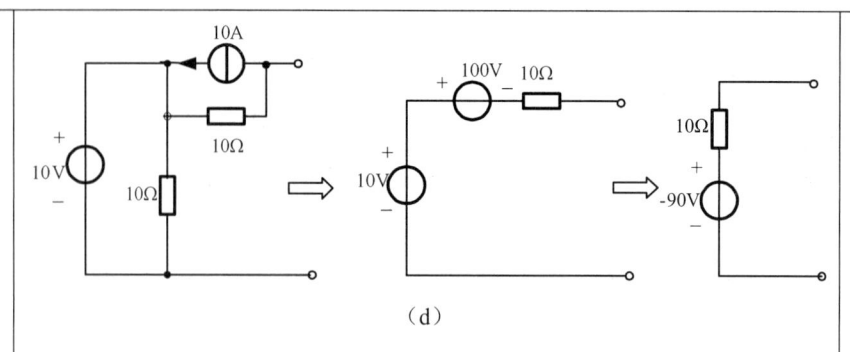

例 2-8 求图 2-25 图中 ab 端的最简等效电路。

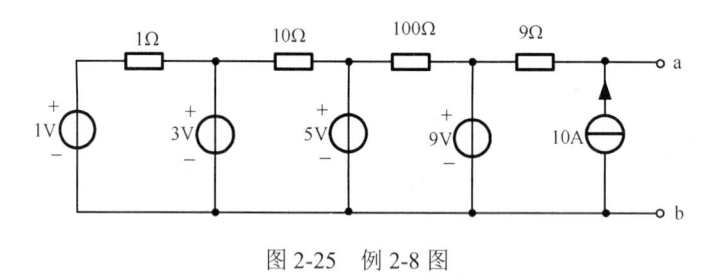

图 2-25 例 2-8 图

解：

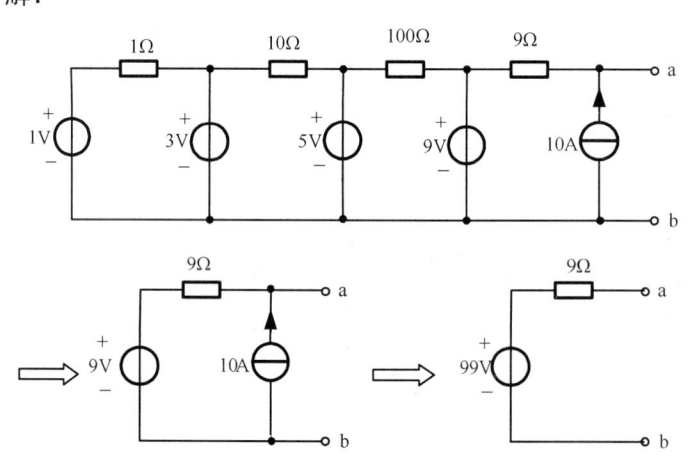

4．受控源的电源模型的等效变换

与实际电源电路的等效变换情况完全相同，只是在等效变换过程中，必须保证受控源的控制量能够用正确的表达式写出。

例 2-9 求图 2-26 中二端电路的开路电压 U_{ab}。

图 2-26 例 2-9 图

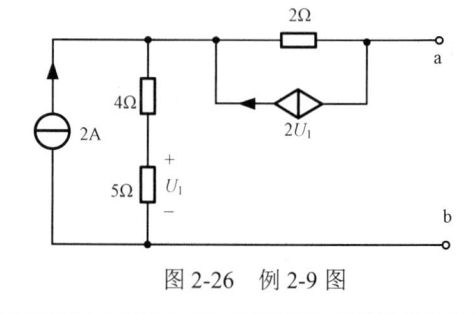

教学方法：
范例教学法

设计意图：
让学生观察该怎样去化简电路，并且不能将 5Ω 和 4Ω 电阻合并等效，否则控制量

解：图 2-26 电路可等效为图 2-27 所示。

不能将 5Ω 和 4Ω 电阻合并等效，否则控制量 U_1 将消失

U_1 将消失。

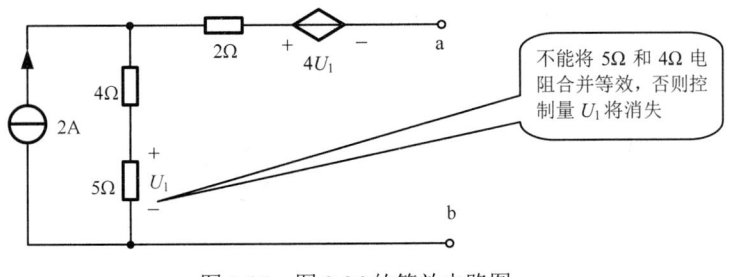

图 2-27 图 2-26 的等效电路图

$$U_{ab} = -4U_1 + 2 \times (4+5)$$
$$U_1 = 2 \times 5 = 10\text{V}$$
$$U_{ab} = -4 \times 10 + 18 = -22(\text{V})$$

四、无源一端口网络的等效电阻

无源一端口网络对外部电路来讲相当于一个电阻的作用。在一端口网络端口处外加一个电压源（或电流源），产生一个流过端子的电流（或在端口处产生电压），则外加电压（或外加电流）与产生的电流（或电压）之比为无源一口网络的等效电阻。即无源一端口网络的等效电阻为：

$$R_{eq} = \frac{u_S}{i}$$

或为：

$$R_{eq} = \frac{u}{i_S}$$

例 2-10 求图 2-28 中 a、b 两端的入端电阻 R_{ab}（$\beta \neq 1$）。

解：外加电源法法求 R_{ab}：

$$U = R \times (I - \beta I)$$
$$R_{ab} = U/I = (1-\beta)R$$

例 2-11 求图 2-29 所示电路一端口的输入电阻 R_{in}，并求其等效电路。

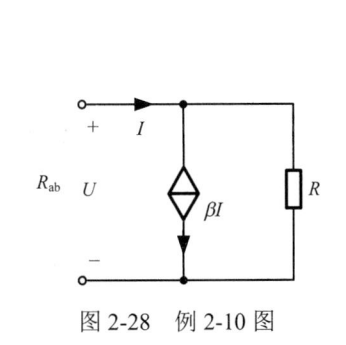

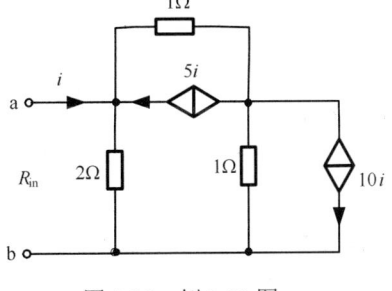

图 2-28 例 2-10 图

图 2-29 例 2-11 图

解：将图 2-29 的 ab 端外加一电压为 u 的电压源，如图 2-30 所示。再把图 2-30 的 ab 右端电路进行简化，得到简化后的电路如图 2-31 所示。

教学方法：
讲授法
范例法
设计意图：
通过大量的讲练让学生掌握求解无源一端口网络的等效电阻的思路。

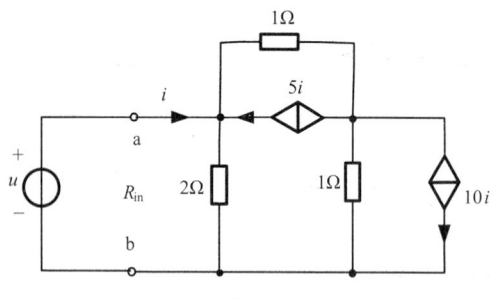

图 2-30　外加电压源

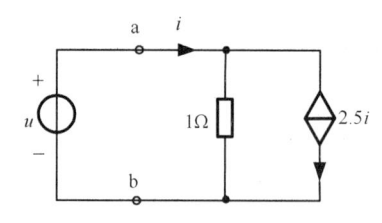

图 2-31　图 2-30 的等效电路图

由图 2-31 可得到：$u = (i - 2.5i) \times 1 = -1.5i$

因此，该一端口输入电阻为：

$$R_{in} = \frac{u}{i} = -1.5\Omega$$

由此例可知，含受控源电阻电路的输入电阻可能是负值，也可能为零。图 2-29 所示的电路可等效为图 2-32 所示的电路，其等效电阻值为：

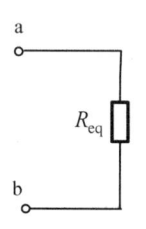

$$R_{eq} = R_{in} = -1.5\Omega$$

图 2-32　图 2-29 的等效电路图

强调：用外加电源法求解，变换过程中不能让控制量消失。

归纳小结（5分钟）	【本节小结】 1. 实际电压源和实际电流源变换的一般规律。 2. 电阻的 Y 形连接和 △ 形连接的等效变换的公式。 【课后作业】 习题二：2-5、2-7、2-8、2-11 【思考题】 为什么电桥平衡时 ab 支路可视为<u>开路</u>，也可视为<u>短路</u>？ 【布置预习】 如图 2-33 所示给出一电路,用基尔霍夫定律和等效变换法都很难	教学方法： 呈现法 探究式预习法 设计意图： 进一步复习巩固，帮助学生记忆公式。在教学中，为激发兴趣引出的

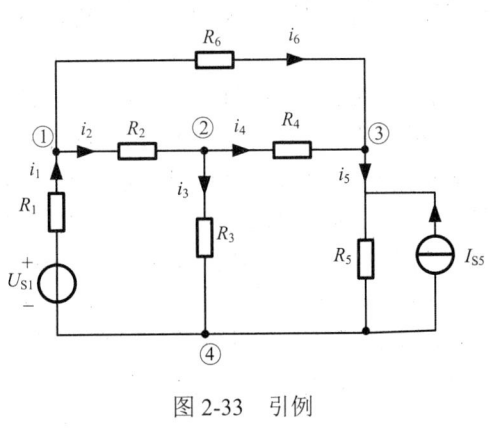

第五讲 电压源、电流源的串并联与实际电源的等效变换、输入电阻

解决的引例，引出方程法。

图 2-33 引例

主题安排在上新课的前次课导入，由于大学生的好奇心、求知欲，课后的自学探究则顺理成章。这样不仅可提高学时的利用率，而且充分调动了学生自主学习的积极性。

教学反思　本节课的重点是首先通过问题实例的引出，让学生充分理解为什么要将电阻的Y形连接和△形连接进行等效变换，然后通过等效的概念简单推算出变换的公式，着重讲解变换的应用，切记千万不能陷入复杂的公式推算中，否则学生觉得不知所以然，而且一定要让学生学会怎样去进行等效便可得最简电路。在讲实际电源的等效变换时，先从电源的实际模型出发，再分析变换的技巧。

黑板板书设计：

二、实际电源的等效变换

1. 实际电源模型（如图 2-34 所示）

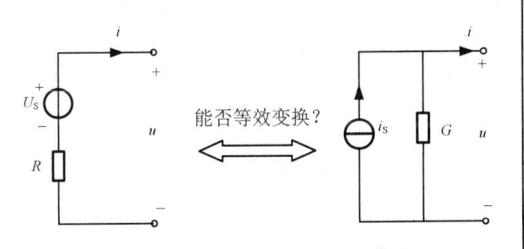

图 2-34　电压源与电流源模型

2. 实际电源等效变换的条件

$$i_S = \frac{u_S}{R}, \quad G = \frac{1}{R}$$

三、无源一端口网络的等效电阻（如图 2-35 所示）

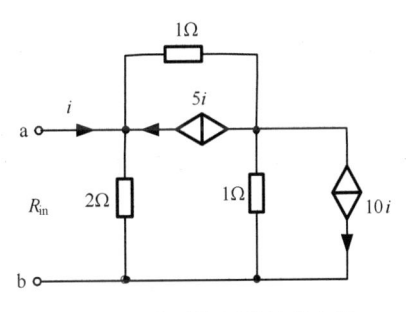

图 2-35　含受控源的等效电阻

外加电源法：$R_{eq} = \dfrac{u_S}{i}$

应用实例：直流电压表和直流电流表

实际中用于测量直流电压、直流电流的多量程直流电压表、直流电流表是由称为微安计的基本电流表头与一些电阻串并联组成的。微安计是一个很灵敏的测量机构，内部有一个可动的线圈称为动圈，动圈的内阻称为微安计的内阻。动圈中通过电流之后，与永久磁铁互相作用，受到电磁力作用而偏转，所偏转的角度与线圈中通过的电流成比例关系。固定在动圈上的指针随动圈偏转，从而显示线圈所偏转的角度。微安计所能测量的最大电流为该微安计的量程。例如，一个微安计测量的最大电流为 50μA，就说该微安计的量程为 50μA。在测量时通过该微安计的电流不能超过 50μA，否则微安计将损坏。内阻及量程是描述微安计特性的两个参数，分别用 R_G 及 I_G 表示。怎样用微安计来构成电压表、电流表呢？

例 2-12 图 2-36 为多量程电流表的原理图，已知微安计参数 $R_G = 3.75\text{k}\Omega$，$I_G = 40\mu\text{A}$，电流表的各挡量程分别为 $I_1 = 500\text{mA}$、$I_2 = 100\text{mA}$、$I_3 = 10\text{mA}$、$I_4 = 1\text{mA}$、$I_5 = 250\mu\text{A}$、$I_6 = 50\mu\text{A}$。试求各分流电阻的值。

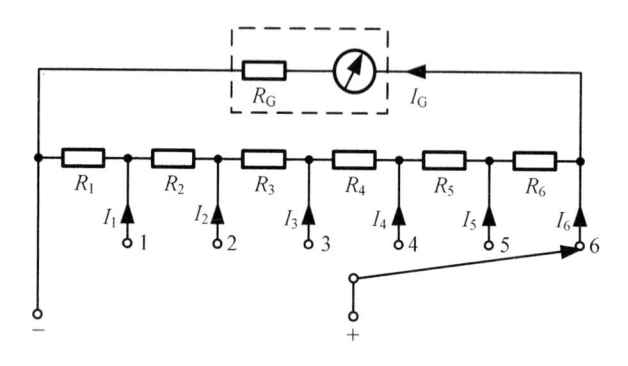

图 2-36 例 2-12 图

解：从图示的电路可以看出：整个电流表有 6 个分流电阻，当使用最小的量程 I_6 时，全部分流电阻串联起来与微安计并联，令 $R = R_1 + R_2 + R_3 + R_4 + R_5 + R_6$，则

$$R = \frac{R_G I_G}{I_6 - I_G} = \frac{3.75 \times 40}{50 - 40} = 15\text{k}\Omega$$

采用量程 I_1 时，除 R_1 以外的分流电阻与微安计串联之后，再与 R_1 并联，由分流公式

$$I_G = \frac{R_1}{R + R_G} I_1$$

可求出

$$R_1 = \frac{R + R_G}{I_1} I_G = \frac{15 + 3.75}{500} \times 40 = 1.5\Omega$$

同理可求出

$$R_2 = \frac{R + R_G}{I_2} I_G - R_1 = \frac{15 + 3.75}{100} \times 40 - 1.5 = 6\Omega$$

$$R_3 = \frac{R + R_G}{I_3} I_G - (R_1 + R_2) = \frac{15 + 3.75}{10} \times 40 - 7.5 = 67.5\Omega$$

$$R_4 = \frac{R+R_G}{I_4}I_G - (R_1+R_2+R_3) = \frac{15+3.75}{1} \times 40 - 75 = 675\Omega$$

$$R_5 = \frac{R+R_G}{I_5}I_G - (R_1+R_2+R_3+R_4) = \frac{15+3.75}{0.25} \times 40 - 750 = 2250\Omega$$

最后求出

$$R_6 = R - (R_1+R_2+R_3+R_4+R_5) = 15 - 3 = 12\text{k}\Omega$$

设计意图：将这一章所学的电阻串、并联知识运用到工程直流电流表中，让学生学以致用，激发学生学习电工技术的兴趣，培养学生分析问题和解决问题的能力。

第六讲　支路电流法和回路电流分析法

【教学目的】

1．熟练运用支路电流法求解电量。
2．学会选择独立回路。
3．熟练运用回路电流法求解电量。

【能力目标】

1．体会运用方程法和相关理论解决电路分析问题的基本思想，网孔（回路）法分析电路的方法和特点，学会灵活运用回路电流法分析复杂电路。
2．锻炼学生的将理论运用于实践的能力及分析问题解决问题的能力。

【教学内容】

- 支路电流法
- 回路电流法

【教学重点】

1．用回路电流法分析电路。
2．特别注意当电路中具有理想电流源支路的情况下，如何用最简单的方法列出方程，同时保证求解方程必须尽可能简单。

【教学难点】

如何正确地写出回路电路法方程表达式中的每一项。

【教学手段】

1．以上次课布置的适合方程法求解的电路为引例创设问题情境，在本课堂教学中复习上次课内容后，进行自主探究后的交流探讨，引出方程法。
2．在讲支路电流法和回路电流法时用水管水流比喻支路电流，使抽象的概念具体化、深奥的理论形象化，降低教学难度。
3．在讲解支路电流法与回路电流法时运用对比法对比支路电流与回路电流的区别，让学生理解两种方法的实质，同时学会独立回路的选择。

【设计思路】

以适合方程法求解的电路为引例引出新课的方程法。首先宏观地介绍支路电流法、回路电流法、结点电压法的理念。通过和学生一起求解一道基础例题，让学生理解支路电流法的基本思想。然后通过方程数的多少引导学生观察支路电流法虽然直观简单，但计算量很大，所以要寻求一种新的方法来减少计算量，引入回路电流法。再通过同一例题两种方法的比较，让学生学会选择最简单的独立回路。通过例题引导学生同一个电路尝试用多种方法求解，举一反三，融会贯通，加深对网孔法和回路法的理解，进一步明确本节课的学习目的和意义。整堂课程采用"提出问题—解决方案—得出结论"的启发式教学方法。

第六讲　支路电流法和回路电流分析法　59

教学环节	教学行为	教学方法设计意图
复习回顾 新课导入 （10分钟）	复习等效变换法，总结变换技巧。 引例：在图 3-1 中，要求出 i_1，i_2，i_3，怎么求？ 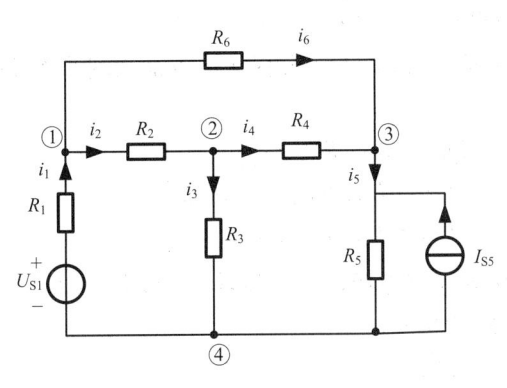 图 3-1　引例 引导学生用等效变换去求，求不出来怎么办？说明等效变换只适合某一部分电路，对于一般电路电量的求解，启发学生思考其他方法，引入方程法。 首先从理念上解释方程法：不需要改变电路结构，直接设变量列 KCL、KVL 方程，然后求解方程的变量。 因为求解变量的不同，方程法分为三种： 支路电流法以支路电流作为求解变量列 KCL、KVL 方程； 回路电流法以回路电流作为求解变量只需列 KVL 方程； 结点电压法以结点电压作为求解变量只需列 KCL 方程。	教学方法： 问题驱动法 发现法 设计意图： 以引例创设问题情境，引导学生利用已学过的 KCL、KVL、等效知识对电流求解，感觉有困难，启发学生思考其他方法，引入方程法。同时从宏观上理解三种方法的理念，从而培养学生通过观察发现问题解决问题的探索能力。
重点讲解 难点分析 任务驱动 自主探究 （30分钟）	一、支路电流法 以支路电流为未知量，根据 KVL 和 KCL 列方程求解的方法。 举例说明原理：$b=6$，$n=4$（R_5、I_{S5} 为一条支路）。 图中有 6 条支路，就有 6 个支路电流变量，就需列 6 个方程。6 个方程从哪里来？在电工里当然就只有 KCL、KVL 方程。 1. 标定各支路电流的参考方向，如图 3-2 所示。 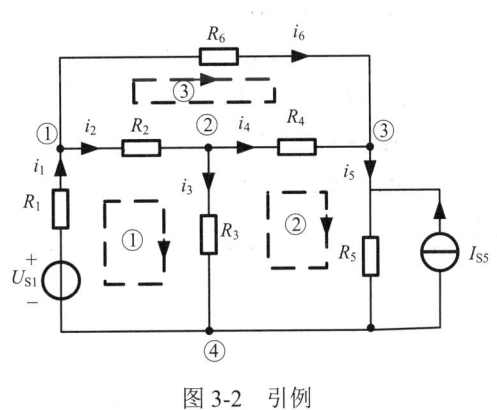 图 3-2　引例	教学方法： 比喻法 讲授法 设计意图： 把支路比作水管，电流比作水流，把结点比作水管连接处，从而把抽象的电路形象化，形成感性认识，加深对支路电流法的理解，这样不但能降低教学难度，而且使教学内容直观、易懂、易

2. 标注结点，列独立 KCL 方程（对 n 个结点的电路，有 $n-1$ 个独立的 KCL 方程）。

$$\left.\begin{aligned}
\text{结点1：} & -i_1 + i_2 + i_6 = 0 \\
\text{结点2：} & -i_2 + i_3 + i_4 = 0 \\
\text{结点3：} & -i_4 + i_5 - i_6 = 0
\end{aligned}\right\}$$

3. 选定网孔，列写独立 KVL 电压方程（可以证明网孔数就等于独立的回路数）。

$$\left.\begin{aligned}
\text{回路1：} & R_1 i_1 + R_2 i_2 + R_3 i_3 = u_{S1} \\
\text{回路2：} & -R_3 i_3 + R_4 i_4 + R_5 i_5 = -R_5 i_{S5} \\
\text{回路3：} & -R_2 i_2 - R_4 i_4 + R_6 i_6 = 0
\end{aligned}\right\}$$

4. 联立求解，求出各支路电流，进一步求出各支路电压。

支路电流法分析电路的步骤：
①选定各支路的参考方向。
②根据 KCL 对 $(n-1)$ 个独立结点列出方程。
③选取网孔，指定回路的绕向，列出 KVL 方程。
④求出支路电流，进一步求出需求变量。

例 3-1 根据图 3-3 所示电路，列出求解电路的支路电流方程，并计算各支路电流。

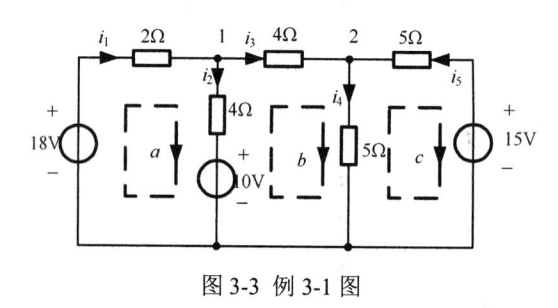

图 3-3 例 3-1 图

解：首先标明各支路电流及参考方向，如图 3-3 所示。因为电路具有 3 个结点、5 条支路，所以可列 2 个独立的结点电流方程和 3 个独立的回路电压方程（按网孔列的回路电压方程肯定独立）。

由结点 1 有： $-i_1 + i_2 + i_3 = 0$
由结点 2 有： $-i_3 + i_4 - i_5 = 0$
由网孔 a 有： $2i_1 + 4i_2 = 18 - 10$
由网孔 b 有： $-4i_2 + 4i_3 + 5i_4 = 10$
由网孔 c 有： $-5i_4 - 5i_5 = -15$

上述方程经整理后有：

$$\begin{cases} -i_1 + i_2 + i_3 = 0 \\ -i_3 + i_4 - i_5 = 0 \\ 2i_1 + 4i_2 = 8 \\ -4i_2 + 4i_3 + 5i_4 = 10 \\ 5i_4 + 5i_5 = 15 \end{cases}$$

解方程组得
$$i_1 = 2\text{A}, \quad i_2 = 1\text{A}, \quad i_3 = 1\text{A}, \quad i_4 = 2\text{A}, \quad i_5 = 1\text{A}$$

二、回路电流法

支路电流法虽然直观简单，但计算量很大，所以要寻求一种新的方法来减少计算量。这里引入回路电流法。

回路电流法是以假想的回路电流为未知量，根据 KVL 列方程求解分析电路的方法。

如图 3-4 是 6 条支路、3 个回路、4 个结点的电路。

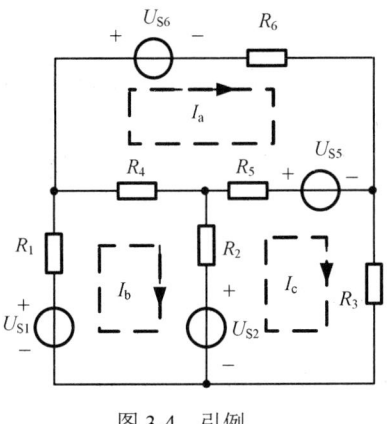

图 3-4 引例

在图 3-4 中，以支路电流法求解电量需列 6 个方程。如以假想的回路电流 I_a、I_b、I_c 为求解变量，那就只有 3 个变量，也就只需列 3 个方程，比支路电流法少了 3 个方程。

基本思想：回路电流法是以假想的回路电流为未知量，列写电路方程的方法。只要求出了回路电流，就可得各支路电流（网孔电流法是回路电流法的特例，所以回路可以选网孔，但它只适合平面电路）。

1. 标明各网孔电流及方向。
2. 以网孔电流为未知量，绕行方向取网孔电流方向，列写其 KVL 方程。

网孔 a：$R_6 I_a - U_{S5} + R_5(I_a - I_c) + R_4(I_a - I_b) + U_{S6} = 0$

网孔 b：$R_4(I_b - I_a) + R_2(I_b - I_c) + U_{S2} + R_1 I_b - U_{S1} = 0$

网孔 c：$R_5(I_c - I_a) + U_{S5} + R_3 I_c - U_{S2} + R_2(I_c - I_b) = 0$

整理得：$(R_4+R_5+R_6)I_a - R_4I_b - R_5I_c = -U_{S5} - U_{S6}$
（标准形）　自电阻　　互电阻　　互电阻　　回路电压源电压升代数和

$$-R_4I_a + (R_1+R_2+R_4) - R_2I_c = U_{S1} + U_{S2}$$
$$-R_5I_a - R_2I_b + (R_2+R_3+R_5)I = 0$$

此标准形式可推广到 $L = b-(n-1)$ 个网孔的平面电路，其标准形式方程：

$$\begin{cases} R_{11}\ i_{L1} + R_{12}\ i_{L2} + R_{13}\ i_{L3} + \cdots + R_{1L}\ i_{LL} = u_{S11} \\ R_{21}\ i_{L1} + R_{22}\ i_{L2} + R_{23}\ i_{L3} + \cdots + R_{2L}\ i_{LL} = u_{S22} \\ \cdots\cdots\cdots\cdots\cdots\cdots\cdots\cdots\cdots\cdots\cdots\cdots\cdots\cdots\cdots \\ R_{L1}\ i_{L1} + R_{L2}\ i_{L2} + R_{L3}\ i_{L3} + \cdots + R_{LL}\ i_{LL} = u_{SLL} \end{cases}$$

上式中电阻 $R_{ii}(i=1,2,\cdots,L)$ 是各回路的所有电阻之和，叫自阻，恒为正；

电阻 $R_{ij}(i \neq j,\ i,j=1,2,\cdots,L)$ 是第 i 个回路与第 j 个回路的公共电阻之和，叫互阻。若两个回路电流通过公共电阻时方向一致，互阻取"+"，否则取"-"；当两个回路之间无公共电阻时，则相应的互阻为零，且 $R_{ij}=R_{ji}\ (i \neq j,\ i,j=1,2,\cdots,L)$。

u_{S11}，u_{S22}，$\cdots$，u_{SLL} 为各个回路所经过的电源源的代数和，当电源电压的方向与回路电流方向一致时取"-"，否则取"+"。

3．解方程，求出各网孔电流，进一步求各支路电压、电流。

思考：回路电流法只列了 KVL 方程，那么为什么不要列 KCL 方程呢？

解释：支路电流在用回路电流表示时已自动满足了 KCL 方程。
回路电流法的分析步骤：
①根据给定的电路，首先确定独立回路方程数，独立方程数就等于网孔数。然后，选择一组独立的回路方程，并指定各个回路电流的参考方向。
②对独立回路列 KVL 方程。
③求解方程，得回路电流，进一步求出需求电量。
④对于平面电路，独立回路可以选择平面网孔。

例 3-2　根据题 3-5 图所示电路，用网孔法求电流 I_m。

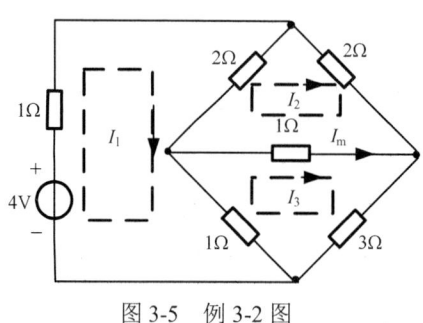

图 3-5　例 3-2 图

设计意图：
通过例题分析，让学生掌握网孔电流法求解电量的思路。建议学生首先不要死背公式，一定要理解回路网孔电流法的实质：网孔电流法是以网孔电流为求解变量对各网孔列 KVL 方程。

解：首先标明回路电流的方向如图3-5所示。

对回路1列KVL方程：$I_1 + 2(I_1 - I_2) + 1(I_1 - I_3) - 4 = 0$

对回路2列KVL方程：$2I_2 + 1(I_2 - I_3) + 2(I_2 - I_1) = 0$

对回路3列KVL方程：$3I_3 + 1(I_3 - I_1) + 1(I_3 - I_2) = 0$

整理可得：$\begin{cases} 4I_1 - 2I_2 - I_3 = 4 \\ -2I_1 + 5I_2 - I_3 = 0 \\ -I_1 - I_2 + 5I_3 = 0 \end{cases}$

求得：$I_m = I_3 - I_2 = -\dfrac{16}{67} \text{A}$

例 3-3 求图 3-6 中支路电流 I_1、I_2、I_3。

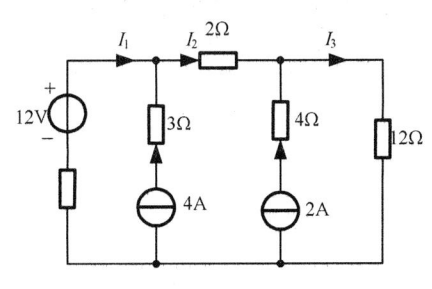

图 3-6 例 3-3 图

解：方法一：网孔电流法。

以网孔电流作为求解变量如图 3-7 所示，必须要引入电流源电压为变量 U_1、U_2，增加回路电流和电流源电流的关系方程。

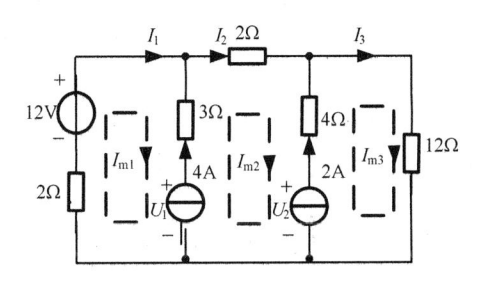

图 3-7 网孔电流法

对网孔 1、网孔 2、网孔 3 分别列网孔电流方程：

$\begin{cases} -3 \times 4 + U_1 + 2I_{m1} - 12 = 0 \\ 2I_{m2} - 4 \times 2 + U_2 - U_1 + 3 \times 4 = 0 \\ 12I_{m3} - U_2 + 4 \times 2 = 0 \\ I_{m2} - I_{m1} = 4 \\ I_{m3} - I_{m2} = 0 \end{cases}$

解得：$I_{m1} = -4.25\text{A}$，$I_{m2} = -0.25\text{A}$，$I_{m3} = 1.75\text{A}$

则：$I_1 = I_{m1} = -4.25\text{A}$，$I_2 = I_{m2} = -0.25\text{A}$，$I_3 = I_{m3} = 1.75\text{A}$

思考：如果不选网孔作为基本回路呢？另外怎么选择回路可以减少方程数呢？

教学方法：
讲练法

设计意图：
网孔电流法是回路电流法的一种特例，所以网孔是所有独立回路中的一种，它是一种最基本的回路，但往往不是最优的独立回路。通过同一例题两种方法的比较，让学生学会选择最简单的独立回路，即让电流源支路只有一个回路经过它，那么回路电流就等于电流源电流。通过例题引导学生同一个电路尝试用多种方法求解，举一反三，融会贯通，加深对网孔法和回路法的理解，进一步明确本节课的学习目的和意义。引导学生自主学习，锻炼学生收集资料、进行归纳总结的能力。

启发：选择独立回路时，如果使理想电流源支路仅仅属于一个回路，那么该回路电流就是电流源电流。

找一学生代表上黑板前标出最优独立回路组。引导学思考该如何选择独立回路。

方法二：回路电流法。

如图3-8所示选择基本回路。

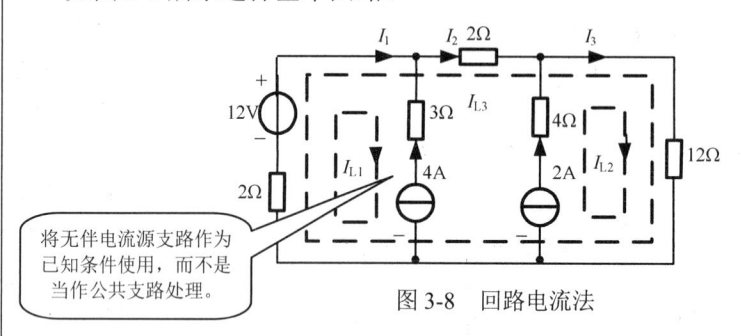

将无伴电流源支路作为已知条件使用，而不是当作公共支路处理。

图3-8 回路电流法

可得回路电流方程：
$$\begin{cases} I_{L1} = -4 \\ I_{L2} = 2 \\ 2I_{L3} + 12(I_{L3} + I_{L2}) + 2(I_{L3} + I_{L1}) - 12 = 0 \end{cases}$$

解得：$I_{L3} = -0.25\text{A}$

则：$I_1 = I_{L1} + I_{L3} = -4.25\text{A}$，$I_2 = I_{L3} = -0.25\text{A}$

$I_3 = I_{L2} + I_{L3} = 1.75\text{A}$

小结：同一结构的电路，用网孔电流法要列5个方程，用回路电流法只要列1个方程。很显然回路电流法最优。而且独立回路选择得好，可以大大减少计算量。

强调：选独立回路的一个原则：让电流源支路只有一个回路经过它，那么回路电流就等于电流源电流，这样可以减少方程数，从而减少计算量。

建议：让学生先按部就班将每条支路电流用回路电流来表示，列出KVL方程，最后熟练了直接写出回路电流方程的一般形式，然后求解。切记不要不理解方法的实质，直接套公式。

例3-4 试用回路电流法求图3-9中支路电流i_1。

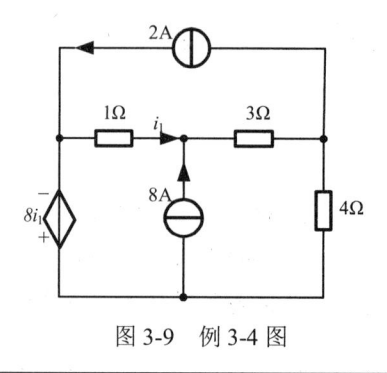

图3-9 例3-4图

设计意图：通过本例题的分析，让学生掌握含受控源电路用回路电流法求解时应注意控制量要想办法用回路电流来表示，如本例中支路电流

解：选择回路如图 3-10 所示。

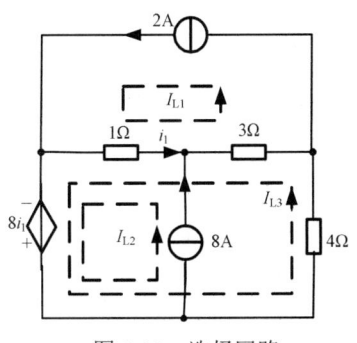

图 3-10 选择回路

对回路 1 有：$i_{L1} = 2$

对回路 2 有：$i_{L2} = 8$

对回路 3 有：$-8i_1 + 4i_{L3} + 3(i_{L3} - i_{L1}) + 1(i_{L3} + i_{L2} - i_{L1}) = 0$

又有：$i_1 = i_{L1} - i_{L2} - i_{L3}$

解得：$i_{L3} = -3A$

所以 $i_1 = i_{L1} - i_{L2} - i_{L3} = -3A$

i_1 要用回路电流 i_{L1}、i_{L2}、i_{L3} 来表示。即：
$i_1 = i_{L1} - i_{L2} - i_{L3}$

【本节小结】
1. 支路电流法分析电路的步骤。
2. 回路电流法的分析步骤。
3. 回路电流分析方法的本质：回路电流法自动满足 KCL。它的本质是 KVL 的体现。
4. 总结求解以上例题的方法和技巧，引导学生发现规律，并归纳总结。

【课后作业】
习题三：3-1、3-5、3-7

【思考题】
相比支路法，网孔法、回路法有何不同和优势？
在含电流源支路的电路中，选择独立回路有什么技巧？

【布置预习】
如图 3-11 所示，通过举更适合结点电压法的引例提出问题，是不是还有更好的方法求解电路。引导学生前后知识融会贯通，举一反三。预习下节课内容的结点电压法。

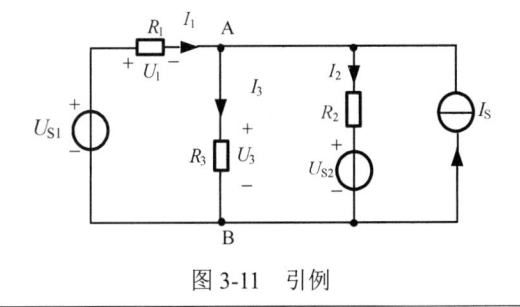

图 3-11 引例

教学方法：
呈现法
探究预习法
设计意图：
引导学生发散性思维，通过讨论和总结体会灵活运用回路法分析复杂电路。提出课后习题，引导学生学习、搜集有关资料，通过积极思考，自己体会、"发现"知识。

教学反思

本节首先通过引例引导学生自己思考并发现方程法，这比以前直接讲解方程法的效果要好。

首先宏观地介绍支路电流法、回路电流法、结点电压法的理念。对比分别是以什么为未知量列的 KCL 还是 KVL 方程，让学生从宏观上有一条线索去学习。在讲支路电流法和回路电流法时用水管水流比喻支路电流，使抽象的概念具体化、深奥的理论形象化。通过例题层层铺入，引导学生不断地去探索新的更优解题方式效果很好。整堂课程采用"提出问题—解决方案—得出结论"的启发式教学方法，引导学生发现问题、解决问题，激发学习的积极性，使学生不仅掌握相应的专业知识，还具备创新能力。

黑板板书设计：

一、支路电流法（如图 3-12 所示）

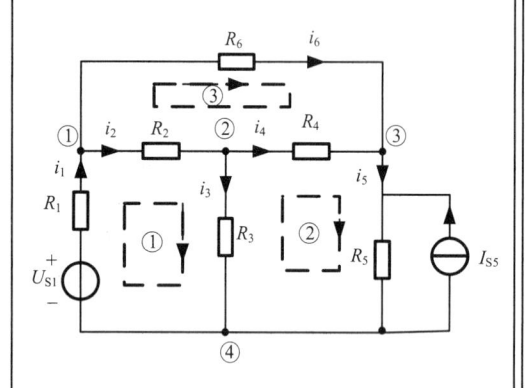

图 3-12　支路电流法

结点1：　$-i_1 + i_2 + i_6 = 0$
结点2：　$-i_2 + i_3 + i_4 = 0$
结点3：　$-i_4 + i_5 - i_6 = 0$
回路1：　$R_1 i_1 + R_2 i_2 + R_3 i_3 = u_{S1}$
回路2：　$-R_3 i_3 + R_4 i_4 + R_5 i_5 = -R_5 i_{S5}$
回路3：　$-R_2 i_2 - R_4 i_4 + R_6 i_6 = 0$

二、回路电流法（如图 3-13 所示）

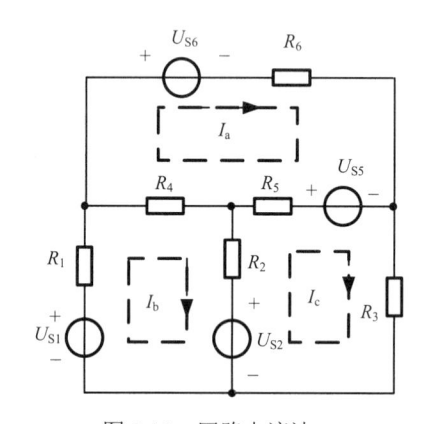

图 3-13　回路电流法

网孔 A：　$R_6 I_a + U_{S5} + R_5(I_a - I_c) + R_4(I_a - I_b) + U_{S6} = 0$
网孔 B：　$R_4(I_b - I_a) + R_2(I_b - I_c) - U_{S2} + R_1 I_b - U_{S1} = 0$
网孔 C：　$R_5(I_c - I_a) + U_{S5} + R_3 I_c - U_{S2} + R_2(I_c - I_b) = 0$

第七讲　结点电压法和叠加定理

【教学目的】

1．掌握结点电流法。
2．熟练应用叠加定理。

【能力目标】

1．培养学生在科学实践活动中正确应用叠加的方法，来分析和解决实际问题的能力。
2．通过对实验现象的分析，培养学生探索求新、发现问题、解决问题的能力。

【教学内容】

● 结点电压法及解题步骤
● 叠加定理

【教学重点】

1．结点电压法分析电路。特别注意当电路中具有独立电压源支路的情况下，如何用最简单的方法列出方程，同时保证求解方程必须尽可能简单。
2．叠加定理。重点讲清叠加定理的内容、使用方法和使用范围。

【教学难点】

1．如何正确地写出结点电压方程表达式中的每一项。
2．如何灵活地应用叠加定理推导电路中其他定理以及利用叠加定理分析电路。

【教学手段】

1．以上次课布置的适合用结点电压法求解的电路为引例创设问题情境，在本课堂教学中复习支路电流法和回路电流法后，进行自主探究后的交流探讨，引导学生自己总结出结点电压法。
2．对比支路电流法和回路电流法去学习结点电压法，着重掌握三种方法的实质。
3．通过类似实验现象的演示让学生发现问题，激发学生的研究兴趣，并对实验现象进行层层的抽丝剥茧，引导学生去发现叠加定理。

【设计思路】

通过上次课布置预习的引例引导学生通过对比支路电流法、回路电流法，自己把结点电压法想出来。通过和学生一起求解一道基础例题，让学生理解结点电压法的基本思想和解题步骤。例题由易到难层层深入，让学生觉得结点电压法对于结点少回路多的电路非常适合，且既简单又直观，所以是一种非常好的方法，而且参考结点的选择很有技巧。通过类似实验现象的演示让学生发现问题，引导学生去发现叠加定理，再通过典型例题分析让学生熟练掌握叠加定理。

教学环节	教学行为	教学方法 设计意图
复习回顾 新课导入 （10分钟）	总结支路电流法、回路电流法的解题步骤。 **引例**：如图 3-14 所示。 图 3-14 引例 **提问**：用支路电流法要有几个方程？用回路电流法要有几个方程？ 学生回答：支路电流法需列 4 个方程：1 个 KCL、3 个 KVL 方程；回路电流法需列 3 个 KVL 方程。 **提问**：能不能找到一种方法只列 KCL 方程呢？ 如果各支路电流用结点电压来表示的话，选 B 为参考结点，就只有一个未知量，也就只需列一个 KCL 方程，引入结点电压法。 如图 3-14 所示，设 A 的电压为 U_A，那么可列 KCL 方程，有： $$\frac{U_A - U_{S1}}{R_1} + \frac{U_A}{R_3} + \frac{U_A - U_{S2}}{R_2} - I_S = 0$$ 求出 U_A 后可以求出任何电量。	**教学方法**： 问题驱动法 对比法 **设计意图**： 通过引例引导学生对比支路电流法、回路电流法，自己把结点电压法想出来。以"问题"为导向，调动互动的课堂气氛，激发学生的探索精神，培养学生的独立思考以及发现问题、解决问题的能力。
	一、结点电压 选择电路其中一个结点为参考结点，任一结点与参考结点之间的电压叫该结点的结点电压，结点电压用 u_n 表示。 **二、举例（如图3-15）说明原理** 图 3-15 引例 1. 选定参考结点，标明其余 $n-1$ 个独立结点的电压。	**教学方法**： 讲授法 探究法 **设计意图**： 通过引例可以让学生觉得结点电压法对于结点少的电路非常适合，且既简单又直观，所以是一种非常好的方法。必须要下功夫学好它。由易到难层层深入，让非

2. 列 KCL 方程。
$$\begin{cases} -i_1 + i_4 + i_6 = 0 \\ i_2 - i_4 + i_5 = 0 \\ i_3 - i_5 - i_6 = 0 \end{cases}$$

$$i_1 = \frac{-u_{n1}}{R_1} + i_{S1} \qquad i_2 = \frac{u_{n2}}{R_2} \qquad i_3 = \frac{u_{n3} - u_{S3}}{R_3}$$

$$i_4 = \frac{u_{n1} - u_{n2}}{R_4} \qquad i_5 = \frac{u_{n2} - u_{n3}}{R_5} \qquad i_6 = \frac{u_{n1} - u_{n3}}{R_6} + i_{S6}$$

将 i_1、i_2、i_3、i_4、i_5、i_6 代入 KCL 方程中，可得：

$$\begin{cases} \left(\dfrac{1}{R_1} + \dfrac{1}{R_4} + \dfrac{1}{R_6}\right)u_{n1} - \dfrac{1}{R_4}u_{n2} - \dfrac{1}{R_6}u_{n3} = i_{S1} - i_{S6} \\ -\dfrac{1}{R_4}u_{n1} + \left(\dfrac{1}{R_2} + \dfrac{1}{R_4} + \dfrac{1}{R_5}\right)u_{n2} - \dfrac{1}{R_5}u_{n3} = 0 \\ -\dfrac{1}{R_6}u_{n1} - \dfrac{1}{R_5}u_{n2} + \left(\dfrac{1}{R_3} + \dfrac{1}{R_5} + \dfrac{1}{R_6}\right)u_{n3} = i_{S6} + \dfrac{u_{S3}}{R_3} \end{cases}$$

写成结点电压法的一般情况：

$$\begin{cases} G_{11}u_{n1} + G_{12}u_{n2} + G_{13}u_{n3} = i_{S11} \\ G_{21}u_{n1} + G_{22}u_{n2} + G_{23}u_{n3} = i_{S22} \\ G_{31}u_{n1} + G_{32}u_{n2} + G_{33}u_{n3} = i_{S33} \end{cases}$$

将其推广到具有 n 个结点（独立结点数为 $(n-1)$）的电路，结点电压方程的一般形式为

$$\left.\begin{array}{l} G_{11}u_1 + G_{12}u_2 + \cdots + G_{1(n-1)}u_{(n-1)} = i_{S11} \\ G_{21}u_1 + G_{22}u_2 + \cdots + G_{2(n-1)}u_{(n-1)} = i_{S22} \\ \cdots\cdots \\ G_{(n-1)1}u_1 + G_{(n-1)2}u_2 + \cdots + G_{(n-1)(n-1)}u_{(n-1)} = i_{S(n-1)(n-1)} \end{array}\right\}$$

上式中，$G_{(n-1)(n-1)}$ 表示结点 $(n-1)$ 的自电导，$G_{(n-1)j}(j=1,2,\cdots)$ 表示结点 $(n-1)$ 与结点 $j(j \neq n-1)$ 的互电导，$i_{S(n-1)}$ 表示流入结点 $(n-1)$ 的电流源电流的代数和。第 $(n-1)$ 各结点的结点方程为其结点电压 $u_{(n-1)}$ 乘以自电导，减去互电导 $G_{(n-1)j}$ 乘以相邻结点电压 u_j，等于流入结点 $(n-1)$ 的电流源电流的代数和。

三、结点电压法的分析步骤

1. 根据给定的电路，首先确定结点电压方程数，然后，选择参考结点，并假设其余结点的结点电压；

2. 对结点列 KCL 方程（各支路电流用结点电压来表示），熟练后可直接按书上介绍的一般结点电压方程列写。

3. 解方程组，求出结点电压再进一步求出其他待求电量。

注意：结点电压法的待求量虽然是电压，其方程的本质是 KCL。

例 3-5 求图 3-16 所示电路电流 i。

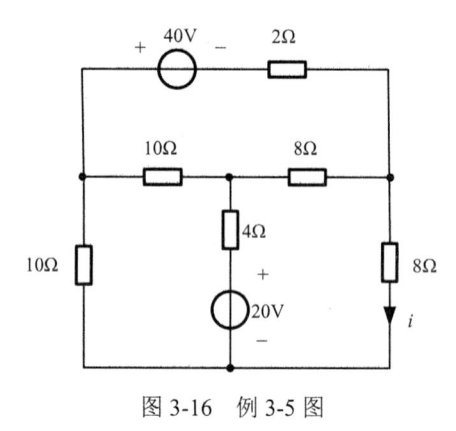

图 3-16 例 3-5 图

解：(1) 如图 3-17 所示，选择参考结点，标出其余结点电位变量；

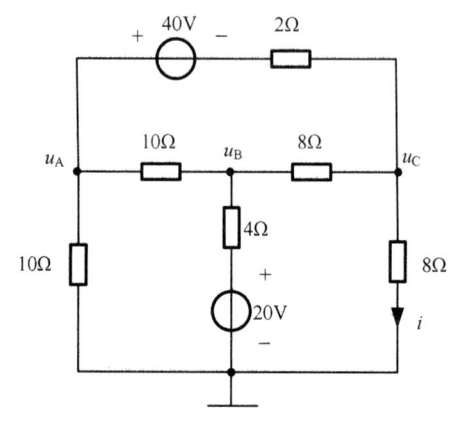

图 3-17 参考结点

(2) 列写结点电位方程：

对结点 A：$\left(\dfrac{1}{10}+\dfrac{1}{10}+\dfrac{1}{2}\right)u_A - \dfrac{1}{10}u_B - \dfrac{1}{2}u_C = \dfrac{40}{2}$

对结点 B：$-\dfrac{1}{10}u_A + \left(\dfrac{1}{10}+\dfrac{1}{4}+\dfrac{1}{8}\right)u_B - \dfrac{1}{8}u_C = \dfrac{20}{4}$

对结点 C：$-\dfrac{1}{2}u_A - \dfrac{1}{8}u_B + \left(\dfrac{1}{2}+\dfrac{1}{8}+\dfrac{1}{8}\right)u_C = -\dfrac{40}{2}$

整理方程为：
$$\begin{cases} 0.7u_A - 0.1u_B - 0.5u_C = 20 \\ -0.1u_A + 0.475u_B - 0.125u_C = 5 \\ -0.5u_A - 0.125u_B + 0.75u_C = -20 \end{cases}$$

解得结点电压：
$$u_C = -4.21\text{V}$$

所求电流：
$$i = -0.527\text{A}$$

教学方法：讲练法

设计意图：通过例题的讲解，让学生掌握结点电压法的基本解题步骤。

例 3-6 用结点电压法求图 3-18 中电流 i。

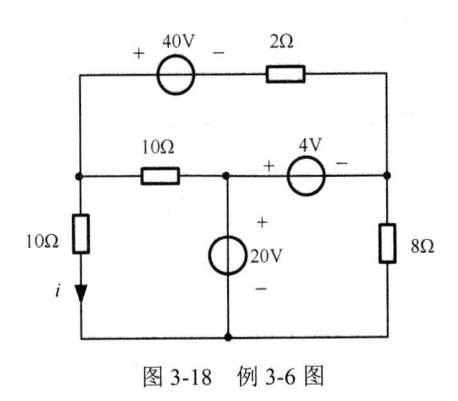

图 3-18 例 3-6 图

解法一：如图 3-19 选取 D 为参考结点，则在 4V 电压源支路要引入一个新的电流变量 I，并要利用理想电压源与相应结点电位关系补充一个新的方程。

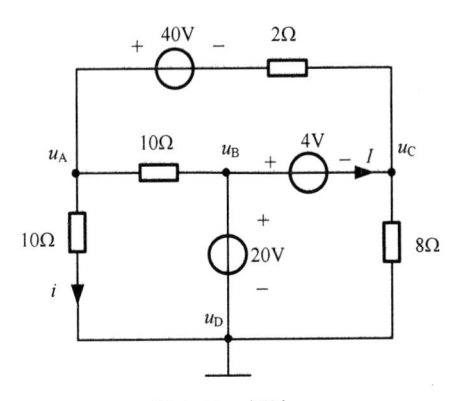

图 3-19 解法一

对结点 A：$\left(\dfrac{1}{10}+\dfrac{1}{10}+\dfrac{1}{2}\right)u_A - \dfrac{1}{10}u_B - \dfrac{1}{2}u_C = 20$

对结点 B：$u_B = 20\text{V}$

对结点 C：$-\dfrac{1}{2}u_A + \left(\dfrac{1}{2}+\dfrac{1}{8}\right)u_C = I - 20$

补充方程：$u_B - u_C = 4$

解得：$u_A = \dfrac{300}{7}\text{V}$，$u_B = 20\text{V}$，$u_C = 16\text{V}$

则：$i = \dfrac{u_A}{8} = 5.35\text{A}$

解法二：若如图 3-20 所示选 B 为参考结点，可使理想电压源成为一个已知结点电位，这样 u_D、u_C 为已知量就不必另外列 KCL 方程了，只需列写结点 A 的电位方程，所以本例中最佳参考点的结点是 B 点。

对结点 C：$u_C = -4\text{V}$

对结点 D：$u_D = -20\text{V}$

教学方法：
讲练法
探究法

设计意图：
通过讲解两种不同的方法，使学生明白：参考结点原则上是任意选择的，实际上参考结点选择的好坏直接影响到计算量。通过讲练，提问、讨论，总结出选择参考结点的技巧。以"规律"而求知在课堂讲解过程中，始终贯穿一条主线。那就是在不同的电路中如何尽可能地减少方程数，从而提高学生的归纳总结能力。

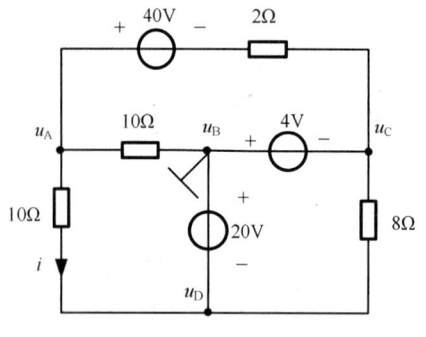

图 3-20 解法二

仅需列一个方程即可

对结点 A：$\left(\dfrac{1}{10}+\dfrac{1}{10}+\dfrac{1}{2}\right)u_A - \dfrac{1}{2}u_C - \dfrac{1}{10}u_D = 40/2$

解得：$u_A = \dfrac{160}{7}\text{V}$

则：$i = \dfrac{u_A - u_D}{8} = 5.35\text{A}$

小结：参考结点原则上是任意选择的，实际上参考结点选择的好坏直接影响到计算量。选择参考结点的原则：使无伴电压源的其中一个结点为参考结点，则电压源的另外一个结点的结点电压就为该电压源的电压；这样可减少方程数从而减少计算量。如上例选 D 为参考结点需引入新的变量，要列 3 个方程，如选 B 为参考结点则不需引入新的变量且只需列 1 个方程，显然解法二最优。

例 3-7 用结点法求图 3-21 中电压 U。

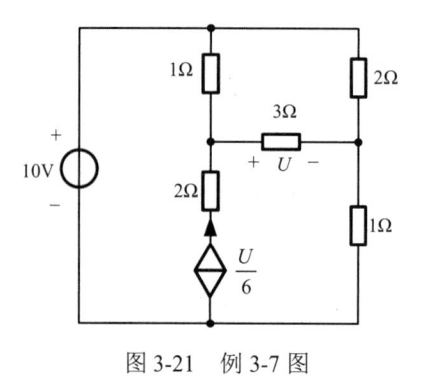

图 3-21 例 3-7 图

设计意图：
通过本例题的分析，让学生掌握含受控源电路用结点电压法求解时应注意：控制量要想办法用结点电压来表示，如 $U = u_B - u_C$ 实现难点的突破。

找一学生代表上黑板前标出最优参考结点。引导学思考该如何选择参考结点。

解：如图 3-22 所示选取参考结点。
对结点 A：$u_A = 10$
对结点 B：$-u_A + \left(1+\dfrac{1}{3}\right)u_B - \dfrac{1}{3}u_C = \dfrac{U}{6}$

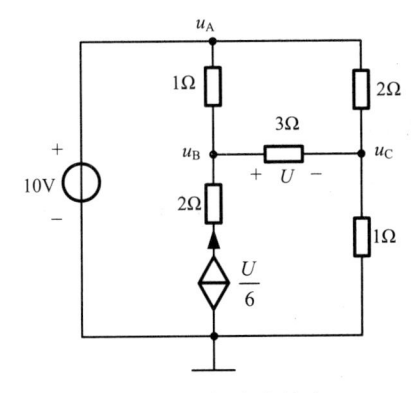

图 3-22 标参考结点

对结点 C：$-\dfrac{1}{2}u_A - \dfrac{1}{3}u_B + \left(1+\dfrac{1}{2}+\dfrac{1}{3}\right)u_C = 0$

对受控源控制量：$U = u_B - u_C$

整理、化简方程：
$$\begin{cases} 7u_B - u_C = 60 \\ -2u_B + 11u_C = 30 \end{cases}$$

解得：$u_A = 10\text{V}$ $u_B = 9.2\text{V}$ $u_C = 4.4\text{V}$

$U = u_B - u_C = 4.8\text{V}$

小结：对于具有电流源与电阻串联的支路，必须忽略电阻的存在。

四、叠加定理

引言：总结前面方法，等效变换要改变电路结构，而且只适合一部分电路；所以找到方程法，方程法不需要改变电路结构，但有多余的计算，往往仅需要求一个元件的电压或电流就必须把所有的电压或电流求出来，所以要寻找别的方法，这里引入叠加定理。

实验引入：

如图 4-1 所示电路，当开关 K₁、K₂ 依次合上，灯泡 L 的发光情况会如何变化？为什么会如此变化？

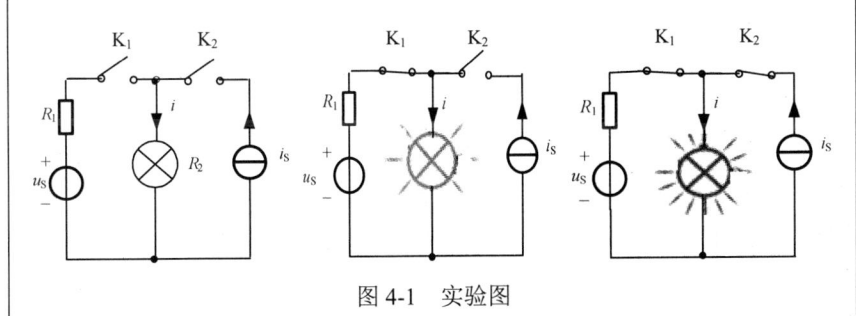

图 4-1 实验图

第一步：只合上开关 K₁、K₂ 仍然断开，灯泡 L 会发光。

第二步：同时合上开关 K₁、K₂，灯泡 L 变得更亮，发光强。

第三步：如图 4-1、图 4-2、图 4-3 所示，问为什么会有：$i = i^{(1)} + i^{(2)}$，

教学方法：
演示引入法

设计意图：
通过类似实验现象的演示和仿真让学生发现问题，激发学生的研究兴趣，并对实验和仿真现象进行层层抽丝剥茧，引导学生去发现叠加定理，在探索规律的过程中又不断提出新的问题，使学生在

从而引入新课。

仿真引入：当电压源、电流源共同作用时，如图 4-2 所示。

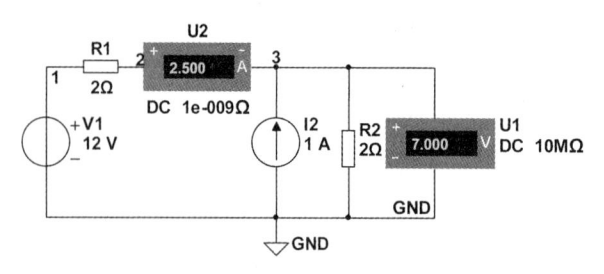

图 4-2　当电压源、电流源共同作用时电压表、电流表指示读数

当电压源单独作用时，如图 4-3 所示。

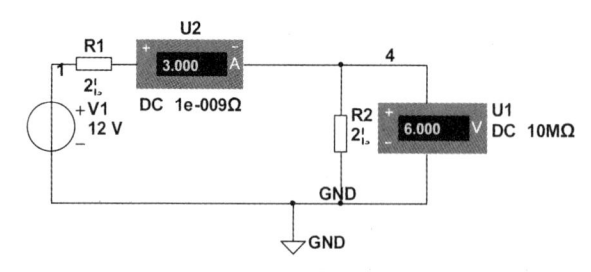

图 4-3　当电压源单独作用时电压表、电流表指示读数

当电流源单独作用时，如图 4-4 所示。

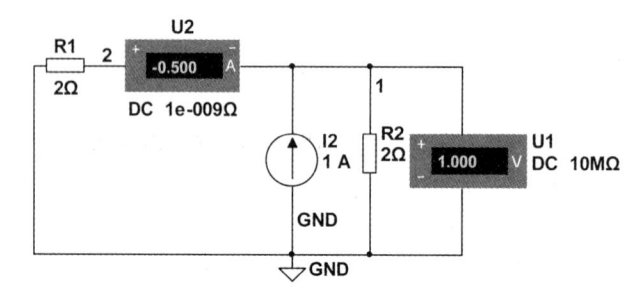

图 4-4　当电流源单独作用时电压表、电流表指示读数

通过仿真可以看出：当电压源、电流源共同作用时各支路电压、电流等于电路中各个独立电源单独作用时，在该支路处产生的电压或电流的和。

1. 定理内容

在线性电路中，各独立电源共同作用在某一支路产生的电压（电流）等于各个独立电源单独作用时，在该支路上所产生的电压（电流）响应的代数和。

如图 4-5 所示，$I = I' + I''$。

提问：（电压源不作用，怎么处理？电流源不作用呢？）

面临新的问题时能够学会思考，体会到发现知识的快乐，真正实现启发式教学而不同于叙述性的讲授。

教学方法：
讲练法

设计意图：
强调在运用叠加定理求解时，分解电路各电压、电流参考方向要与原电路保持一致，功率不能叠加。讲清叠加定理求解电量的思路。

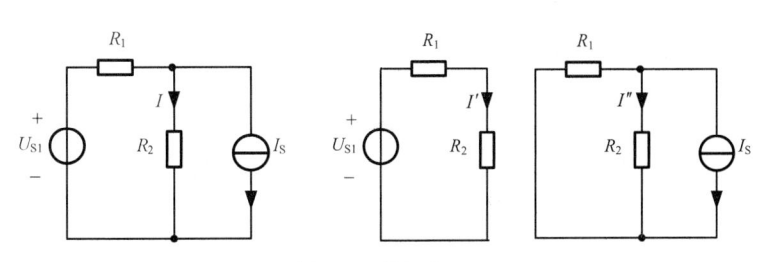

图 4-5 叠加定理

2. 解题步骤

① 画出单个电源作用的分解电路（独立电流源不作用，在电流源处相当于开路；独立电压源不作用，在电压源处相当于短路）。

② 在分解电路中求出所求支路电流或电压。

③ 将分解电路中所求量叠加即可。

齐性原理是叠加定理的一个应用。

例 4-1 如图 4-6 所示电路，试用叠加定理求电压 u。

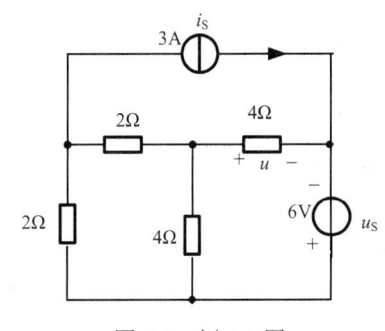

图 4-6 例 4-1 图

解：令图 4-6 中电路的独立电源分别作用，电路如图 4-7 所示，则

$$u = u'|_{i_S=0} + u''|_{u_S=0}$$

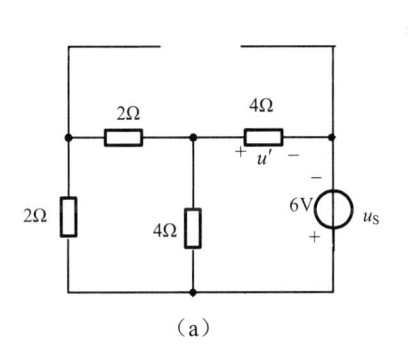

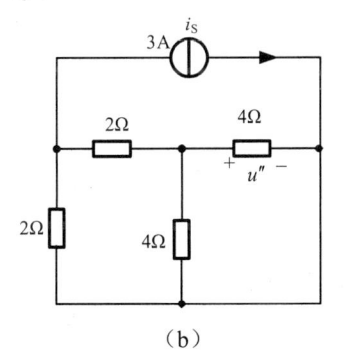

（a） （b）

图 4-7 图 4-6 的叠加定理分解电路

从图 4-7（a）、（b），可得

$$u' = 4\text{V}$$
$$u'' = -2\text{V}$$

所以

$$u = u' + u'' = (4-2)\text{V} = 2\text{V}$$

例 4-2 求图 4-8 的电压 U_S。

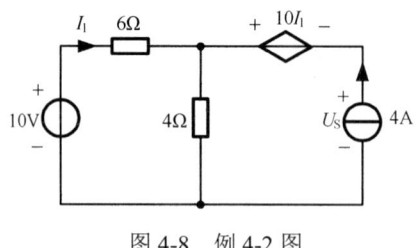

图 4-8 例 4-2 图

解：（1）10V 电压源单独作用：如图 4-9（a）所示。
（2）4A 电流源单独作用：如图 4-9（b）所示。

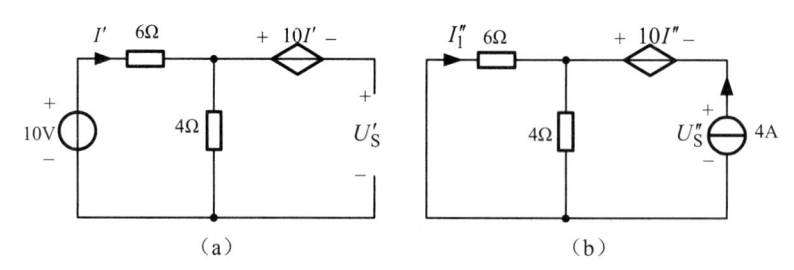

(a)　　　　(b)

图 4-9 单独作用

$$U'_S = -10I'_1 + 4I'_1 = -10 + 4 = -6\text{V}$$
$$U''_S = -10I''_1 + 4 \times 2.4 = -10 \times (-1.6) + 9.6 = 25.6\text{V}$$

共同作用时：$U_S = U'_S + U''_S = -6 + 25.6 = 19.6\text{V}$

例 4-3 如图 4-10 所示电路，其中 N 为线性电阻网络。已知当 $u_S = 4\text{V}$，$i_S = 1\text{A}$ 时，$u = 0$；当 $u_S = 2\text{V}$，$i_S = 0$ 时，$u = 1\text{V}$。试求当 $u_S = 10\text{V}$，$i_S = 1.5\text{A}$ 时，u 为多少？

图 4-10 例 4-3 图

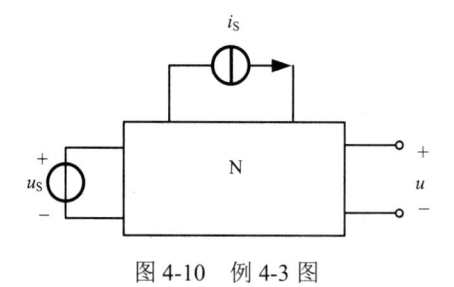

解：由叠加定理，应有
$$u = K_1 u_S + K_2 i_S$$

代入已知条件，得
$$4K_1 + K_2 = 0$$
$$2K_1 + 0 = 1$$

所以
$$K_1 = \frac{1}{2},\ K_2 = -2$$

设计意图：
电源分别单独作用是指独立电源，而不包括受控源，在用叠加定理分析电路时，独立电源分别单独作用时，受控源一直在每个分解电路中存在。

最后得
$$u = K_1 u_S + K_2 i_S = \left[\frac{1}{2} \times 10 + (-2) \times 1.5\right]\text{V} = (5-3)\text{V} = 2\text{V}$$

关于叠加定理的应用说明如下：

（1）叠加定理只适用于线性电路，不适用于非线性电路。

（2）不同电源所产生的电压或电流，叠加时要注意按参考方向求其代数和。

（3）功率不能采用叠加定理。若运用叠加定理计算功率，必须在求出某支路的总电流或总电压后进行。因为若某电阻支路电流 i 是两个电源分别作用时产生电流 i' 和 i'' 之和，即 $i = i' + i''$，则功率应为
$$p = Ri^2 = R(i' + i'')^2$$

但不能按下式分别计算
$$p \neq Ri'^2 + Ri''^2 \quad 即 \quad p \neq p' + p''$$

| 归纳小结拓展延伸（5分钟） | 【本节小结】
1．结点电压法分析电路的步骤。
2．对同一个电路尝试用多种方法求解，并比较各种方法的优劣，举一反三，融会贯通，加深对回路电流法和结点电压法的理解，进一步明确本节课的学习目的和意义。
3．叠加定理的分析步骤。
【课后作业】
习题三：3-8、3-9、3-10
习题四：4-1、4-2、4-3
【思考题】
结点法和回路法处理电路问题的基本思想有何异同？
结点法和回路法各适用于求解怎样的电路？
【布置预习】
思考：方程法虽然对一般的电路都适合，但计算量很大。如图4-11所示，假如只需求 i_3，但必须把所有的支路电流都求出来。能不能找到一种方法，直接将 i_3 支路以外的电路等效为实际的电压源或实际的电流源？引出戴维宁定理和诺顿定理。

图4-11 电路图 | 教学方法：
比较法
探究预习法
设计意图：
引导学生发散性思维，通过讨论和总结体会灵活运用各种方法分析复杂电路。 |

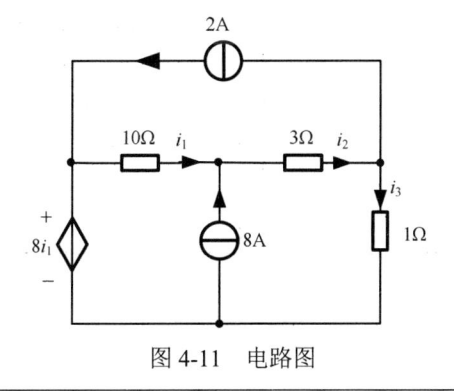

教学反思　　为了突显"启发式教学"的教学理念，同时也为了做到让学生更加深入内核，学以致用，在教学中采用由引例和实验现象提出问题，来引起学生的求知欲，从实践到理论，使整个教学过程围绕要完成的任务环环相扣，由浅入深。这样大大地激发学生的研究兴趣，导引学生去发现他们未知的规律。这比叙述性的讲授效果要好很多。

黑板板书设计：

一、结点电压法（如图 4-12 所示）

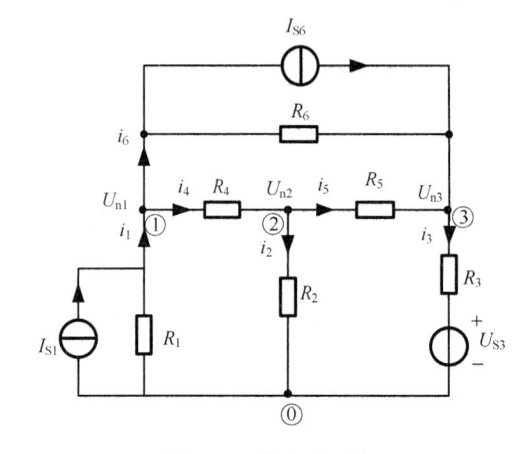

图 4-12　结点电压法

$$\begin{cases} (\dfrac{1}{R_1}+\dfrac{1}{R_4}+\dfrac{1}{R_6})u_{n1} - \dfrac{1}{R_4}u_{n2} - \dfrac{1}{R_6}u_{n3} = i_{S1} - i_{S6} \\ -\dfrac{1}{R_4}u_{n1} + (\dfrac{1}{R_2}+\dfrac{1}{R_4}+\dfrac{1}{R_5})u_{n2} - \dfrac{1}{R_5}u_{n3} = 0 \\ -\dfrac{1}{R_6}u_{n1} - \dfrac{1}{R_5}u_{n2} + (\dfrac{1}{R_3}+\dfrac{1}{R_5}+\dfrac{1}{R_6})u_{n3} = i_{S6} + \dfrac{u_{S3}}{R_3} \end{cases}$$

二、叠加定理（如图 4-13 所示）

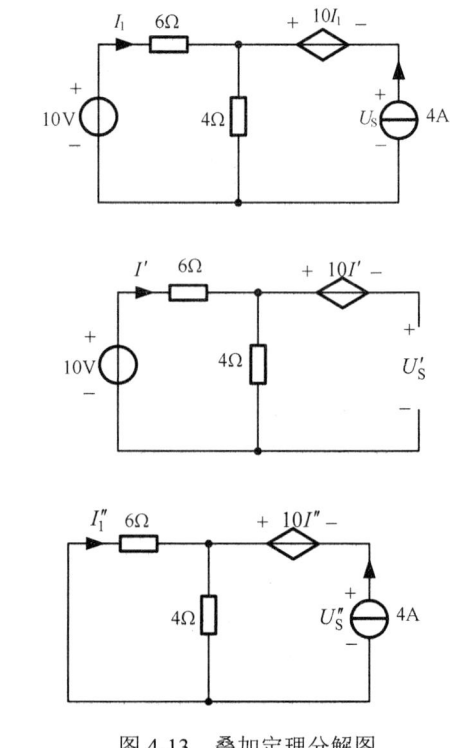

图 4-13　叠加定理分解图

（1）10V 电压源单独作用：
$$U'_S = -10I'_1 + 4I'_1 = -10 + 4 = -6\text{V}$$

（2）4A 电流源单独作用：
$$U''_S = -10I''_1 + 4\times 2.4 = -10\times(-1.6) + 9.6 = 25.6\text{V}$$

共同作用时：
$$U_S = U'_S + U''_S = -6 + 25.6 = 19.6\text{V}$$

第八讲　戴维宁定理和诺顿定理

【教学目的】

1．深刻理解戴维宁定理和诺顿定理并能熟练应用它们求解电路。
2．能运用三种方法求 R_{eq}。

【能力目标】

1．通过戴维宁定理的教学，培养学生分析电路的能力，调动学生探求新知的积极性。
2．通过戴维宁定理的学习，使学生学会处理复杂问题时所采用的一种化繁为简（变难为易）的思想。培养学生从实践、实验出发勇于探索的科学精神。

【教学内容】

戴维宁定理、诺顿定理、最大功率传输

【教学重点】

1．戴维宁定理和诺顿定理。重点讲清戴维宁定理和诺顿定理的等效电路。
2．戴维宁定理和诺顿定理的应用。重点讲清在利用戴维宁定理和诺顿定理求最大功率传输时的条件。

【教学难点】

如何灵活地应用前面介绍的等效变换法、结点电压分析法、回路电流分析法和叠加定理来计算含源一端口网络 N_S 的开路电压。如何利用无源网络的等效变换、输入电阻和开路电压短路电流法求解含源一端口网络的等效电阻。

【教学手段】

1．给出引例让学生思考：用什么方法求解最优。比较各种方法的优、缺点，引出戴维宁定理，并让学生理解戴维宁定理表示的是一种化繁为简的思想。
2．将引例用 Multisim 10.0 仿真出来，找出它的等效电路，在两个电路上加上同样的负载，用电压表、电流表观察两个电路的端口电压、电流是否相同。从直观上去验证戴维宁定理。
3．在例题中用不同的方法求解，通过比较体现出戴维宁定理的优越性并掌握用戴维宁定理求解电量的思路。

【设计思路】

给出引例，让学生思考：用什么方法求解最优。比较各种方法的优、缺点引导出戴维宁定理，再推导证明戴维宁定理，然后用 Multisim 10.0 仿真引例验证戴维宁定理。通过由易到难的例题分析让学生理解戴维宁定理的基本思想和解题步骤，再以戴维宁定理为基础分析诺顿定理和最大功率传输定理。最后通过综合例题复习巩固各种分析方法。

教学环节	教学行为	教学方法设计意图
复习回顾 新课导入 （10分钟）	复习等效变换、方程法、叠加定理。 引例：求图4-14的i_3。 图4-14 引例 对于一个有三个回路、四个结点、六条支路、支路中有三个电源的电路，要求出一条支路的电流。 提问：用什么方法求解最优？ 回答：找学生代表回答，了解学生知识掌握的情况。 小结：等效变换法求不出结果；支路电流法要列6个方程，计算量很大；回路电流法和结点电压法要列3个方程，要先求出各回路电流或结点电压再求支路电流，不够直接；叠加定理要画两个分解电路，也很麻烦；所以要寻找一种方法，直接求出支路电流，也就是把这条支路以外的电路用一个实际电压源或实际电流源来等效，引出戴维宁定理和诺顿定理。	教学方法： 问题驱动法 对比法 设计意图： 给出引例，让学生思考：用什么方法求解最优，比较各种方法的优、缺点引导出戴维宁定理。用互动的方式引导学生思考，通过戴维宁定理的引出过程，培养学生化繁为简这种科学的思维方式。
重点讲解 难点分析 任务驱动 自主探究 （45分钟）	一、戴维宁定理 1. 内容 任何一个有源线性二端网络都可以用一个理想的电压源与电阻串联的电路模型来代替，如图4-15中（a）（b）所示，电压源的电压等于网络N_S的开路电压u_{OC}，电阻等于把此含源一端口网络中所有电源置零之后的等效电阻R_{eq}。 （a）　　　　　　　　　（b） 图4-15 戴维宁定理 2. 开路电压u_{OC}（如图4-16（a）所示） 提问：电源置零时电压源支路用什么来代替？电流源支路呢？	教学方法： 讲授法 探究法 设计意图： 在黑板上板书推导证明戴维宁定理。用仿真验证戴维宁定理。在例题中用不同的方法求解，通过比较体现出戴维宁定理的优越性。通过戴维宁定理的学

（a）　　　　　　　　（b）

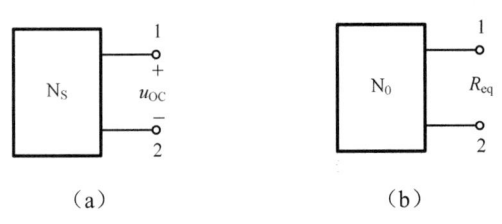

图 4-16　开路电压和等效电阻

3. R_{eq} 求解方法

等效电阻 R_{eq}：把含源一端口网络 N_S 变成为无源一端口网络 N_0 时（令所有的独立电源不作用，即电压源处为短路，电流源处为开路），无源一端口网络的等效电阻 R_{eq}，如图 4-16（b）所示。

①直接利用电阻的串并联求解。
②外加电源法（含受控源电路）。
③开路短路法。

4. 引入仿真

将实验内容用仿真软件仿真出来，给出一个有源的二端网络，找出它的等效电路，在两个电路上加上同样的负载，用电压表电流表观察两个电路的端口电压电流是否相同。

（1）求图 4-17 所示电路的戴维宁等效电路。

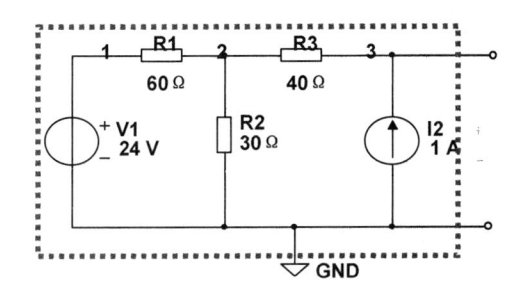

图 4-17　电路图

（2）用电压表测出开路电压如图 4-18 所示。

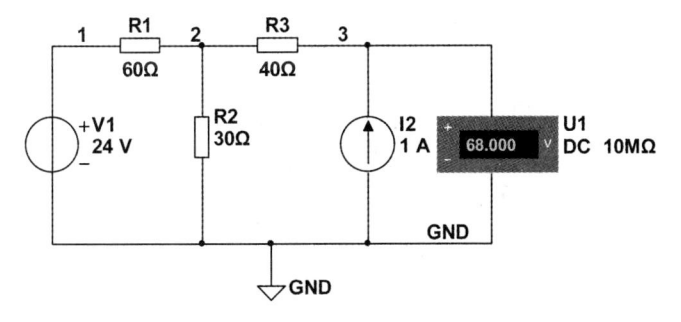

图 4-18　用电压表测量开路电压

教学方法： 仿真引入法

设计意图： 通过仿真找到一有源一端口的戴维宁等效电路，然后验证等效，让学生对戴维宁定理有一个直观的认识。

习，使学生学会处理复杂问题时所采用的一种化繁为简（变难为易）的思想。培养学生从实践、实验出发勇于探索的科学精神。

（3）通过测量得到戴维宁等效电路如图 4-19 所示。

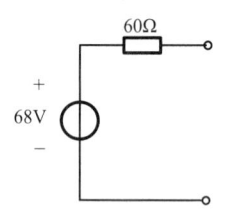

图 4-19　图 4-17 的戴维宁等效电路

（4）验证等效，等效前电路与等效后电路加上同样的负载，则端口电压电流相等，如图 4-20（a）、（b）所示。

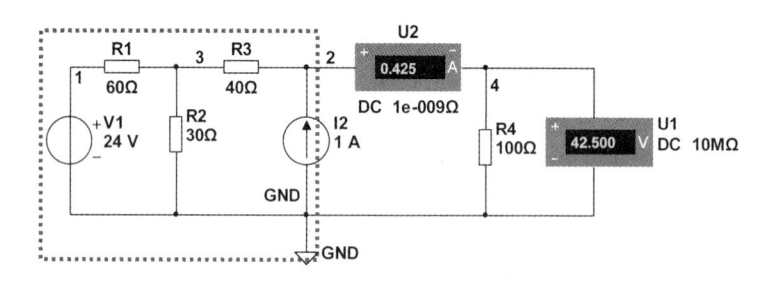

（a）

（b）

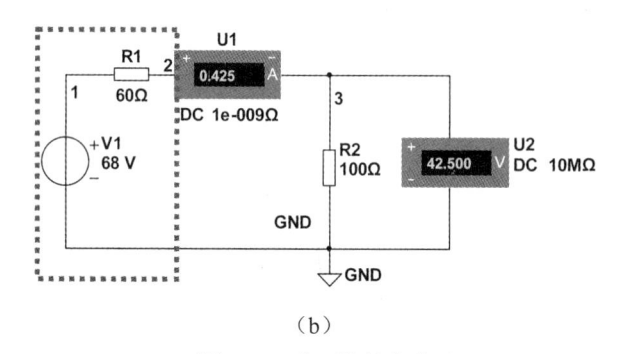

图 4-20　验证等效电路

例 4-4　如图 4-21 所示电路，用戴维宁定理求电流 I。

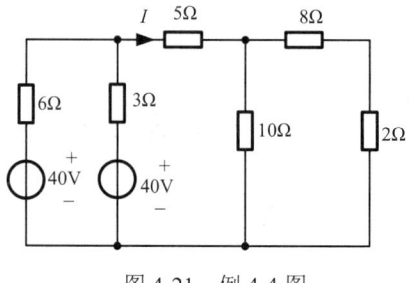

图 4-21　例 4-4 图

解：移去待求支路如图 4-22 所示，求：U_{OC}。

教学方法：
讲练法
设计意图：
通过例题的讲

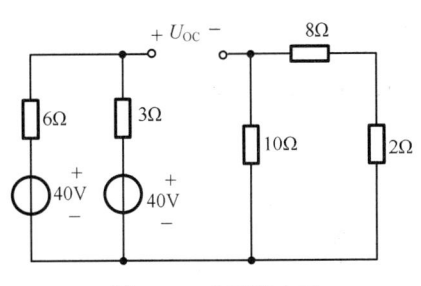

图 4-22　求开路电压

$$U_{OC} = 40V$$

除去独立电源如图 4-23，求：R_0。

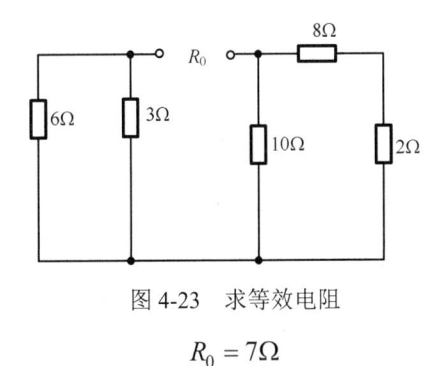

图 4-23　求等效电阻

$$R_0 = 7\Omega$$

画出戴维宁等效电路如图 4-24，并接入待求支路求响应。

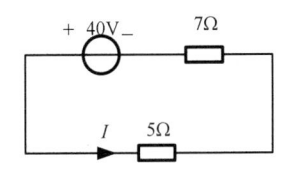

图 4-24　等效电路

$$\therefore I = \frac{40}{7+5} = 3.3A$$

给出解题思路，与前面介绍的方法比较优劣性。进一步强调用戴维宁定理解题一步到位，没有多余的计算。所以戴维宁定理是这门课的灵魂。

例 4-5　用戴维宁定理求图 4-25（a）所示的支路电流 I。

解：图 4-25（b）中，ab 含源一端口网络的开路电压和等效电阻分别为：

$$u_{OC1} = -2 + \frac{18-9}{6+3} \times 3 + 9 = 10 \text{ V}$$

$$R_{eq1} = 6//3 + 8 = 10\Omega$$

图 4-25（b）中，cd 含源一端口网络的开路电压和等效电阻分别为：

$$u_{OC2} = -10 + \frac{10}{20} \times 10 = -5 \text{ V}$$
$$R_{eq2} = 10//10 + 5 = 10\Omega$$

图 4-25 例 4-5 图

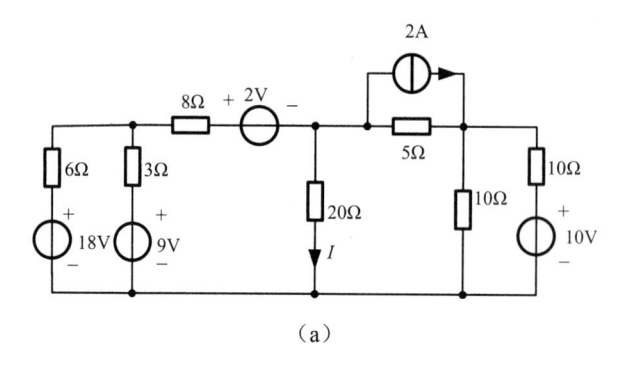

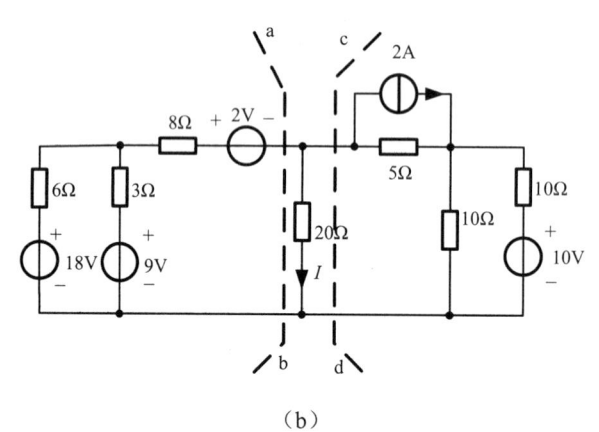

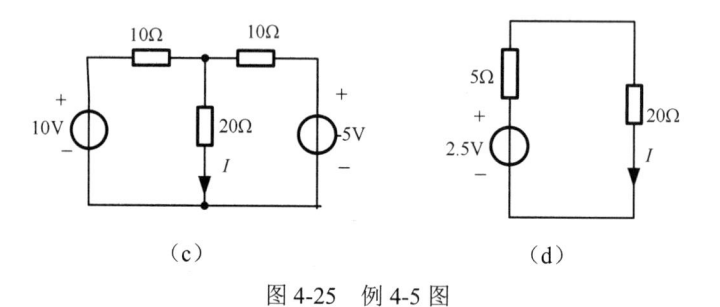

则原电路 4-25（a）可等效为图 4-25（c）所示的电路，再对图 4-25（c）利用戴维宁定理，求得戴维宁定理的等效电路如图 4-25（d）所示，其中，

$$u_{OC} = -\frac{15}{20} \times 10 + 10 = 2.5\text{V}$$
$$R_{eq} = 5\Omega$$

根据图 4-25（d）得：

$$I = -\frac{2.5}{5+20} = 0.1\text{A}$$

例 4-6 如图 4-26（a）所示电路，试用戴维宁定理求电压 u_2。

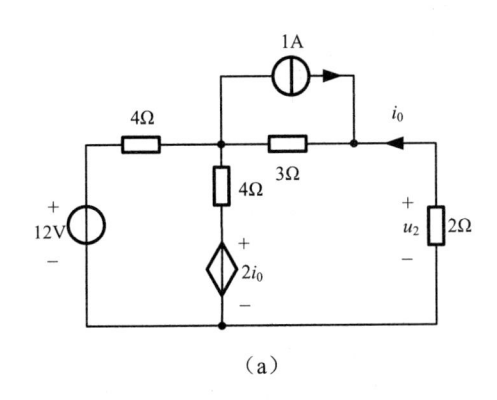

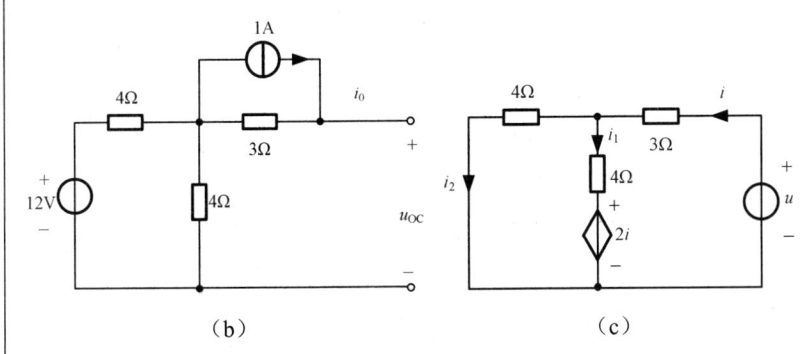

图 4-26 例 4-6 图

解：（1）首先断开 2Ω 支路，求开路电压。

如图 4-26（b）所示，由于 $i_0 = 0$，故受控源 $2i_0$ 也为零，故

$$U_{OC} = \left(3 \times 1 + \frac{4}{4+4} \times 12\right)V = 9V$$

（2）外加电压法求等效电阻 R_0。

如图 4-26（c）所示，注意这时受控源的控制量是 i，可列回路方程

$$u = 3i + 4i_1 + 2i = 5i + 4i_1$$

又

$$u = 3i + 4i_2$$
$$i_1 = i - i_2$$

联立解之，消去 i_1 和 i_2，得

$$u = 6i$$

故

$$R_0 = \frac{u}{i} = 6\Omega$$

最后，将待求支路接入戴维宁电源，如图 4-27 所示，可得

$$u_2 = \frac{2}{6+2} \times 9V = 2.25V$$

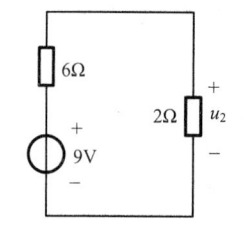

图 4-27 待求支路接入戴维宁电源

二、诺顿定理

1. 内容

任何一个有源线性二端网络都可以用一个理想的电流源与电阻并联的电路模型来代替，电流源的电流等于网络 N_S 的短路电压 i_{SC}，电阻等于把此含源一端口网络中所有电源置零之后的等效电阻 R_{eq}。

2. 证明

通过戴维宁定理来证明。

例 4-7 求图 4-28（a）含源一端口网络的诺顿等效电路。

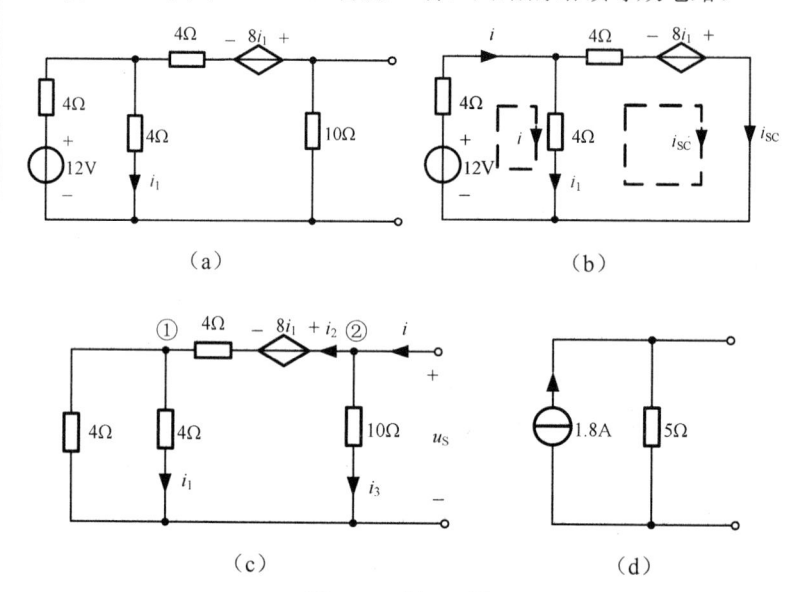

图 4-28 例 4-7 图

解：（1）求含源一端口网络的短路电流 i_{SC}。

电路如图 4-28（b）所示，用回路电流法求解短路电流，对回路 1 和 2 列方程，有：

$$\begin{cases} 8i - 4i_{SC} = 12 \\ -4i + 8i_{SC} = 8i_1 \end{cases}$$

且 $i_1 = i - i_{SC}$

联立求解得 $i_{SC} = 1.8A$。

（2）求含源一端口网络的等效电阻 R_{eq}。

将电路中的独立电压源短路，保留受控电压源，外加一个电压源，如图 4-28（c）所示。所以，对结点①，利用 KCL 得：
$$i_2 = 2i_1$$
利用 KVL，得：
$$u_S = 8i_1 + 4i_2 + 4i_1 = 20i_1$$
对结点②，利用 KCL 得：
$$i = \frac{u_S}{10} + i_2 = 4i_1$$
所以，
$$R_{eq} = \frac{u_S}{i} = 5\Omega$$

原电路图 4-28（a）的诺顿等效电路如图 4-28（d）所示。

三、最大功率传输定理

一个含源线性一端口电路如图 4-29，当所接负载不同时，一端口电路传输给负载的功率就不同，讨论负载为何值时能从电路获取最大功率，及最大功率的值是多少的问题是有工程意义的。

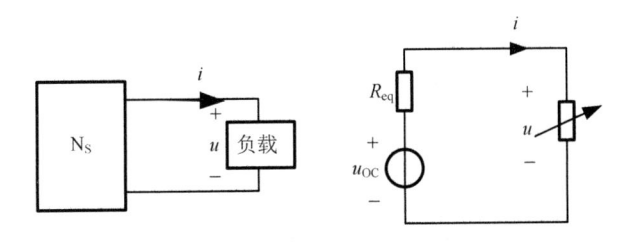

图 4-29 电路图

当 $R = R_{eq}$ 时，它所获得的功率最大，此最大功率为
$$P_{max} = \frac{u_{OC}^2}{4R_{eq}}$$

例 4-8 求图 4-30 电阻 R 为多少时可获最大功率？

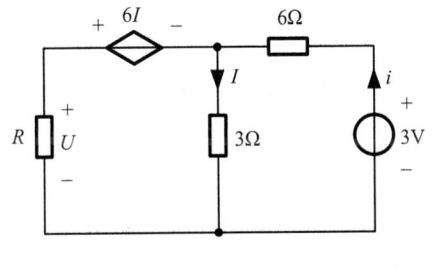

图 4-30 例 4-8 图

解：移去 R 有：$U_{OC} = 6I + 3I = 3V$
除去独立电源，如图 4-31，有

教学方法：
对比法
讲练法

设计意图：
利用戴维宁定理证明诺顿定理。在黑板上证明最大功率传输定理。讲清运用最大功率传输定理求解电路的思路及工程意义。讲练、提问、讨论、总结出各种方法适合什么样的电路。提高学生应用戴维宁定理分析、计算电路的能力。通过戴维宁定理的应用，培养学生的一种化繁为简的思路，培养学生根据不同的电路情况，选择最佳解决方案的能力。

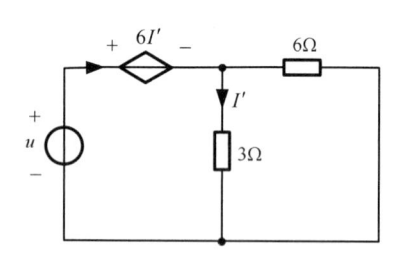

图 4-31 除去独立电源

求得：$R_{eq} = 6Ω$

$U_{OC} = 3V$

所以当 $R=R_{eq}=6Ω$ 时，可获最大功率 $P_m = 3/8W$。

四、综合练习

1. 给出一典型例题，比较几种求解方法，判断哪种方法最简单。
2. 几种方法的适用范围。

归纳小结 拓展延伸（5分钟）	【本节小结】 ● 等效变换（只适合一部分电路） ● 支路电流法（适用于支路数较少的电路） ● 回路电流法（适用于回路数少，结点数多且支路中含电流源多的电路） ● 结点电压法（适用于回路数多，结点数少且支路中含电压源多的电路） ● 叠加原理（适用于电源数较少的电路） ● 戴维宁定理和诺顿定理（适用于求复杂电路中某一支路的电流电压） 【课后作业】 习题四：4-13、4-14、4-15、4-16 【思考题】 面对问题时我们应以一种什么样的思想来分析解决问题？ 在应用戴维宁定理分析电路时我们学习了一些什么样的方法？ 【布置预习】 思考：在第1、2章中我们学习直流电路，那么现实生活中譬如教室中的电源是直流电还是交流电？对于交流电路我们又该如何分析呢？布置习题讲解。	**教学方法：** 比较法 **设计意图：** 引导学生发散性思维，通过讨论和总结体会灵活运用各种方法分析复杂电路。归纳小结时注意引导学生自己完成。布置预习交流电路。
教学反思	本堂课通过给出引例，让学生思考用什么方法求解最优。通过比较各种方法的优、缺点引出戴维宁定理，这样可让学生理解为什么要引入戴维宁定理以及戴维宁定理的精髓是什么。通过戴维宁定理的引出过程，重点要培养学生的一种化繁为简的思路，使学生学会处理复杂问题时所采用的一种化繁为简（变难为易）的思想。在学习的过程中突出戴维宁定理和最大功率传输定理的工程意义。	

黑板板书设计：

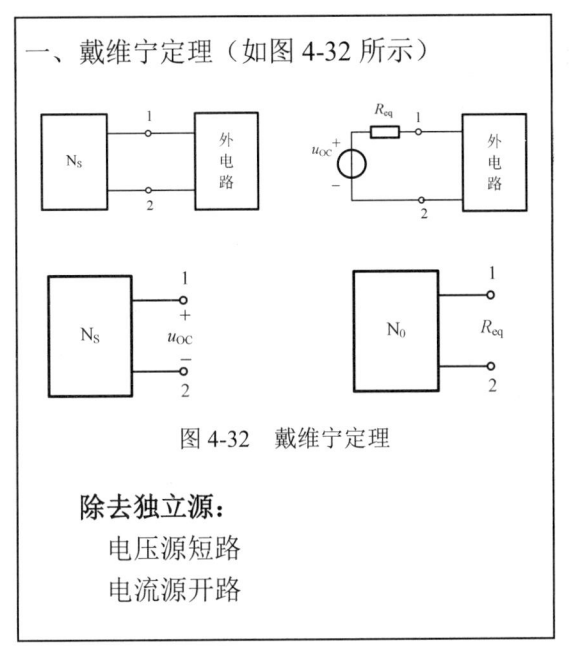

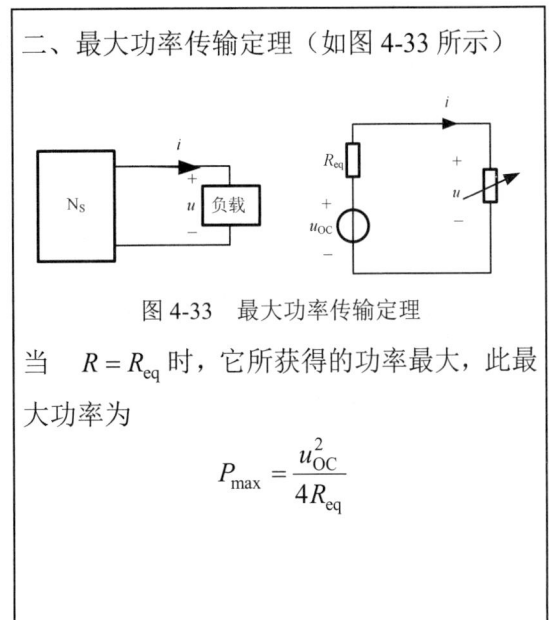

一、戴维宁定理（如图 4-32 所示）

图 4-32 戴维宁定理

除去独立源：
电压源短路
电流源开路

二、最大功率传输定理（如图 4-33 所示）

图 4-33 最大功率传输定理

当 $R = R_{eq}$ 时，它所获得的功率最大，此最大功率为

$$P_{max} = \frac{u_{OC}^2}{4R_{eq}}$$

工程实例：实际电压表的负载效应

由于实际的电压表存在内阻，使得它所测量的电压存在误差，将这种现象称为负载效应。通常，测量误差率定义为

$$\varepsilon = \left|\frac{测量值 - 实际值}{实际值}\right| \times 100\%$$

例：若用内阻 $R_M = 1\text{M}\Omega$ 的直流电压表测量图 4-34（a）所示电路的端口电压 U_{AB}，求测量误差率。

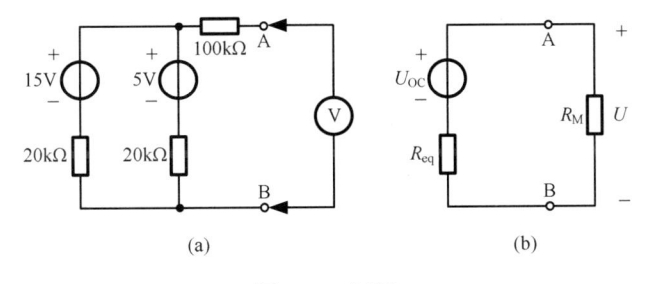

图 4-34 例图

解：先求图 4-34 端口 AB 的开路电压

$$U_{OC} = \frac{15-5}{20+20} \times 20 + 5 = 10\text{V}$$

再求图 4-34 端口 AB 的等效电阻

$$R_{eq} = \frac{20 \times 20}{20 + 20} + 100 = 110\text{k}\Omega$$

最后将直流电压表用电阻 R_M 等效，就可得到图 4-34（a）的等效电路，如图 4-34（b）所示。对图 4-34（b）所示电路，用分压公式，有

$$U = \frac{R_M}{R_{eq} + R_M} U_{OC}$$

测量误差率为

$$\varepsilon = \left| \frac{U - U_{OC}}{U_{OC}} \right| \times 100\% = \frac{R_{eq}}{R_{eq} + R_M} \times 100\% = \frac{110}{110 + 1000} \times 100\% = 9.9\%$$

根据上式可知，电压表的内阻越大，测量误差率就越小。数字电压表的内阻比模拟电压表的高很多，普通数字电压表的内阻为 $10\text{M}\Omega$，高档数字电压表的内阻可达 $10000\text{M}\Omega$。当对电压的测量精度有较高要求时，应尽量选用数字电压表。

设计意图：将戴维宁定理用在测量电压表的误差上，让学生对电压的测量有一个精确的理解。培养学生理论联系实践的思想以及利用新手段、新方法探索实际问题的求解能力，培养学生实践动手能力、提升学生创新意识。

第九讲　线性有源一端口网络等效参数测定电路设计（实验）

【实验目的】

1. 利用自行设计的实验电路验证戴维宁定理，加深对戴维宁定理的理解。
2. 学习线性有源一端口网络等效电路参数的测量方法。
4. 熟悉直流稳压电源，学会使用万用表。

【能力目标】

1. 培养学生对电路的基本测试方法、基本测试技术及测量数据的处理方法的能力。
2. 实验报告是反映学生综合技能的第一手资料，通过撰写实验报告，提高学生分析与处理实验数据的能力。

【实验内容】

- 对自行设计的线性有源一端口网络的外特征进行测试
- 由实验所得的有源一端口网络的等效参数接成戴维宁等效电路,并对其外特性进行测试，验证戴维宁定理的正确性

【实验重点】

有源一端口网络的等效电路的测量。

【实验难点】

有源一端口网络开路电压 U_{OC} 和短路电流 I_{SC} 的求解与等效的验证。

【仪器设备】

直流稳压电源、万用表、直流毫安表、实验电路板、电阻箱

【设计思路】

1. 自拟实验电路与方案验证戴维宁定理

学生独立拟定实验方案并合理设计实验电路，正确选用仪表设备。正确地选择仪器和电路有一定的灵活性，"误差小"、"仪器少"、"耗电少"、"安全性"、"精确性"、"方便性"等是需要掌握和遵循的一些基本原则。因此作出选择时应综合考虑各方面因素并灵活运用。

2. 实验参数的确定

开路电压的测定常应用直接测量与补偿法。

等效电源内阻的测定，可根据网络的具体情形选择开路短路法，或直接用三用表测量。

3. 实验报告撰写

完成各个实验步骤后，还需整理实验数据，分析实验误差，得出相应的结论，总结为实验报告。总之，让学生学习独立拟定实验方案，合理设计实验线路，正确选用仪表设备，确定

实验参数，完成实验报告，这样可使学生加深对定理的理解并增强其独立设计和动手能力。

教学环节	教学行为	教学方法设计意图
实验准备（5分钟）	一、预习要求 在预习报告中，对自行设计的实验电路和参数，计算出开路电压、短路电流和等效电阻的理论值，并填入表中，在预习报告中应有完整的计算过程。 二、实验前准备 检查学生的预习报告，学生登录，领取实验条形码。	
重点讲解 难点分析（15分钟）	三、演示讲解 1. 直流电源和直流实验箱的使用（如图4-35）。 注意事项：直流电源与实验电路要共地，注意电压的参考方向。 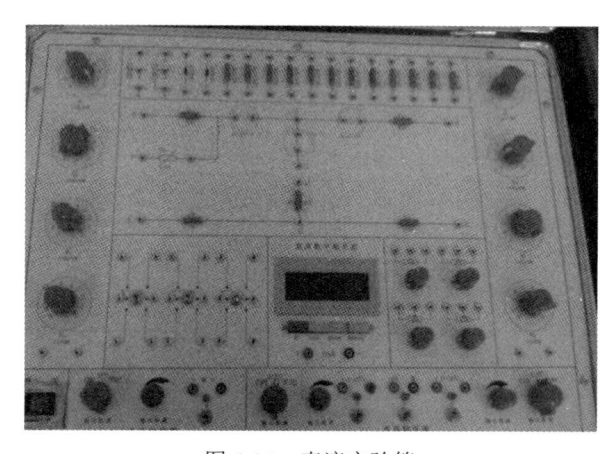 图 4-35 直流实验箱 2. 对自行设计的图线性有源一端口网络的外特征进行测试。 测量如图 4-36 所示自行设计的电路中开路电压 U_{OC} 和短路电流 I_{SC}，计算等效电阻 R_{eq}，并将结果填入表 4-1 中。 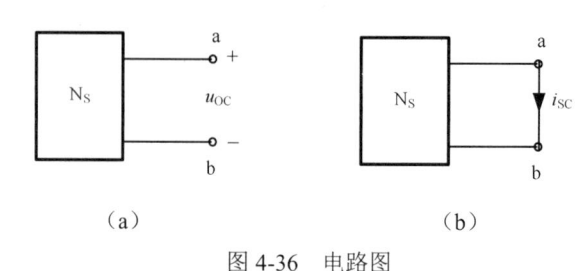 （a）　　　　　　　（b） 图 4-36 电路图 表 4-1 实验数据表 | U_{OC}/V	I_{SC}/mA	R_{eq}/Ω | | --- | --- | --- | | | | |	教学方法： 演示法 探究法 设计意图： 验证各个定理的实验是实验教学过程中极为重要的一个环节。一般的实验教学都是把实验步骤展现给学生，这样学生只能照葫芦画瓢，收获甚微。如果让学生学会独立拟定实验方案并合理设计实验线路，正确选用仪表设备，就会加深对定理的理解并增强学生动手和独立设计的能力。

3. 直接用万用表测量一端口网络的等效电阻。
4. 测量等效前电路的外特性。

按图 4-36（a）接上负载电阻 R_L，使之为表所列各值，测量端口电压 U、电流 I 填入表 4-2 中。

表 4-2　实验数据表

R_L /Ω									
U/V									
I/mA									

5. 测量等效后电路的外特性。

按图 4-37 接上负载电阻 R_L，使之为表所列各值，测量端口电压 U、电流 I 填入表 4-3 中。

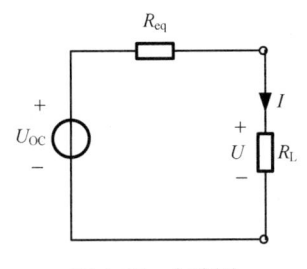

图 4-37　电路图

表 4-3　实验数据表

R_L /Ω									
U/V									
I/mA									

6. 实验注意事项。

（1）所有需要测量的电压值，均以万用表测量的读数为准。U_S 也要测量，不应取电源本身的显示值。

（2）测量时，及时更换电流表的量程。

（3）改接电路前要关掉电源。

四、学生独立完成实验，教师进行适当的辅导

独立完成实验（70分钟）

传统的实验一般是指导教师画好实验电路，规定了实验步骤、如何接线等，交待得清清楚楚，让学生一步步跟着做就行了，这种教学方式在很大程度上制约了学生智力的培养和独创性的发挥。我们对实验进行了教学改革，在指导实验时运用了探究式教学方法，要求指导教师在培养学生创造性思维能力这方面多下功夫，让学生在反复实践和屡遭挫折中体味发现的喜悦。本人认为在创造性思维教学中应注意下面几点：

教学方法：
实践法
探究法

设计意图：
学生亲自搭接电路、测量实验数据和分析实验

1. 激发法——培养思维的深刻性

教师在指导实验过程中，应选择适当的时机激发学生的思维，启发、提问学生，而不要直接给出答案；精心设计发问的方式和内容，给学生以方向性的指导，鼓励学生追求独创性的思路；要充分引导学生挖掘事物的内在本质和规律。在指导实验过程中，教师只是给学生启发式的提问，而不直接给他们解答为什么。刚开始学生产生困惑，经过几次实践终于弄清楚实验原理，加深了理论知识的掌握。

2. 探索法——培养思维的独创性

培养思维的独创性是创造性思维教学的要旨。要使学生具有独特的视角、新颖的思维，没有丰富的想象力则不行，但任何大胆的想象，任何独特的思考又必须经过科学的检验和论证。实验探索应是学生思维创造性和科学性的有效手段。在学生提出各种问题时，教师就应及时引导学生去分析、去探索、去验证，而不应直接回答学生。在不断的分析、探索过程中，学生的思维品质会得到空前的提高。

3. 归纳法——培养思维的概括性

没有概括和总结就难以抓住事物的本质，就难以揭示事物的内在规律。每做完一个实验，应要求学生概括总结出本次实验的重点、难点，各仪器设备在使用过程中的注意点，从而为下次实验打下一个基础或搭建一个平台。

五、检查学生的实验结果，给出实验成绩

【课后作业与思考题】

1. 实验报告。

2. 线性有源一端口网络，在不测量开路电压和短路电流的情况下，如何用实验的方法求得其等效参数？

3. 在求有源一端口网络等效电路中的 R_i 时，如何理解"原网络中所有独立电源为零值"？实验中怎样将独立电源置零？

数据。由实验现象和实验数据验证戴维宁定理。通过实验达到对学生的观察和实验能力的培养，能使学生掌握正确的电量的测量方法，通过分析实验数据和现象总结一定的规律，达到由现象到本质的飞跃。使学生掌握运用理论知识解决实践当中出现的问题，达到由理论到实践，再到理论的目的。

第十讲 直流电路的习题课

【教学目的】

直流电路是电路理论中的最基础理论之一,在学完直流电路的基础上,应掌握KCL和KVL方程的应用、功率的计算、电路的等效变换、应用结点电压法和回路电流法求解直流电路、叠加定理和戴维宁定理及应用。

【能力目标】

1．从应用知识求解问题的快乐教学氛围中，培养学生热爱科学、开拓创新的精神。

2．通过习题加强概念的理解和提高计算能力，系统掌握直流电路的知识，以提高学生独立思考和分析问题的能力。

【教学内容】

例1、例2、例3、例4、例5、例6

【教学策略】

例题及习题课教学是巩固重要理论和方法的一种重要课堂教学形式，是检验教学效果、实施素质教育的重要途径。通过例题、习题的讲练，可揭示电工学知识的内在规律，沟通各部分知识的联系，从而使学生把所学的知识系统化、条理化，提高分析问题和解决问题的能力，能把所学的知识应用于实践。同时，以例题、习题为载体，能够使学生进一步理解和牢固掌握已学过的基础知识和技能，科学地掌握电工学知识和思想方法，发展学习能力，提高学习质量及素养。

【设计思路】

在阐明原理的前提条件下，结合典型例题让学生自己先去思考，提出解题思路，然后就学生提出的不同思路、方法给予点评，分析各种方法的正误性、优缺点等。这样一方面可以使学生在独立思考中锻炼思维能力，另一方面也可以让学生集众家之所长，开拓思维空间、开阔思路。再者，采用这种方法也有助于搞好课堂教学，通过观察学生的课堂表现，随时了解学生的听课情况、对知识的掌握程度，及时发现问题，及时解决。习题课采取学生主讲，主讲后再展开讨论，最后辅导教师总结的方式进行，以加强学生学习能力的培养。

教学环节	教学行为	教学方法设计意图
习题讲解（90分钟）	1. 课前布置学生复习第1章到第4章，布置学生讲解，并计入平时成绩。 2. 通过先练习后讲解，对同一题目用各种不同方法求解，加深对基本定律和基本定理的理解和基本方法的应用，为今后学习交流稳态电路的分析打下扎实的基础。 3. 要求学生归纳总结前4章的知识点，教师启发并总结提高。 一、知识点：电压与电流的参考方向，功率的概念的理解以及基尔霍夫定律 KCL、KVL 的应用 例1 由图4-38所示电路，求电流 i 以及各电压源产生的功率。 图4-38 例1图 二、知识点："对外等效"的实质，加强对电压控制电流源、电流控制电压源的应用，以及两种电源模型的相互转换技巧的练习 例2 由图4-39所示电路，试写出 ab 端的伏安关系，并由伏安关系画出 ab 端的等效电路。 图4-39 例2图 三、知识点：复习巩固直流电路的一般分析方法，使学生根据需要能灵活运用回路法求解电量。在求解过程中，通过比较能找到最简便的方法 例3 试用回路法求图4-40电路中的电流 i_1、i_2 和 i_3。	教学方法： 讨论法 讲练法 设计意图： 以讨论、讲练的方式进行，强调解题思路和方法。在习题课中，同一道例题通过用不同的方法求解，让学生熟练地选择出最优的解题方法。通过习题加强概念的理解和提高计算能力，系统掌握直流电路的知识，以提高学生独立思考和分析问题的能力。

图 4-40 例 3 图

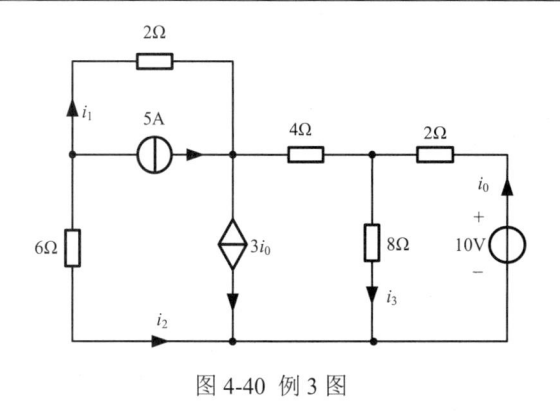

四、知识点：复习结点电压法。可加强结点电压法实质的理解而不是死背公式

例 4 根据图 4-41 所示电路，列出求解电路的结点电压方程，并写出各支路电流与结点电压的关系式。

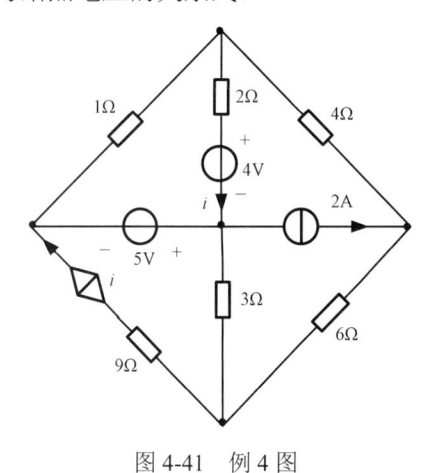

图 4-41 例 4 图

五、知识点：加强对叠加定理的理解与应用。应用叠加定理，各个独立源单独作用时，受控源应予以保留。受控源的控制量为零时，受控控源才为零

例 5 图 4-42 所示电路，求出：
（1）电流 $I=?$
（2）当 $U_S=8V$，$I_S=1mA$ 时，电流 I 等于多少？

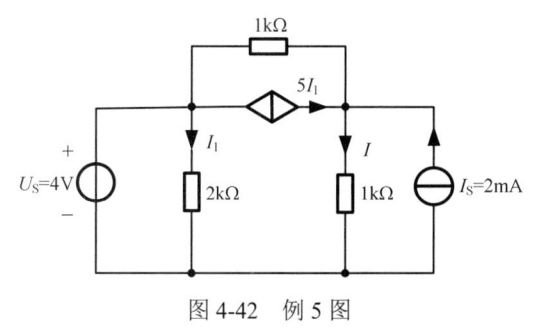

图 4-42 例 5 图

六、知识点：复习巩固前面 2 章所学知识，如功率、受控源的综合运用，戴维宁定理的应用

例 6 图 4-43 所示电路的负载电阻 R_x 可变，试问：

（1）当 $R_x = 6\ \Omega$ 时，电流 i_x 等于多少？

（2）R_x 等于多少时，可吸收最大功率？并求此功率。

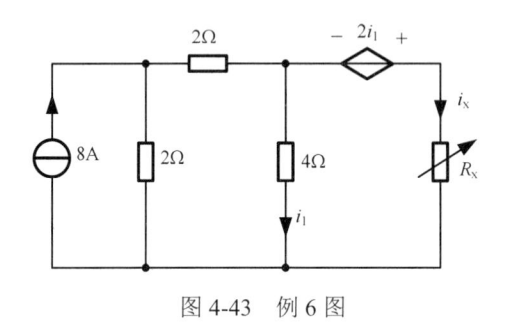

图 4-43 例 6 图

黑板板书设计：

例 1、2、3、4、5、6 的求解过程

第十一讲　动态元件、换路定律和一阶电路零输入响应

【教学目的】

1．充分理解并掌握电容、电感元件的伏安特性。
2．掌握动态方程的建立及经典解法。
3．熟练应用换路定律分析电路。
4．充分理解零输入响应并熟练求解零输入响应的电量。

【能力目标】

1．通过新器件的学习，让学生了解本学科器件发展的最新动态，培养学生关注前沿的学术品格。
2．掌握瞬态分析的基本概念，学会利用和抑制瞬态过程，培养学生严密的逻辑思维能力。
3．通过分析动态过程在工程中的应用，培养学生工程意识。

【教学内容】

● 电容、电感的伏安特性、能量
● 描述一阶电路的动态方程的建立
● 换路定律，一阶 RC、RL 电路的零输入响应

【教学重点】

1．换路定律。重点讲清独立初始值（包括电容电压和电感电流）的求解。
2．了解动态电路的过渡过程的性质。重点讲清动态电路的过渡过程随时间常数的变化规律。
3．RL、RC 电路的时间常数。重点讲清电路时间常数的求解，时间常数的物理意义。

【教学难点】

RC 电路的等效电阻的求解。
注意：RC 电路的等效电阻，可利用无源网络的输入电阻或含源网络等效电阻的求解方法解得。

【教学手段】

1．介绍器件的发明与最初的电气特性推出伏安定律，理解元件的本质。
2．通过在课堂上演示数码照相机闪光灯，让学生理解闪光灯闪光的过程其实就是 RC 的充放电的动态过程，引入新课。
3．通过应用 Multisim 对动态电路进行仿真，通过演示直观的动态过程让学生进一步理解动态电路的求解。

【设计思路】

1. 情境法：用照相机闪光灯原理引入课题，激发学生对课题的兴趣，形成感性认识。
2. 讲授法：从动态方程的建立与求解来分析动态电路。
3. 仿真演示法：应用 Multisim 对动态电路进行仿真，实现难点的突破。

整堂课运用"引课（实践）-任务驱动-探究拓展"的课堂教学模式。

教学环节	教学行为	教学方法设计意图
复习回顾 新课导入 （5分钟）	理清前 4 章的线索，前面 4 章分析的都是电路的稳定状态，第 5 章分析的是电路从零时刻开始到稳定这段时间的变化过程，即过渡过程。主要是讲一阶 RC、RL 电路的响应。 　　设疑：给出一个一阶 RC 电路，接入直流电压源，要求出电容上电压的响应怎样求？用什么数学模型来描述呢？ 　　提问：生活中同学们用过电路的瞬态过程吗？ 　　演示：数码照相机的闪光现象，一瞬间产生强光，什么原理？引入新课。	教学方法： 案例法 探究法 设计意图： 从照相机闪光原理引入新课。
重点讲解 难点分析 任务驱动 自主探究 （10分钟）	**一、线性电容元件** 　　从电容元件的发明引入电容元件的电磁特性。通过背景知识的学习，增强对电容的感性认识。 　　1. 电容构成原理、符号、定义 　　电容器的构成：间隔以不同介质的两块金属极板（如图 5-1 为电容实物图和符号图）。 电容的基本构成　　　电容的电路符号 实际电容器示例 电解电容器　　　瓷质电容器　　　聚丙烯膜电容器 图 5-1　电容实物图和符号图 　　电容器：是一种能储存电荷或储存电场能量的部件。	教学方法： 讲授法 实物引入法 设计意图： 从背景知识入手，强调电容充电的电磁特性。引导学生一定要从元件最初的电磁特性推出它的伏安特性。让学生能运用所学知识分析问题和解决问题，增强学生理论联系实际和独立工作的能力。

2．库伏特性

对于线性电容，电压和电荷的库伏特性是通过原点的直线。

3．电压和电流的关系

在关联参考方向下微分关系为：$i = C\dfrac{\mathrm{d}u}{\mathrm{d}t}$；积分关系为 $u(t) = u(-\infty) + \dfrac{1}{C}\int_{-\infty}^{t} i\,\mathrm{d}\tau$。在非关联参考方向下微分关系为：$i = -C\dfrac{\mathrm{d}u}{\mathrm{d}t}$。

从电容的伏安关系可以看出：

① 电容上的电流仅与电压的变化率有关。

② 电容对直流相当于开路，即隔直通交。

③ 当 i_C 为有限值的条件下，电容上的电压不会突变。

安全提醒：从积分关系联系实际：在修理电器时，电路断电后不能马上用手去摸电容，因为电容断电前已经储存了能量（如图 5-2 所示）。

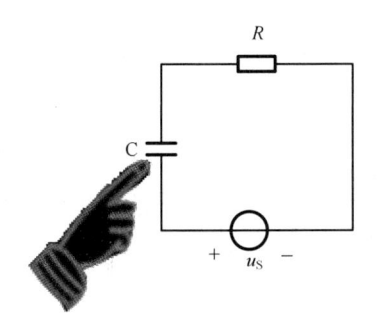

图 5-2　电容断电后打手示意图

4．能量和功率

在关联参考方向下，电容元件的功率为：$p_C = ui = Cu\dfrac{\mathrm{d}u}{\mathrm{d}t}$，$p_C$ 为正，表示电容从外电路输入能量，并以电场能量的形式储存起来；p_C 为负，表示电容向外电路输送能量，把电容以前储存的电场能量输送出去。电容是无源元件。

应用：展示由各种电容元件构成的实物板，让学生了解各种各样的电容，并进一步了解电容除了电容值还要注意它的耐压值。电解电容还要注意它的极性。讲解电容的充电放电特性为动态电路打基础。

5．知识拓展：新器件的应用（超级电容器在现代生活中的应用）

超高电容量（0.1F～6000F）。与铝电解相比较，超级电容器大得多，比同体积电解电容器大 2000～6000 倍。

具有非常高的比功率。电容器的比功率可为电池的 10～100 倍，可达 10kg 左右。可以在短时间放出几百安电流。这个特点使得电容器非常适合短时间、高功率场合。

充电速度快。电化学超级电容器充式双电层充放的物理过程或

设计意图：
联系实际：修理电器时，电容断电后为什么会打手？提高学生的安全意识。

设计意图：
展示各种电阻的实物板，为以后的工程应用打下坚实的基础。这样有效地培养了学生运用知识的综合能力和创新意识。

教学方法：
探究法

设计意图：
引导学生上网或去图书馆查找有关电容新器件超级电容器

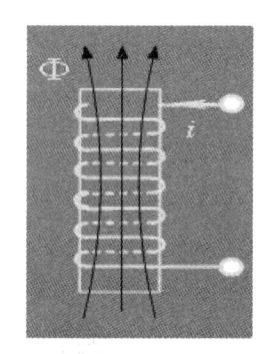

	电极物质表面的快速、可逆过程，可采用大电流充电，能在几十秒至几分钟内完成充电过程，是真正意义的快速充电。 　　安全环保、低温性能优越、使用温度范围宽、免维护。 　　开发混合电动汽车，蓄电池作主电源，超级电容器作充电备用。 　　国内游许多厂商在研发或已生产出电动汽车超级电容器，上海奥威、哈尔滨巨容、北京合众汇能等厂商能够提供有机超级电容器样品试验，其中上海奥威的超级电容器应用技术已成熟。	的应用。让学生了解本学科器件发展的最新动态，拓宽知识领域，培养学生开拓创新的探索精神。
重点讲解 难点分析 任务驱动 自主探究 （10分钟）	**二、线性电感元件** 　　电感元件也是一种储存电能的元件，它是实际电感器的理想化模型（如图 5-3 为线圈实物图和示意图）。 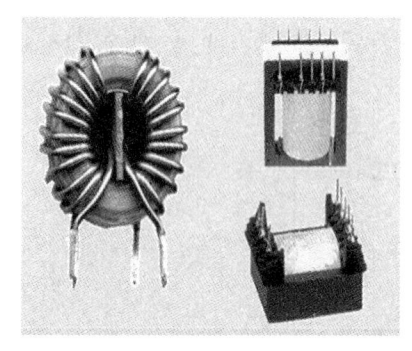 （a）电感实物图　　　　（b）电感线圈原理示意图 图 5-3　电感元件 1．定义 　　电感是用导线绕在空心或铁芯线圈上而制成的，在线性电感线圈中，当电流 i 通过线圈时产生磁通链 Ψ，磁通链 Ψ 与外加电压 i 成正比，即 $\Psi = Li$。 2．韦安特性 　　对于线性电感，电流和磁通链的韦安特性是通过原点的直线。 3．电压和电流的关系 　　在关联参考方向下微分关系为：$u = L\dfrac{\mathrm{d}i}{\mathrm{d}t}$；积分关系为 $i(t) = i(-\infty) + \dfrac{1}{L}\int_{-\infty}^{t} u\,\mathrm{d}\tau$。在非关联参考方向下微分关系为：$u = -L\dfrac{\mathrm{d}i}{\mathrm{d}t}$。 　　从微分关系可以看出： ①在直流电路中，电感元件处相当于短路，即通直阻交。 ②u_L 为有限值的条件下，电感上的电流不会突变。 4．能量和功率 　　在关联参考方向下，电感元件的功率为：$p_L = ui = Li\dfrac{\mathrm{d}i}{\mathrm{d}t}$，$p_L$ 为正，表示电感从外电路输入能量，并以磁场能量的形式储存起来；p_L	**教学方法：** 讲授法 实物引入法 **设计意图：** 从常见的变压器引入到电感。使学生对电感有一个感性认识。 **设计意图：** 强调电容上电压、电感上电流不会突变，为动态电路的换路定律打基础

为负，表示电感向外电路输送能量，把电感以前储存的磁场能量输送出去。电感是无源元件。

应用：展示由各种线圈构成的实物板，让学生了解各种各样的电感。

三、动态电路及方程

描述含有储能元件（电容或电感）时电路的方程为微分方程。

含有电容或电感元件的电路，称为动态电路。

四、一阶电路

能用一阶常微分方程描述的电路称为一阶电路。

按储能元件的性质，一阶电路可分为：RC 电路、RL 电路。

五、过渡过程和换路

当电路的结构或元件的参数发生变化时，称为换路。

发生换路时，电路将从一个稳态过渡到换路后的另一个稳态，其间的变化过程称为过渡过程。

引例：如图 5-4 所示给出一简单的拨动开关电容充放电电路。

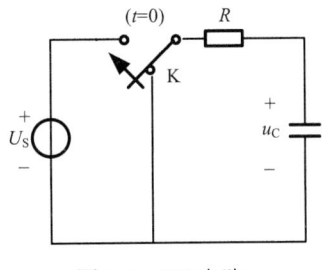

图 5-4　RC 电路

约定：

$t=0$：表示换路的瞬间；

$t=0_+$：表示换路后的最初瞬间；

$t=0_-$：表示换路前的最终瞬间。

引例：如图 5-5 给出一个一阶 RC 电路，接入直流电压源 U_S，求出电容上电压的响应？

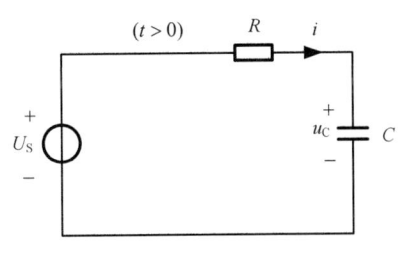

图 5-5　RC 电路

列微分方程，解微分方程，在解微分方程时，要用到初始值。

即 $u_C(t) = U_S + [u_C(0_+) - U_S]e^{-t/RC}$

教学方法：
引例法

设计意图：
给定一简单 RC 电路，输入一直流电压源，要求出电容上的电压必须列出微分方程，要解出微分方程必须知道初始值，引出为什么要对初始值求解。在黑板上板书出求解初始值的思路，因为它是后面三要素法的一重要因素。为后面的三要素法打好铺垫。

重点讲解　难点分析　任务驱动　自主探究（20分钟）

六、换路定律

根据 $i_C(t) = C\dfrac{du_C}{dt}$，$u_L(t) = L\dfrac{di_L}{dt}$，要想微分存在，$u_C$、$i_L$ 必须连续。可得到换路定律：$u_C(0_+) = u_C(0_-)$，$i_L(0_+) = i_L(0_-)$。

提问：$i_C(0_+) = i_C(0_-)$ 吗？$u_L(0_+) = u_L(0_-)$ 吗？为什么？

七、初始值求解

1. 初始值定义

电路中求解的变量及各阶导数在换路 $t = 0_+$ 时的值。

2. 求初始值的步骤

①画出 $t = 0_-$ 时刻的等效电路，算出 $u_C(0_-)$，$i_L(0_-)$。

提问：此时电容支路怎样处理？电感支路呢？

②由换路定律可得

$$u_C(0_+) = u_C(0_-), \quad i_L(0_+) = i_L(0_-)$$

③画出 $t = 0_+$ 时刻的等效电路。此时电容支路用电压源来代替，电感支路用电流源来代替。

④在 $t = 0_+$ 时刻的电路中，可求出初始值。

例 5-1 求图 5-6 电路的初始值 $i_C(0_+)$、$u_L(0_+)$。

图 5-6 例 5-1 图

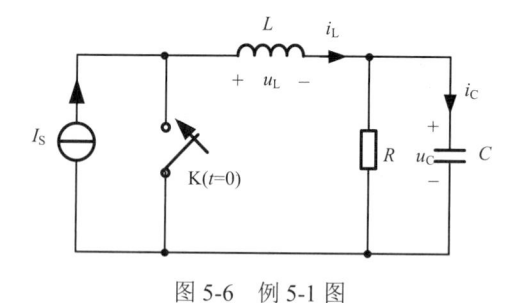

解：画出 $t = 0_-$ 时刻的电路图，如图 5-7 所示。

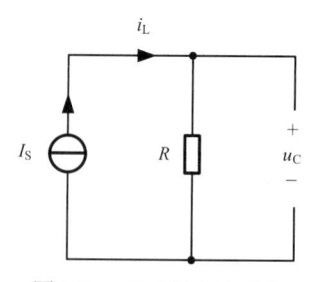

图 5-7 $t(0_-)$ 时刻电路图

$$i_L(0_+) = i_L(0_-) = I_S$$
$$u_C(0_+) = u_C(0_-) = RI_S$$

画出 $t = 0_+$ 时刻的电路如图 5-8 所示。

图 5-8 t(0₊) 时刻电路图

由 t = 0₊时刻的电路得：

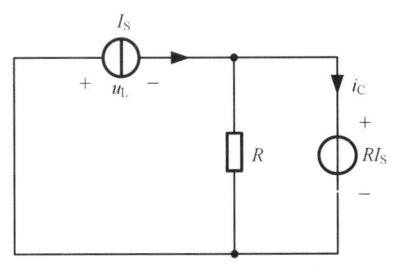

$$i_C(0_+) = I_S - \frac{RI_S}{R} = 0$$

$$u_L(0_+) = -RI_S$$

八、仿真引入

1. 电容放电（即零输入响应）电路如图 5-9 所示。

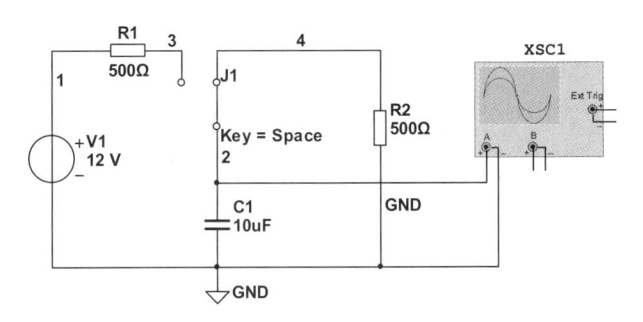

图 5-9 RC 电路零输入响应仿真电路图

2. 用示波器观察电容放电过程如图 5-10 所示。

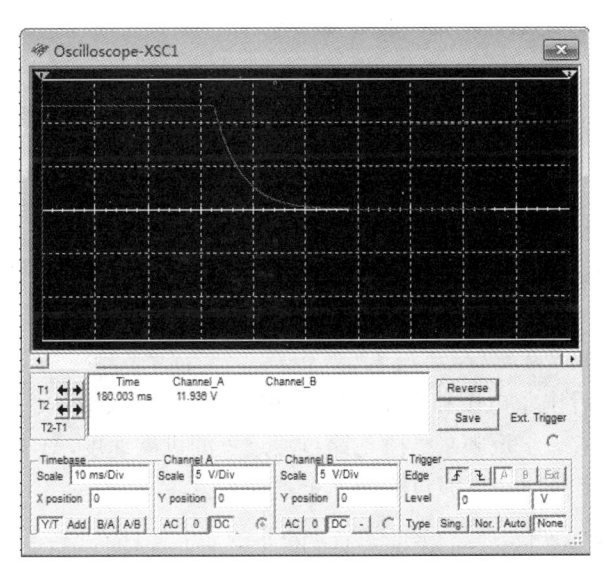

图 5-10 RC 电路零输入响应波形图

教学方法：
仿真演示法
设计意图：
应用 Multisim 对动态电路中电容的放电过程进行仿真，实现难点的突破。

仿真引入零输入响应（5分钟）

九、一阶电路的零输入响应

1. 零输入响应：换路后动态电路中没有外施激励，电路响应由动态元件所储藏的能量引起。一阶电路的零输入响应包括有 RC 放电电路和 RL 放电电路。

2. RC 放电电路如图 5-11 所示。

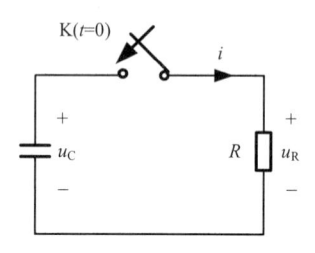

图 5-11 RC 放电电路

在图 5-11 电路中，已知 $u_C(0_-) = U_0$。开关 S 在 $t=0$ 时刻闭合，开关移动之前电路处于稳态。

$$\begin{cases} RC\dfrac{du_C}{dt} + u_C = 0 \\ u_C(0_+) = U_0 \end{cases}$$

则换路后的 $u_C(t)$、$u_R(t)$ 以及电流 $i(t)$ 为：

$$u_C(t) = U_0 e^{-\frac{t}{RC}}$$

$$i(t) = -C\frac{du_C(t)}{dt} = \frac{U_0}{R} e^{-\frac{t}{RC}}$$

$$u_R(t) = u_C(t) = U_0 e^{-\frac{t}{RC}}$$

它们随时间的变化规律如图 5-12 所示。

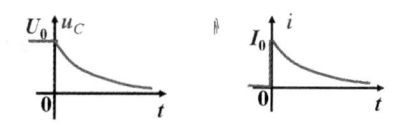

图 5-12 电容电压、电阻电压和电路电流随时间的变化

提问：电压 $u_C(t)$、$i(t)$ 衰减的快慢与哪个参数有关？引出时间常数。

3. 时间常数 τ

从以上可以看出，电压和电流衰减的快慢取决于指数中 RC 乘积的大小。令 $\tau = RC$，τ 反映了一阶电路过渡过程的进展速度，τ 越小，过渡过程越快，τ 是讨论过渡过程的一个重要参数。

$$[\tau] = [RC] = [欧][法] = [欧]\left[\frac{库}{伏}\right] = [欧]\left[\frac{安秒}{伏}\right] = [秒]$$

从理论上讲，从一个稳态 U_S 到另一个稳态 $u_C(t) = 0$，需要无穷大

重点讲解
难点分析
任务驱动
自主探究
（30 分钟）

教学方法：探究法
设计意图：启发学生观察衰减曲线，引出时间常数 τ。强调 τ 的物理意义，并说明在工程上过渡过程经过 $3\tau \sim 5\tau$ 就已结束。

时间，但从实际上讲，经过大约 $3\tau \sim 5\tau$ 过渡过程就基本结束。因经过一个时间常数 τ 后，电容电压为原来电压的 36.8%。而经过 3τ 或 5τ 后，电容电压为原来电压的 5% 或 0.7%。这样，经过大约 $3\tau \sim 5\tau$ 过渡过程就基本结束。

例 5-2 已知图 5-13 电路中的电容原本充有 24V 电压，求 K 闭合后，电容电压和各支路电流随时间变化的规律。

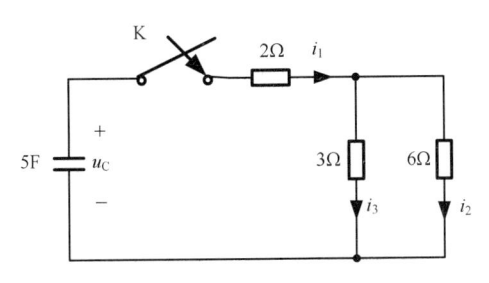

图 5-13 例 5-2 图

解：这是一个求一阶 RC 零输入响应问题，有：

$$u_C = U_0 e^{-\frac{t}{RC}} \quad (t \geq 0)$$

代入 $\quad U_0 = 24 \text{ V}, \quad \tau = RC = 5 \times 4 = 20\text{s}$

$$u_C = 24 e^{-\frac{t}{20}} \text{V} \quad (t \geq 0)$$

$$i_1 = u_C / 4 = 6 e^{-\frac{t}{20}} \text{A}$$

分流得：$i_2 = \frac{2}{3} i_1 = 4 e^{-\frac{t}{20}} \text{A}$，$i_3 = \frac{1}{3} i_1 = 2 e^{-\frac{t}{20}} \text{A}$

4．RL 放电电路（如图 5-14 所示）

RL 电路的时间常数：对于含有电感的一阶电路，电路的时间常数定义为 τ，时间常数 $\tau = \dfrac{L}{R_{eq}}$，其中 R_{eq} 为一阶电路中，除电感以外的含源一端口网络或无源一端口网络的等效电阻。

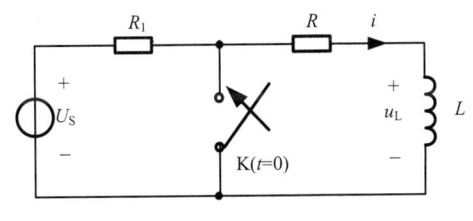

图 5-14 RL 放电电路

由图可得：$i(0_+) = i(0_-) = \dfrac{U_S}{R_1 + R} = I_0$

$$L \frac{di}{dt} + Ri = 0 \quad (t \geq 0)$$

特征方程　$Lp+R=0$

特征根：$p=-\dfrac{R}{L}$

$$i(t)=Ae^{pt}$$

代入初始值　$i(0_+)=I_0$　可得：$A=i(0_+)=I_0$

得：$i(t)=I_0e^{pt}=I_0e^{-\frac{R}{L}t}$　$(t\geq 0)$

$$i_L(t)=I_0e^{-\frac{t}{L/R}}\ (t\geq 0)\quad u_L(t)=L\dfrac{di_L}{dt}=-RI_0e^{-\frac{t}{L/R}}$$

令 $\tau=L/R$，称为一阶 RL 电路时间常数。

$$[\tau]=\left[\dfrac{L}{R}\right]=\left[\dfrac{亨}{欧}\right]=\left[\dfrac{韦}{安\cdot 欧}\right]=\left[\dfrac{伏\cdot 秒}{安\cdot 欧}\right]=[秒]$$

则：$i_L(t)=I_0e^{-\frac{t}{\tau}}\ (t\geq 0)$，$u_L(t)=L\dfrac{di_L}{dt}=-RI_0e^{-\frac{t}{\tau}}$

它们随时间的变化规律如图 5-15 所示。

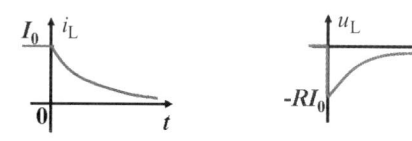

图 5-15　电感电压、电路电流随时间的变化

例 5-3　如图 5-16 所示，$t=0$ 时，开关 K 由 1→2，求电感电压和电流。

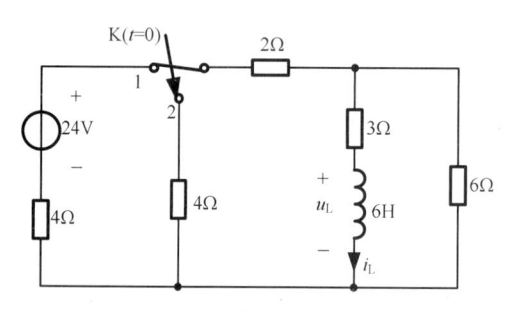

图 5-16　例 5-3 图

解：$i_L(0_+)=i_L(0_-)=\dfrac{24}{4+2+3//6}\times\dfrac{6}{3+6}=2A$

$R_{eq}=3+(2+4)//6=6\Omega$

$\tau=\dfrac{L}{R_{eq}}=\dfrac{6}{6}=1s$

$i_L=2e^{-t}A$，$u_L=L\dfrac{di_L}{dt}=-12e^{-t}V\ (t\geq 0)$

电容充放电的形象比喻（5分钟）	5．电容充、放电的形象比喻（如图 5-17） **电容充放电快慢的形象比喻** $\tau = RC$ 决定电容充放电的快慢，R 和 C 分别对电容充放电有什么影响？ 我们可以把电容充电想象为水桶装水，C 相当于水桶的容量，电流相当于水流。 R 相同时，电容越大充电越慢 电阻相同电容不同 电容相同电阻不同 C 相同时，电阻越大充电越慢 所花时间为 τ_1　所花时间为 τ_2　　所花时间为 τ_1　所花时间为 τ_2 图 5-17　电容充、放电的形象比喻	**教学方法：** 比喻法 **设计意图：** 通过形象的比喻，把电容充、放电比作水桶储水、放水。学生很容易理解电阻 R 和电容 C 越大，充、放电就越慢。通过从易到难，层层深入，让学生掌握从具体到抽象，又从抽象到具体的分析问题、解决问题的方法。
归纳小结拓展延伸（5分钟）	【本节小结】 1．响应的基本概念。 2．换路定律。 3．初始值和稳态值的求解方法。 4．RC 电路的零输入响应。 5．时间常数的物理意义，如何用实验的方法测量。 【课后作业】 习题五：5-2、5-3、5-4 【思考题】 1．$i_C(0_+) = i_C(0_-)$ 吗？$u_L(0_+) = u_L(0_-)$ 吗？为什么？ 2．RC 电路中电阻 R 越大放电越快还是越慢？电容 C 呢？ 3．时间常数 τ 的工程意义是什么？ 【布置预习】 一阶电路零状态整理响应、全响应和三要素法。	**教学方法：** 讲授法 **设计意图：** 梳理总结本堂课的知识点，培养学生总结归纳能力。
教学反思	这堂课首先整理电路课程整个线索，前 4 章分析的是电路的稳态响应。这一章就从电路稳态响应过渡到电路的瞬态响应，也就是过渡过程。过渡过程是什么呢？又从日常生活中遇到的照相机闪光灯现象引入瞬态响应，然后一步步推导出一阶动态电路初始值求解和零输入响应。这种运用"引课（实践）-任务驱动-探究拓展"的课堂教学模式效果较好。	

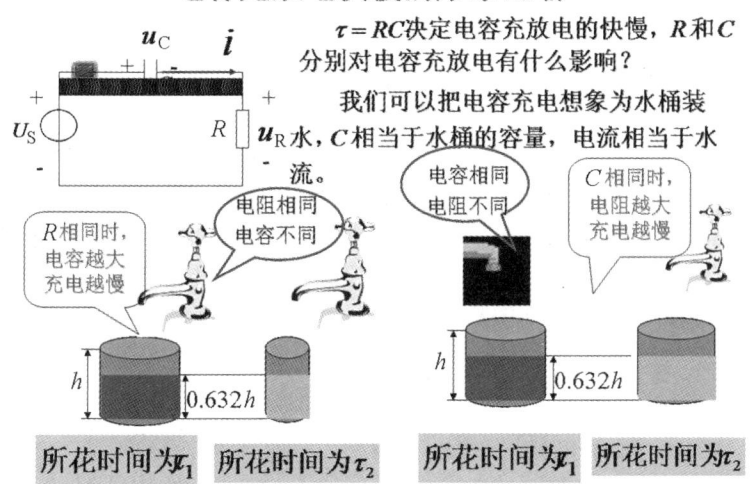

黑板板书设计：

一、初始值求解（如图 5-18 所示）

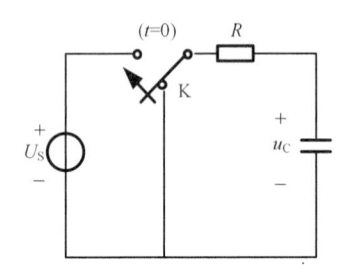

图 5-18　初始值求解

约定：
$t=0$：表示换路的瞬间；
$t=0_+$：表示换路后的最初瞬间；
$t=0_-$：表示换路前的最终瞬间。

二、换路定律

$$u_C(0_+)=u_C(0_-) \quad i_L(0_+)=i_L(0_-)$$

三、一阶 RC 电路的零输入响应（如图 5-19 所示）

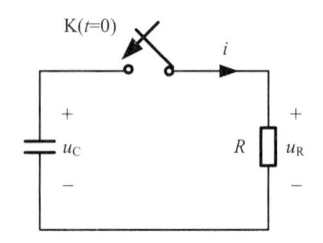

图 5-19　一阶 RC 电路的零输入响应

$$\begin{cases} RC\dfrac{du_C}{dt}+u_C=0 \\ u_C(0_+)=U_0 \end{cases}$$

$$u_C(t)=U_S e^{-\frac{t}{RC}}$$

$$i(t)=-C\frac{du_C(t)}{dt}=\frac{U_S}{R}e^{-\frac{t}{RC}}$$

$$u_R(t)=u_C(t)=U_S e^{-\frac{t}{RC}}$$

第十二讲　一阶电路零状态响应、全响应和三要素法

【教学目的】

1．理解阶电路的零状态响应、全响应的概念。
2．能熟练运用三要素法求解动态电路。

【能力目标】

1．掌握瞬态分析的基本概念，学会利用和抑制瞬态过程，培养学生严密的逻辑思维能力。
2．通过分析动态过程在工程中的应用，培养学生的工程意识。

【教学内容】

- 一阶电路的零状态响应
- 一阶电路的全响应
- 一阶电路的三要素法

【教学重点】

1．零状态响应、全响应的概念。
2．从经典求法到三要素法的推导、总结。

【教学难点】

如何求解一阶电路的三个要素。重点讲清一阶电路三个要素的求解方法。

【教学手段】

1．从经典求解法推导、总结出三要素法。
2．通过典型例题让学生掌握三要素法求解动态电路的思路。
3．通过应用 Multisim 对动态电路进行仿真，增强学生的视觉感受，从而突破教学难点。
4．通过大量应用实例的分析，让学生掌握从实践到理论、反过来理论又能指导实践的哲学思想在电工技术课程中的应用，通过联系实际应用，拓展升华，提升学生解决问题的能力。
5．引导学生学习、搜集有关资料，通过积极思考，自己体会、探究这一领域的最新发展动态。

【设计思路】

这堂课首先从一阶电路的零输入零状态响应以及全响应的经典法求解公式推导总结三要素法。然后通过讲练的方法让学生掌握三要素法后，通过大量的工程实例将理论与实践联系起来，既让学生掌握了理论知识，又拓展了视野。

教学环节	教学行为	教学方法设计意图
复习回顾 新课导入 （5分钟）	复习回顾 1．换路定律。 2．初始值和稳态值的求解方法。 3．RC 电路的零输入响应。 4．时间常数的物理意义。 引入：RC 电路的零输入响应是电容放电的过程，那么电容充电的过程又是怎样的呢？引入一阶电路的零状态响应和全响应。	教学方法： 讨论法 设计意图： 复习引入新课。
仿真引入 零状态响应 （5分钟）	一、仿真引入：一阶电路的零状态响应 1．电容充电（即零状态响应）电路如图 5-20 所示。 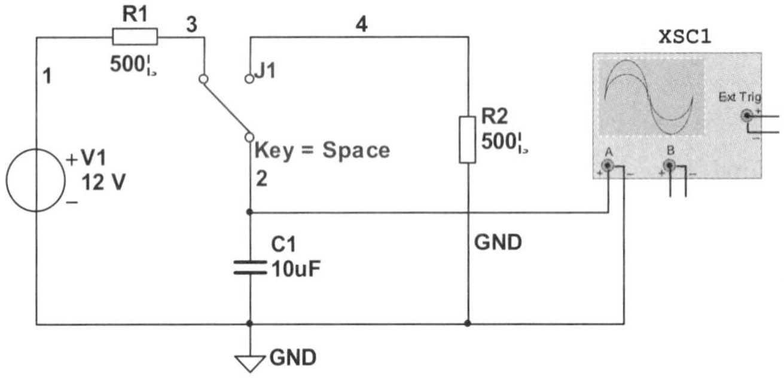 图 5-20　RC 电路零状态响应仿真图 2．用示波器观察电容充电过程如图 5-21 所示。 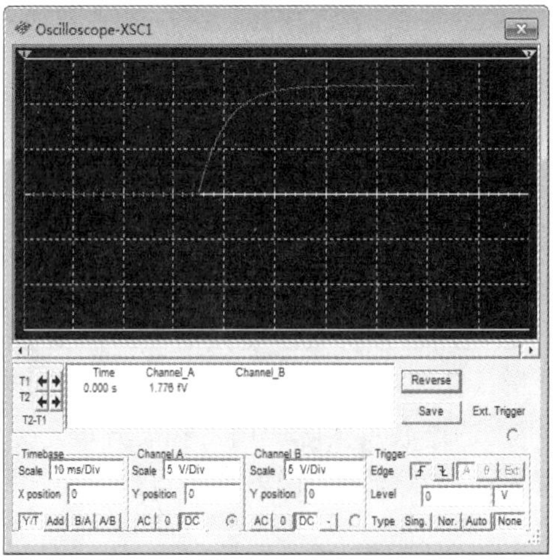 图 5-21　RC 电路零状态响应波形图	教学方法： 仿真演示法 设计意图： 应用 Multisim 对动态电路中电容的充电过程进行仿真，实现难点的突破。
重点讲解 难点分析	二、一阶电路的零状态响应 　　零状态响应：换路后动态电路中动态元件所储藏的能量为零，电路响应是由外施激励引起。零状态响应的时间常数与零输入响应的时间常数的求解相似。且零状态响应的过渡过程变化规律主要也是由时间常数	教学方法： 对比法 设计意图： 与零输入响

任务驱动 自主探究（30分钟）

来决定。

1. RC 充电电路

在图 5-22 电路中，电阻、电容以及电压源全部为已知参数，开关 S 在 $t=0$ 时刻前处于断开状态，电路处于稳态，有 $u_C(0_-)=0$。$t=0$ 时刻开关闭合。

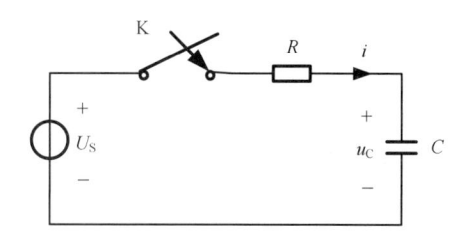

图 5-22 RC 充电电路

则换路后的 $u_C(t)$、$u_R(t)$ 以及电流 $i(t)$ 为：

列方程：$RC\dfrac{du_C}{dt}+u_C=U_S$

解方程可得：

$$u_C(t)=U_S(1-e^{-\frac{t}{RC}})=U_S(1-e^{-\frac{t}{\tau}}),$$

$$i(t)=-C\dfrac{du_C(t)}{dt}=\dfrac{U_S}{R}e^{-\frac{t}{RC}}=\dfrac{U_S}{R}e^{-\frac{t}{\tau}}$$

$$u_R(t)=U_S e^{-\frac{t}{RC}}=U_S e^{-\frac{t}{\tau}}$$

电容电压、电路电流随时间的变化规律如图 5-23 所示。

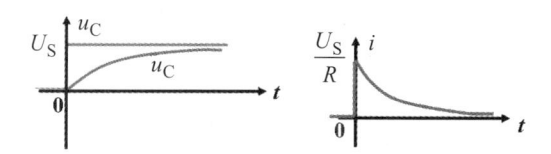

图 5-23 电容电压、电路电流随时间的变化

例 5-4 如图 5-24 所示，$t=0$ 时，开关 K 闭合，已知 $u_C(0_-)=0$，求（1）电容电压和电流，（2）$u_C=80V$ 时的充电时间 t。

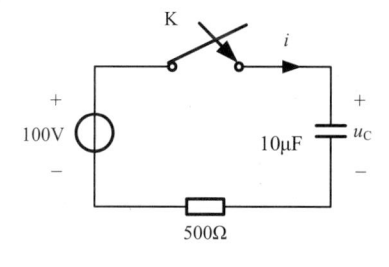

图 5-24 例 5-4 图

解：（1）这是一个 RC 电路零状态响应问题，有：

$\tau=RC=500\times 10^{-5}=5\times 10^{-3}\text{s}$

应对比来学习零状态响应。将电容的充电、放电比作水桶的储水和放水，利用幻灯演示充电、放电跟电容、电阻大小的关系。启发学生用叠加定理求全响应。

$$u_C = U_S(1-e^{-\frac{t}{RC}}) = 100(1-e^{-200t})\text{V} \quad (t \geq 0)$$

$$i = C\frac{du_C}{dt} = \frac{U_S}{R}e^{-\frac{t}{RC}} = 0.2e^{-200t}\text{A}$$

（2）设经过 t_1 秒，$u_C = 80\text{V}$

$$80 = 100(1-e^{-200t_1}) \rightarrow t_1 = 8.045\text{ms}$$

2．RL 电路的响应如图 5-25 所示。

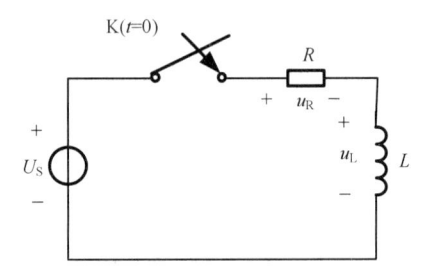

图 5-25　RL 充电电路

已知 $i_L(0-)=0$，电路方程为：$L\dfrac{di_L}{dt} + Ri_L = U_S$

解方程可得：

$$i_L = \frac{U_S}{R}(1-e^{-\frac{R}{L}t}) = \frac{U_S}{R}(1-e^{-t/\tau})$$

$$u_L = L\frac{di_L}{dt} = U_S e^{-\frac{R}{L}t} = U_S e^{-t/\tau}$$

可得曲线如图 5-26 所示。

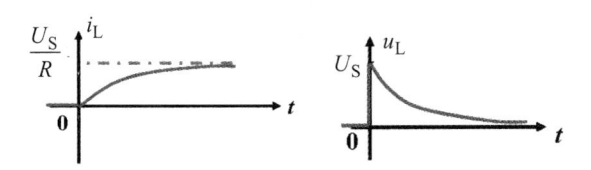

图 5-26　电感电压、电感电流随时间的变化

例 5-5　如图 5-27 所示，$t=0$ 时，开关 K 打开，求 $t>0$ 后 i_L、u_L 的变化规律。

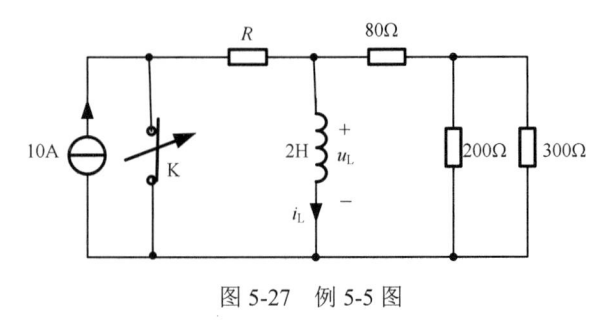

图 5-27　例 5-5 图

解： 这是一个 RL 电路零状态响应问题，当 $t \geq 0$ 时，原电路可化简如图 5-28 所示。

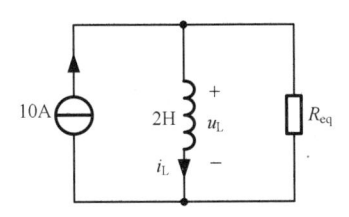

图 5-28　$t \geq 0$ 电路图

$$R_{eq} = 80 + 200 // 300 = 200\Omega$$
$$\tau = L/R_{eq} = 2/200 = 0.01\text{s}$$
$$i_L(\infty) = 10\text{A}$$
$$i_L(t) = 10(1 - e^{-100t})\text{A}$$
$$u_L(t) = 10 \times R_{eq} e^{-100t} = 2000 e^{-100t} \text{V}$$

三、仿真引入全响应

1. 全响应电路如图 5-29 所示。

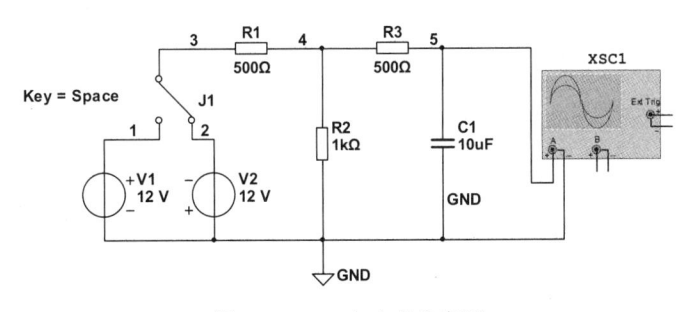

图 5-29　RC 全响应仿真图

2. 用示波器观察电容充、放电过程（即全响应）如图 5-30 所示。

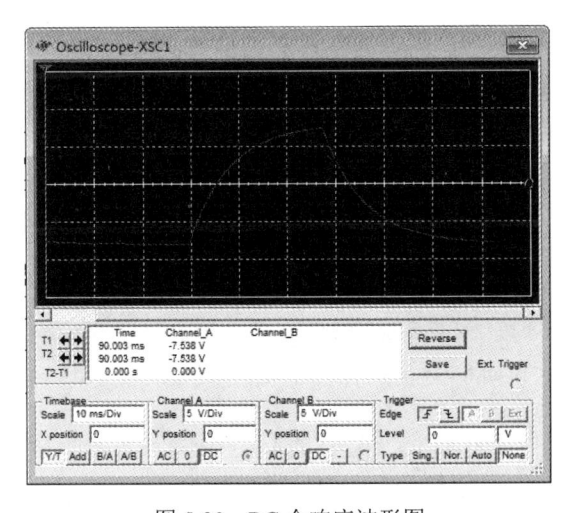

图 5-30　RC 全响应波形图

教学方法： 仿真演示法

设计意图： 应用 Multisim 对动态电路中电容的充、放电过程，即一阶电路的全响应进行仿真，实现难点的突破。

仿真引入全响应（5 分钟）

四、一阶电路的全响应

1．定义

如图 5-31 所示，为在非零状态的动态电路中，外加激励所引起的电路响应。

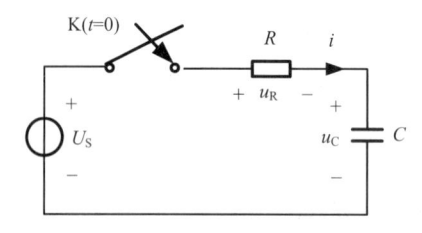

图 5-31　一阶电路的全响应

2．全响应解的组成

在图 5-31 中，电阻、电容以及电压源全部为已知参数，开关 K 在 $t=0$ 时刻闭合，开关闭合之前电路于稳态，且有 $u_C(0_-) = U_0$。

$$RC\frac{du_C}{dt} + u_C = U_S$$

则换路后的电容电压 $u_C(t)$ 为：$u_C(t) = U_S + (U_0 - U_S)e^{-\frac{1}{\tau}t}$

即全响应=强制分量（稳态解）+自由分量（暂态解）；

全响应表达为：$u_C(t) = U_0 e^{-\frac{1}{\tau}t} + U_S(1 - e^{-\frac{1}{\tau}t})$

即表示全响应=零输入响应+零状态响应，如图 5-32 所示。

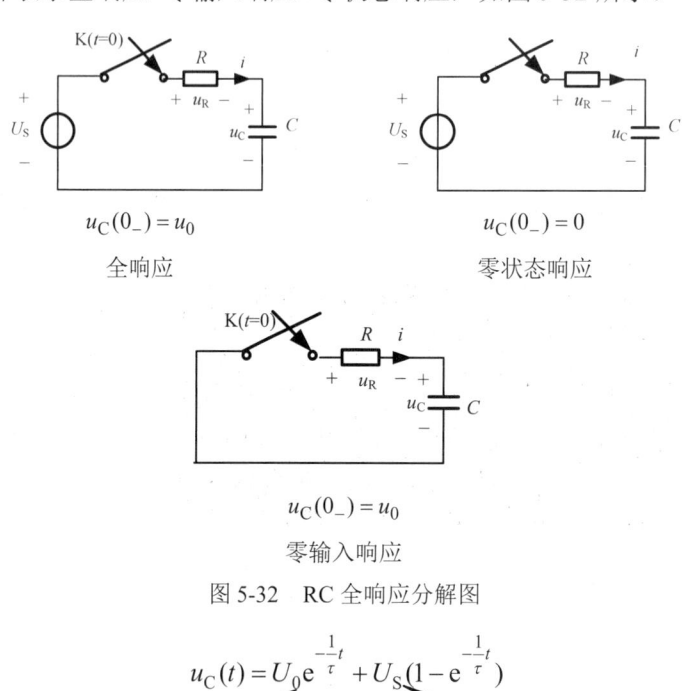

$u_C(0_-) = u_0$
全响应

$u_C(0_-) = 0$
零状态响应

$u_C(0_-) = u_0$
零输入响应

图 5-32　RC 全响应分解图

$$u_C(t) = U_0 e^{-\frac{1}{\tau}t} + U_S(1 - e^{-\frac{1}{\tau}t})$$

零输入响应　　零状态响应

重点讲解

难点分析

任务驱动

自主探究

（40分钟）

教学方法：
比较法
讲练法

设计意图：
引导学生自己总结出三要素法，比较经典求法和三要素求法的优缺点。通过例题讲清楚三要素法求解一阶动态电路的思路、步骤。并强调三要素法是求解一阶电路的重要方法。

例 5-6 如图 5-33 所示，$t=0$ 时，开关 K 打开，求 $t>0$ 后的 i_L、u_L。

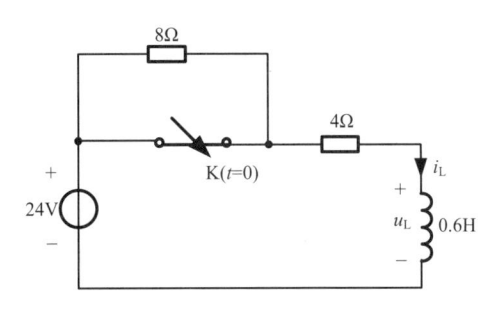

图 5-33 例 5-6 图

解：这是一个 RL 电路全响应问题，有：
$$i_L(0_-) = i_L(0_+) = 24/4 = 6A$$
$$\tau = L/R = 0.6/12 = 1/20 \text{s}$$

零输入响应：$i'_L(t) = 6e^{-20t}$ A

零状态响应：$i''_L(t) = \dfrac{24}{12}(1-e^{-20t})$ A

全响应：$i_L(t) = 6e^{-20t} + 2(1-e^{-20t}) = 2+4e^{-20t}$ A

五、三要素法

根据经典求法，一阶电路响应的通解为：

$$f(t) = f(\infty) + [f(0_+) - f(\infty)]e^{-\frac{t}{\tau}} \qquad t>0$$

三要素 $\begin{cases} f(\infty) & \text{稳态解} \Longrightarrow \text{用} t\to\infty \text{的稳态电路求解} \\ f(0_+) & \text{初始值} \Longrightarrow \text{用} 0_+ \text{等效电路求解} \\ \tau & \text{时间常数} \Longrightarrow \tau=RC \text{ 或 } \tau=L/R \end{cases}$

其中三个要素分别为所求变量的初始值 $f(0_+)$、$f(\infty)$ 和时间常数 τ。

强调：分析一阶电路问题由经典法转为求解电路的三个要素的问题。

六、三要素法求解步骤

三要素法：

$$f(t) = f(\infty) + [f(0_+) - f(\infty)]e^{-\frac{t}{\tau}}$$

$f(0_-)$ 或 $f(\infty)$ 电路，C：开路表示；L：短路表示。

$f(0_+)$ 电路：

C：若 $U_C(0_-) \neq 0$，则 C 用 $U_C(0_+)$ 电压源表示；
　　若 $U_C(0_-) = 0$，则 C 用短路表示。

L：若 $i_L(0_-) \neq 0$，则 L 用 $i_L(0_+)$ 电流源表示；
　　若 $i_L(0_-) = 0$，则 L 用开路表示。

τ：$\tau = RC$ 或 $\tau = L/R$　　（R 为从动态元件两端看出去的戴维宁等效电阻）

例 5-7 如图 5-34 所示，已知：$t=0$ 时合开关 K，求换路后的 $u_C(t)$。

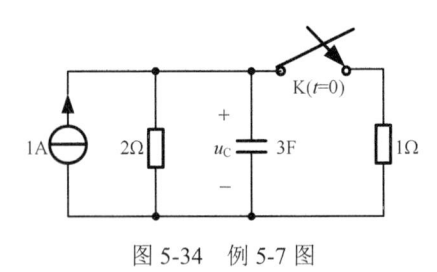

图 5-34　例 5-7 图

解：用三要素法求解：
$$u_C(0_+) = u_C(0_-) = 2\text{V}$$
$$u_C(\infty) = (2//1) \times 1 = 0.667\text{V}$$
$$\tau = R_{eq}C = \frac{2}{3} \times 3 = 2\text{ s}$$

$$u_C(t) = u_C(\infty) + [u_C(0_+) - u_C(\infty)]e^{-\frac{t}{\tau}}$$
$$u_C = 0.667 + (2 - 0.667)e^{-0.5t} = 0.667 + 1.33e^{-0.5t} \quad (t \geqslant 0)$$

u_C 的变化曲线如图 5-35 所示。

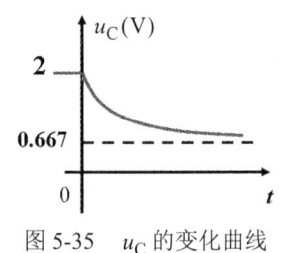

图 5-35　u_C 的变化曲线

例 5-8 如图 5-36 所示，$t=0$ 时，开关闭合，求 $t>0$ 后的 i_L、i_1、i_2。

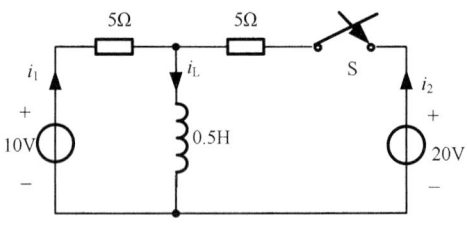

图 5-36　例 5-8 图

解：三要素为：
$$i_L(0_-) = i_L(0_+) = 10/5 = 2\text{A}$$
$$i_L(\infty) = 10/5 + 20/5 = 6\text{A}$$
$$\tau = L/R = 0.6/(5//5) = 1/5\text{s}$$

应用三要素公式：
$$i_L(t) = i_L(\infty) + [i_L(0_+) - i_L(\infty)]e^{-\frac{t}{\tau}}$$

$$i_L(t) = 6 + (2-6)e^{-5t} = 6 - 4e^{-5t} \quad (t \geq 0)$$

$$u_L(t) = L\frac{di_L}{dt} = 0.5 \times (-4e^{-5t}) \times (-5) = 10e^{-5t} \text{V}$$

$$i_1(t) = (10 - u_L)/5 = 2 - 2e^{-5t} \text{A}$$

$$i_2(t) = (20 - u_L)/5 = 4 - 2e^{-5t} \text{A}$$

例 5-9 图 5-37 电路原已达稳态，t=0 时开关 S 由 1 打向 2，试用三要素法求 $t \geq 0$ 电压 $u_C(t)$ 的变化规律。

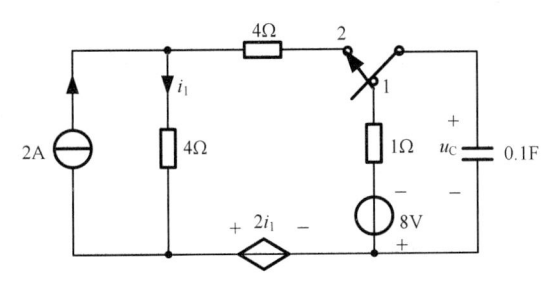

图 5-37 例 5-9 图

解： $u_C(0_+) = u_C(0_-) = -8\text{V}$

$t \geq 0$ 的戴维宁等效电路如图 5-38 所示。

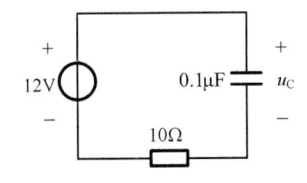

图 5-38 $t \geq 0$ 的等效电路图

由图可得：

$$u_C(\infty) = 12\text{V}$$

$$\tau = RC = 1\text{s}$$

$$u_C(t) = u_C(\infty) + [u_C(0_+) - u_C(\infty)]e^{-\frac{t}{\tau}} = (12 - 20e^{-t})\text{V}$$

| 归纳小结 拓展延伸 (5分钟) | 【本节小结】
1. 一阶电路零状态响应和全响应；
2. 一阶电路的三要素法。
【课后作业】
习题五：5-11、5-13、5-14
【思考题】
1. 为什么要引入三要素法，与经典法比较有什么优点？
2. 求解一阶电路的三要素法的步骤是什么？
【布置预习】
思考：前 5 章我们学习了直流电路，那么现实生活中譬如教室中的电源是直流电还是交流电？对于交流电路我们又该如何分析呢？ | 教学方法：讲授法
设计意图：梳理总结本堂课的知识点，培养学生的总结归纳能力。 |

教学反思	这堂课首先从一阶电路的零输入零状态响应以及全响应的经典法求解公式推导总结三要素法。然后通过讲练的方法让学生掌握三要素法后，通过大量的工程实例将理论与实践联系起来，既让学生掌握了理论知识，又拓展了视野，效果很好。

黑板板书设计：

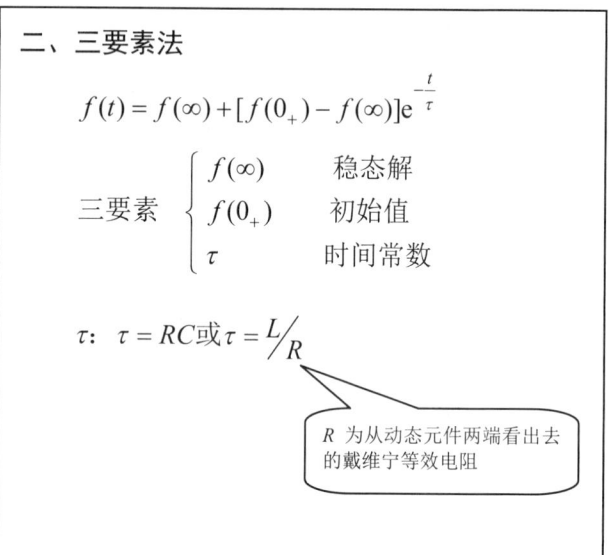

一、一阶电路的全响应（如图 5-39 所示）

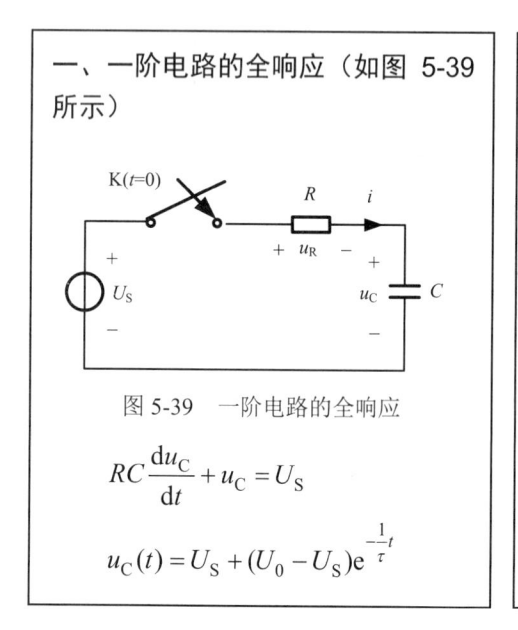

图 5-39　一阶电路的全响应

$$RC\frac{du_C}{dt} + u_C = U_S$$

$$u_C(t) = U_S + (U_0 - U_S)e^{-\frac{1}{\tau}t}$$

二、三要素法

$$f(t) = f(\infty) + [f(0_+) - f(\infty)]e^{-\frac{t}{\tau}}$$

三要素 $\begin{cases} f(\infty) & \text{稳态解} \\ f(0_+) & \text{初始值} \\ \tau & \text{时间常数} \end{cases}$

τ：$\tau = RC$ 或 $\tau = L/R$

（R 为从动态元件两端看出去的戴维宁等效电阻）

电容充放电技术在现代生活中的应用：闪光灯电路

电子闪光灯电路是一阶 RC 电路应用的一个实例，它利用了电容电压的连续性质。图 5-40 给出了一个简化的闪光灯电路，它由一个直流电压源、一个限流的大电阻 R 和一个与闪光灯并联的电容 C 等组成，闪光灯可用一个小电阻 r 等效。开关 S 处于位置 1 时，电容已充满电。当开关 S 由位置 1 切换到位置 2 时，闪光灯开始工作，但闪光灯的小电阻 r 使电容在很短的时间内放电完毕，从而达到闪光的效果。电容放电时将会产生短时间的大电流脉冲。

例： 电路如图 5-40 所示，已知闪光灯的电阻 $r = 10\Omega$，电容 $C = 2\text{mF}$，电压源的电压 $U_S = 80\text{V}$，换路前电路已处于稳态，闪光灯的截止电压为 20V。求闪光灯的闪光时间和流经闪光灯的平均电流。

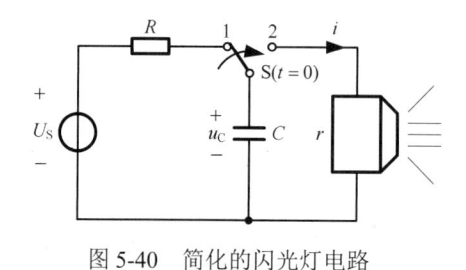

图 5-40　简化的闪光灯电路

解：根据三要素法求解电容电压

$$u_C(0_+) = u_C(0_-) = 80\text{V}$$
$$u_C(\infty) = 0$$
$$\tau = rC = 10 \times 2 \times 10^{-3} = 0.02\text{s}$$
$$u_C(t) = 0 + (80-0)e^{-\frac{t}{0.02}} = 80e^{-50t}\text{V}$$
$$i(t) = -C\frac{du_C(t)}{dt} = -2 \times 10^{-3} \times 80 \times (-50)e^{-50t} = 8e^{-50t}\text{A}$$

由于闪光灯的截止电压为 20V，因此电压 $u_C(t)$ 降至 20V 所需的时间 T 就是闪光灯的闪光时间，有

$$u_C(T) = 20 = 80e^{-50T}$$

解得

$$T = 0.0277\text{s}$$

流经闪光灯的平均电流

$$I = \frac{1}{T}\int_0^T i(t)dt = \frac{1}{0.0277}\int_0^{0.0277} 8e^{-50t}dt = 6\text{A}$$

由于简单的 RC 电路能产生短时的大电流脉冲，因而这一类电路还可用于电子电焊机、电火花加工机和雷达发射管等装置中。

第十三讲　一阶 RC 电路过渡过程的分析（实验）

【实验目的】

1．学会用虚拟仪器观察和分析电路过渡过程的响应。
2．研究 RC 一阶电路在零输入、阶跃激励和方波激励情况下，响应的基本规律和特点。
3．了解电路的时间常数对过渡过程的影响，并测定时间常数。

【能力目标】

1．培养学生的实践能力，使学生掌握基本的测量、分析和总结的实验能力，提高学生的创新能力。
2．通过实验培养卓越工程师应具备的创新能力、思维能力和动手能力。

【实验内容】

- 观察一阶 RC 电路在零输入、阶跃激励作用下的响应波形
- 测定 RC 电路的时间常数
- 观察方波激励下 RC 积分电路的输出波形

【实验重点】

通过一阶 RC 电路响应的实验，掌握时域分析电路的方法。

【实验难点】

RC 电路的时间常数的测量。

【仪器设备】

示波器、函数信号发生器、直流稳压电源、电路实验箱

【设计思路】

结合实践生活中遇到的一些实际应用，引导学生去发现电路过渡过程在许多电器设备中发生并得到广泛应用（比如电焊、照相机中的闪光灯）。选取较为常见的电容充放电、RC 电路的积分和微分电路，让学生自行设计简单的电路，通过用示波器观察波形，进行时域分析研究。使学生掌握时域分析法是电路分析方法中的一个重要方法。

教学环节	教学行为	教学方法设计意图
实验准备（5分钟）	**一、预习要求** 复习一阶 RC 电路的响应。用 Multisim 10.0 仿真软件对一阶 RC 电路积分过程、微分过程、零输入响应、零状态响应进行仿真。 **二、实验前准备** 检查学生的预习报告，学生登录，领取实验条形码	
重点讲解 难点分析 （15分钟）	**三、演示讲解** 1．示波器、交流毫伏表的应用 注意事项：示波器慢扫描的调节，交流毫伏表的量程的选择。 2．RC 电路的积分过程 按图 5-41 接线，函数信号发生器选用方波输出、频率为 1kHz、幅度为 $1V_{PP}$。 在方波信号作用下，分别观察 $u_C(t)$ 的波形，并填入表 5-1 中。 图 5-41　积分电路 表 5-1　实验数据 |	参数设置	时间常数 $\tau = RC$	$u_C(t)$ 的波形 | |---|---|---|---|
1	$u_S(t)$ 的波形		
	$R = 510\Omega$ $C = 0.1\mu F$				**教学方法：** 演示法 探究法 **设计意图：** 实验教学是整个教学过程中的一个重要环节，是培养学生科学实验能力的重要手段。目的是使学生熟悉仪器仪表的使用，掌握实验的一般方法和步骤。培养学生独立分析问题、解决问题的能力和实验技能，激发学生积极参与实验的兴趣和认真完成实验的主观能动性。

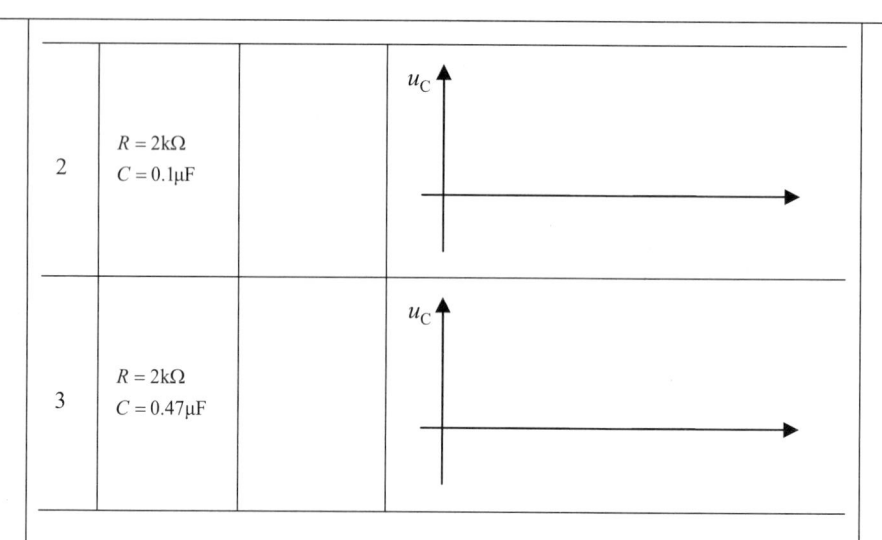

2	$R = 2\text{k}\Omega$ $C = 0.1\mu\text{F}$		u_C 波形图
3	$R = 2\text{k}\Omega$ $C = 0.47\mu\text{F}$		u_C 波形图

3. RC 电路的微分过程

按图 5-42 接线，函数信号发生器选用方波输出、频率为 1kHz、幅度为 $1V_{PP}$。在方波信号作用下，分别观察 $u_C(t)$ 的波形，并填入表 5-2 中。

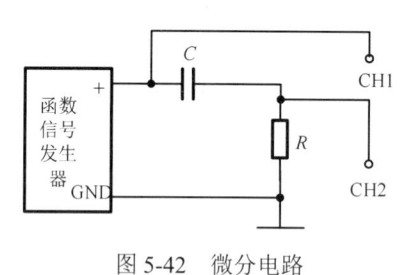

图 5-42 微分电路

表 5-2 实验波形

参数设置	时间常数 $\tau = RC$	$u_C(t)$ 的波形
$u_S(t)$ 的波形		u_S 方波波形
1	$R = 510\Omega$ $C = 0.1\mu\text{F}$	u_R 波形

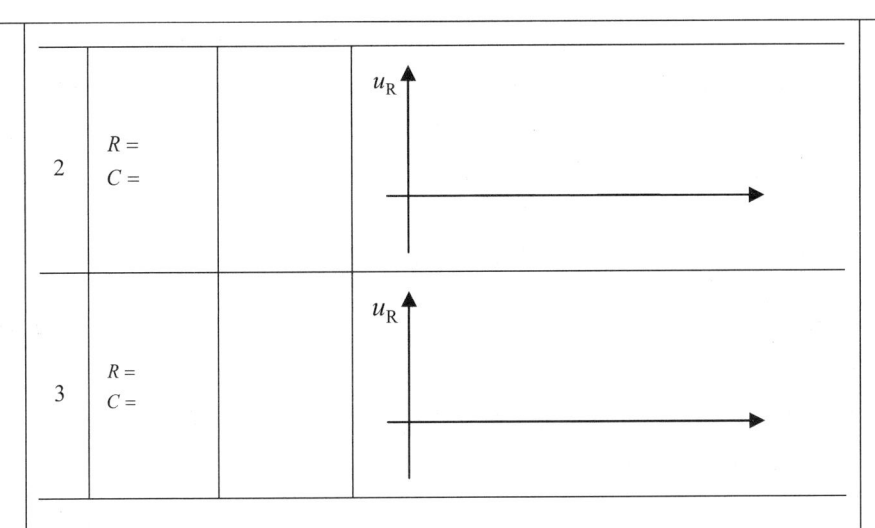

2	$R=$ $C=$		(坐标轴 u_R 波形)
3	$R=$ $C=$		(坐标轴 u_R 波形)

4．一阶 RC 电路的零状态和零输入响应

如图 5-43 接线，调节示波器"秒/格"至慢扫描（2.5s）观察零状态和零输入响应。记录波形于表 5-3 中。

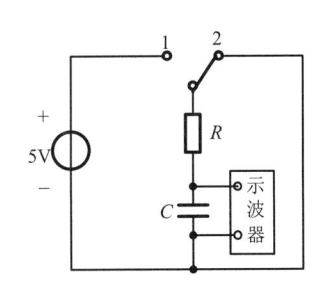

图 5-43 零状态和零输入响应

表 5-3 实验波形

	参数设置	零输入响应 $u_C(t)$ 的波形	零状态响应 $u_C(t)$ 的波形
1	$R=1\text{k}\Omega$ $C=$		
2	$R=1\text{k}\Omega$ $C=$		

独立完成实验（70分钟）

四、学生独立完成实验，教师进行适当的辅导

学生在预习时应用 Multisim 对动态电路进行仿真，通过演示直观的动态过程让学生进一步理解动态电路的求解。在实验前通过介绍数码照相机闪光灯，让学生理解闪光灯闪光的过程其实就是 RC 的充放电的动态过程，引入新课大量列举生活实例：电梯接近开关、延时电路、电容分压的可调照明电路，让学生了解电容充放电技术在现代生活中的应用。

课程研究性教学的三个环节形成了学习能力和创新能力的渐进式培养模式：①通过启发式和讨论式的课堂教学使学生初步理解和掌握

教学方法：
实践法
探究法

设计意图：
通过实验达到对学生的观察和实验能力的培养，能使学生掌握正确的电

理论内容；②通过实验使理论内容得到验证和深化；③通过科研训练既可以使知识得到应用、能力得到提高，又可以促进后续学习。这一模式符合人类的具体—抽象—具体认知过程，不仅使学生学到了理论知识，更重要的是使学生带着浓厚的兴趣掌握了学习方法和应用方法。 　　通过一学期的电工理论学习和实验训练，培养了学生作为一名卓越工程师应具备的创新能力、思维能力和动手能力。 　五、检查学生的实验结果，给出实验成绩 【课后作业与思考题】 　1. 实验报告。 　2. 测量时间常数时，为什么要使方波的周期 $T>8\tau$，当 $T<8\tau$ 时会出现什么问题？T 是否越大越好？	量测量方法，通过分析实验数据和现象总结一定的规律，达到由现象到本质的飞跃。使学生掌握运用理论知识解决实践当中出现的问题，达到由理论到实践，再到理论的目的。

第十四讲　正弦量的三要素及相量表示

【教学目的】

1．掌握正弦交流电的基本概念。
2．了解正弦交流电的相量表示法的物理意义，用相量图法辅助相量分析。
3．熟悉我国的工频和电气设备的额定值，在实际生活中能合理使用电器设备。

【能力目标】

1．掌握相量法的思想。培养学生利用新手段、新方法探索问题的求解能力，提升学生的创新意识。
2．使学生学会处理复杂问题时采用化繁为简（变难为易）的思想。

【教学内容】

- 正弦交流电的基本概念
- 正弦交流电的相量表示法

【教学重点】

1．正弦量与相量的区别：重点讲清相量只是正弦量的一种表达形式。
2．正弦量与相量的运算规则：重点讲清如何将正弦量代数和、积分、微分转化为相量的运算。

【教学难点】

正弦电路的相量计算：加强相量运算能力的练习。

【教学手段】

1．从生活用电大部分是正弦交流电引出这一章正弦交流电路，讨论正弦交流电的特点。
2．为什么正弦量要用相量来表示？怎样用相量来表示正弦量？相量等于正弦量吗？通过设置问题，使学生用已有的知识去分析新问题，理解和接受新知识，把培养学生的主动思维能力作为侧重点。

【设计思路】

整理线索：前两章是直流，现实生活中电源除了直流，大部分还是正弦交流电，那么正弦交流电又怎样来分析呢？复习正弦量的特点，复习复数。给出一个简单 RC 电路，接入正弦交流电，已知电源电压和电阻电压，求电容上的电压。在求解过程中要用到复杂的三角函数变换，很麻烦，引导学生联想复数和三角函数的关系引出相量法。求解时将三角函数的计算变为相量计算，掌握相量法。

教学环节	教学行为	教学方法 设计意图
复习回顾 新课导入 (10分钟)	整理线索：电路分为三部分——电源、中间环节、负载。第1至5章电源的直流部分讲完了，接下来就是交流电源了。 提问：我国日常用电是哪种交流电？ 　　　为什么要采用正弦交流电？ 　　　直流电与交流电的区别？ 解析：（1）正弦稳态电路在电力系统和电子技术领域占有十分重要的地位。 （2）正弦信号是一种基本信号，任何变化规律复杂的信号可以分解为按正弦规律变化的分量。 结论：对正弦电路的分析研究具有重要的理论价值和实际意义。	教学方法： 对比法 设计意图： 从教室的照明用电引导学生进入正弦交流电。强调研究正弦电路的意义。
重点讲解 难点分析 任务驱动 自主探究 (20分钟)	一、正弦交流电的基本概念 1．正弦量的三要素 ①角频率——频率、周期。 拓展：*电网频率：中国 50 Hz；美国、日本 60 Hz 　　　*有线通讯频率：300～5000 Hz 　　　*无线通讯频率：30 kHz～3×10^4 MHz ②最大值—有效值。 有效值与最大值之间是 $\frac{1}{\sqrt{2}}$ 的关系，如 $I=I_m\frac{1}{\sqrt{2}}$。 通常所说的交流电压、电流的大小以及一般交流测量仪表所指示的电压和电流的数值都是指其有效值。 ③初相位——相位、相位差。 2．正弦量的相位差 设 $u(t)=U_m\sin(\omega t+\varphi_u)$　　$i(t)=I_m\sin(\omega t+\varphi_i)$ 相位差：$\varphi=(\omega t+\varphi_u)-(\omega t+\varphi_i)=\varphi_u-\varphi_i$　（初相角之差） $\varphi>0$，u 超前（领先）i，或 i 滞后（落后）u。 $\varphi<0$，i 超前（领先）u，或 u 滞后（落后）i。 例 6-1　计算下列两正弦量的相位差。 （1）$i_1(t)=10\cos(100\pi t+3\pi/4)$ 　　　$i_2(t)=10\cos(100\pi t-\pi/2)$ 解：$\varphi=3\pi/4-(-\pi/2)=5\pi/4>\pi$ 所以相位差为：$\varphi=5\pi/4-2\pi=-3\pi/4$ （2）$i_1(t)=10\cos(100\pi t+30°)$ 　　　$i_2(t)=10\sin(100\pi t-15°)$ 解：$i_2(t)=10\cos(100\pi t-105°)$ 　　$\varphi=30°-(-105°)=135°$	教学方法： 讲授法 设计意图： 系统复习正弦量和复数的概念，尤其是复数的几种表示方法的相互转换，为后面的相量法打基础。联系实际生活中的正弦电让学生觉得学有所用，从而提高学生的工程应用能力。

（3）$u_1(t) = 10\cos(100\pi t + 30°)$
$u_2(t) = 10\cos(200\pi t + 45°)$

解：$\omega_1 \neq \omega_2$，不能比较相位差。

（4）$i_1(t) = 5\cos(100\pi t - 30°)$
$i_2(t) = -3\cos(100\pi t + 30°)$

解：$i_2(t) = 3\cos(100\pi t - 150°)$
$\varphi = -30° - (-150°) = 120°$

注意：两个正弦量进行相位比较时应满足同频率、同函数、同符号，即同一形式，且在主值范围比较。

常用转换公式：

（1）$i(t) = I_m \sin(\omega t) = I_m \cos(\omega t - 90°)$

（2）$i(t) = -I_m \cos(\omega t) = I_m \cos(\omega t \pm 180°)$

3. 复数的几种表示法及其计算

$A = a + jb$（$j = \sqrt{-1}$ 为虚数单位）（如图 6-1 所示）

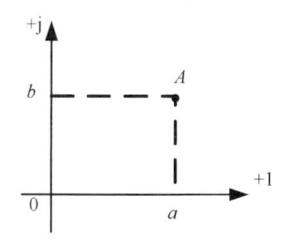

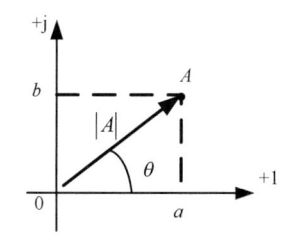

几何意义：复平面上的一个点　　几何意义：复平面上一个有向线段

图 6-1　复数的坐标图

复数的四种形式：

$A = a + jb$ （代数形式）

$A = |A| e^{j\theta}$ （指数形式）

$A = |A| e^{j\theta} = |A| \angle \theta$ （极坐标形式）

$A = |A|\cos\theta + |A|\sin\theta$ （三角形式）

例 6-2　$5\angle 47° + 10\angle -25° = ?$

解：$5\angle 47° + 10\angle -25° = (3.41 + j3.657) + (9.063 - j4.226)$
$= 12.47 - j0.569 = 12.48\angle -2.61°$

例 6-3　$220\angle 35° + \dfrac{(17 + j9)(4 + j6)}{20 + j5} = ?$

解：原式 $= 180.2 + j126.2 + \dfrac{19.24\angle 27.9° \times 7.211\angle 56.3°}{20.62\angle 14.04°}$
$= 180.2 + j126.2 + 6.728\angle 70.16°$
$= 180.2 + j126.2 + 2.238 + j6.329$
$= 182.5 + j132.5 = 225.5\angle 36°$

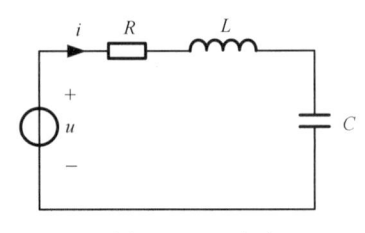

重点讲解 难点分析 任务驱动 自主探究 （30分钟）	二、为什么正弦量要用相量来表示？ **引例**：给出一个简单 RC 电路，如图 6-2 所示，接入正弦交流电，已知电源电压和电阻电压，求电容上的电压。 图 6-2 RC 电路 正弦电路电压、电流都是随时间按正弦规律变化的函数。在含有电感和(或)电容的正弦电路中，电路方程是含有微积分形式的方程。因此，在时域内对正弦电路进行分析时，需要建立含微积分的电路方程，分析过程如下所示。 正弦电 → 建立电路微分方程 → 得时域响应式 正弦函数微积分或几个同频率正弦函数相加减的结果仍是同频率正弦量。 **思考**：能否用一种简单的数学变换方法，以避免繁琐的三角函数及微积分运算？引出相量法。 因同频的正弦量相加仍得到同频的正弦量，故只要确定初相位和有效值（或最大值）就行了。联想到复数，复数也包含一个模和一个幅角，因此，可以把正弦量与复数对应起来，以复数计算来代替正弦量的计算，使计算变得较简单。 正弦量 ↔ 复数 实际变换的是思想 **提问**：为什么正弦量可以用相量来表示？ **引入**：正弦函数是相量的虚部，所有的正弦函数的计算都可用相量的虚部进行计算，引入相量法。 首先给出一个 RC 单回路电路，电源是正弦量，在列 KVL 方程时把正弦量的计算计算转换成相量的计算，讲解相量法的理念。	教学方法： 任务驱动法 讨论法 设计意图： 通过给出一实际电路，要求求出电容电压。让学生觉得直接在时域电路中求解，要解微分方程并进行复杂的三角函数计算，很困难，如果将正弦量转换成相量来计算就简单得多，进一步使学生学会处理复杂问题时采用化繁为简（变难为易）的思想，并体会相量法的优越性。
重点讲解 难点分析 任务驱动	三、用相量表示正弦量 在频率已知的情况下，正弦量可以用相量来表示。如：$i(t) = I_m \sin(\omega t + \psi_i)$，则有效值相量为 $\dot{I} = I e^{j\varphi_i}$，最大值相量为 $\dot{I}_m = I_m e^{j\varphi_i}$。 因相量是复数，则可用复平面图来表示。在相量法分析中，把描述相量的复平面图称为相量图。 **注意**：相量只表示正弦量，相量不等于正弦量。	教学方法： 对比法 讲练法 设计意图： 强调相量只是表示正弦量，它并不等于正弦量。黑

自主探究（25分钟）	判断：把学生在作业中经常写错的表达式在黑板上板书出来，让学生判断其正确性。 提问：$i = 5\sin(\omega t - 30°) = 5e^{j(-30°)}$ A $\quad\quad\quad U = 10\angle 30°$ V $\quad\quad\quad \dot{U} = 220\sin(\omega t + 30°)$ V 是否正确？ 总结：电压电流的瞬时值、有效值、幅值、有效值相量、幅值相量都有规范写法，不能乱写。 |	瞬时值	有效值	幅值	有效值相量	幅值相量
电压	u	U	U_m	$\dot{U}$	$\dot{U}_m$
电流	i	I	I_m	$\dot{I}$	$\dot{I}_m$ | 例 6-4 已知：$i = 141.4\cos(314t + 30°)$ A $\quad\quad\quad\quad\quad u = 311.1\cos(314t - 60°)$ V 试用相量表示 i，u。 解：$\dot{I} = 100\angle 30°$ A $\quad\quad\dot{U} = 220\angle -60°$ V 例 6-5 已知 $\dot{I} = 50\angle 15°$ A，$f = 50$Hz，试写出电流的瞬时值表达式。 解：$i = 50\sqrt{2}\cos(314t + 15°)$ A 其中：$\omega = 2\pi f = 314$ rad/s	板书规范写法,纠正学生作业中经常出现的错误。在黑板上详细推导用相量运算表示正弦量的运算。帮助学生理解相量法的本质。
	四、用相量运算表示正弦量的运算 1．同频率正弦量的代数和：它仍然是一个同频率的正弦量，其代数和的相量等于 n 个正弦量相应相量的代数和。 2．正弦量的微分：它仍然是一个同频率的正弦量，正弦量微分的相量等于正弦量相量乘以 $j\omega$。 3．正弦量的积分：它仍然是一个同频率的正弦量，正弦量积分的相量等于正弦量相量除以 $j\omega$。 例 6-6 $u_1(t) = 6\sqrt{2}\sin(314t + 30°)$ V $\quad\quad\quad u_2(t) = 4\sqrt{2}\sin(314t + 60°)$ V 求：$u(t) = u_1(t) + u_2(t) = ?$ 解：先将正弦量的计算转化为相量的计算： $\dot{U}_1 = 6\angle 30°$ V $\dot{U}_2 = 4\angle 60°$ V $\dot{U} = \dot{U}_1 + \dot{U}_2 = 6\angle 30° + 4\angle 60° = 5.196 + j3 + 2 + j3.464$ $\quad\quad = 7.196 + j6.464 = 9.67\angle 41.9°$ V $\therefore u(t) = u_1(t) + u_2(t) = 9.67\sqrt{2}\sin(314t + 41.9°)$ V	

归纳小结拓展延伸（5分钟）	【本节小结】 1. 正弦量的三要素； 2. 正弦交流电与相量的关系； 3. 正弦交流电的表示法。 【课后作业】 习题6：6-1、6-2、6-3、6-4 【思考题】 相量法的的优越性是什么？ 【布置预习】 相量法的分析基础和阻抗的串联与并联。	教学方法： 比较法 设计意图： 复习总结本堂课的重点，使学生体会到本节课学习的收获感。
教学反思	本堂课通过使用任务驱动法和探索法，通过给出一实际电路，要求求出电容电压，让学生觉得直接在时域电路中求解要解微分方程并进行复杂的三角函数计算，很困难，如果将正弦量转换成相量来计算就简单得多，这样使学生学会处理复杂问题时采用化繁为简（变难为易）的思想。讨论为什么要引入相量法，怎样将正弦量表示成相量。经过这一连串的提问引导学生深刻理解相量法，效果很好。	

黑板板书设计：

规范写法：

	瞬时值	有效值	幅值	有效值相量	幅值相量
电压	u	U	U_m	$\dot{U}$	$\dot{U}_m$
电流	i	I	I_m	$\dot{I}$	$\dot{I}_m$

1. 同频正弦量的代数和仍为一同频正弦量

$$i = i_1 + i_2$$
$$\dot{I} = \dot{I}_1 + \dot{I}_2$$

2. 正弦量对时间的求导

$$i = \sqrt{2}I\cos(\omega t + \varphi_i) \Rightarrow \dot{I} = I\angle\varphi_i$$
$$\frac{di}{dt} \Rightarrow j\omega\dot{I}$$

3. 正弦量的积分

$$i = \sqrt{2}I\cos(\omega t + \varphi_i) \Rightarrow \dot{I} = I\angle\varphi_i$$
$$\int i dt \Rightarrow \frac{\dot{I}}{j\omega}$$

第十五讲　相量法的分析基础和阻抗的串联与并联

【教学目的】

1．掌握单一参数交流电路的分析法。
2．深刻理解电路定律的相量形式；

【能力目标】

掌握 R、L、C 串联交流电路的特点，推导出一般交流电路的分析方法，培养学生分析实际交流电路的能力。

【教学内容】

- 电路元件伏安关系的相量形式
- 基尔霍夫定律的相量形式
- 阻抗的串联和并联

【教学重点】

1．简单的正弦稳态电路：重点讲清正弦稳态电路中电容、电感的电压与电流的相位关系。
2．基尔霍夫定律的相量形式：重点讲清正弦稳态电路中相量运算与以前直流电路中的电量运算的区别，强调相量不仅有大小还有方向。

【教学难点】

1．电感元件和电容元件的相量运算形式。
2．电路的相量图。

【教学手段】

1．在黑板上从电阻、电容、电感的时域形式推算出相量形式，并着重分析电阻电压与电流同相，电感电压超前电流 90°，电容电压滞后电流 90°。
2．在 PPT 上给出描述时域电路的微分方程和相量模型的代数方程让学生充分理解相量法的优越性。
3．运用对比法与电阻电路中电阻的串联和并联相对比去学习阻抗串联和并联。

【设计思路】

在复习巩固相量法后，在黑板上从电阻、电容、电感的时域形式推算出相量形式，并着重分析电阻电压与电流同相，电感电压超前电流 90°，电容电压滞后电流 90°。然后对比直流电路中的基尔霍夫定律，推导出交流电路中的基尔霍夫定律是电压、电流的相量和为零，而不是有效值为零。最后运用对比法将直流电路中的电阻串联、并联时的关系辐射到正弦交流电路中。

教学环节	教学行为	教学方法 设计意图
复习回顾 新课导入（5分钟）	提问：正弦量的三要素是什么？为什么正弦量可以用相量来表示？正弦量怎样用相量来表示？正弦量的计算怎样转换为相量的计算？ 通过找学生代表回答来了解学生的掌握情况，从直流到交流，建立起相量法的思想是关键，同时也是难点。 从直流电阻的串并联引导学生过渡到交流阻抗的串并联。	教学方法：讨论法 设计意图：让学生深刻理解相量法的思想。对比直流电阻来学习交流阻抗。培养学生对比联想举一反三的学习能力。
重点讲解 难点分析 任务驱动 自主探究（35分钟）	一、电路元件伏安关系的相量形式 1. 电阻元件 时域形式的伏安关系为：$u = Ri$。 则对应相量形式伏安关系为：$\dot{U} = R\dot{I}$，即电阻元件电压与电流同相（如图6-3所示）。 图6-3 电阻元件的电压电流相量图 2. 电感元件 时域形式的伏安关系为：$u = L\dfrac{\mathrm{d}i}{\mathrm{d}t}$。 相量形式伏安关系为：$\dot{U} = \mathrm{j}\omega L \dot{I}$，电压超前电流90°（如图6-4所示）。 图6-4 电感元件的电压电流相量图	教学方法：讲授法 设计意图：在黑板上板书推导并强调三个元件的相位关系。强调基尔霍夫定律的相量形式是电压电流的相量代数和为零，而不是有效值的代数和为零。给出描述时域电路的微分方程和相量模型的代数方程，让学生充分理解相量法的优越性。

3．电容元件

时域形式的伏安关系为：$i = C\dfrac{\mathrm{d}u}{\mathrm{d}t}$。

相量形式伏安关系为：$\dot{I} = \mathrm{j}\omega C\dot{U}$（如图 6-5 所示）。

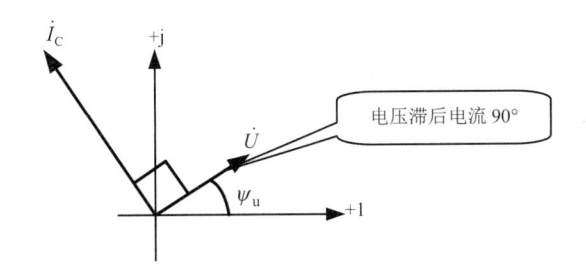

图 6-5　电容元件的电压电流相量图

二、基尔霍夫定律的相量形式

1．KCL 的相量形式：$\sum \dot{I} = 0$　　（对任一结点）。

2．KVL 的相量形式：$\sum \dot{U} = 0$　　（对任一回路）。

强调：举例说明是 $\sum \dot{I} = 0$，而不是 $\sum I = 0$。

例 6-5　已知：图 6-6 所示电路中电压有效值 U_R=6V，U_L=18V，U_C=10V。求 U=？

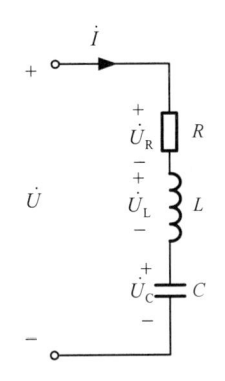

图 6-6　例 6-5 图

解：设：$\dot{I} = I\angle 0°$（参考相量）

$\dot{U}_R = 6\angle 0°$　$\dot{U}_L = 18\angle 90°$　$\dot{U}_C = 10\angle -90°$

$\dot{U} = \dot{U}_R + \dot{U}_L + \dot{U}_C = 6 + \mathrm{j}18 - \mathrm{j}10$

$\quad\ = 6 + \mathrm{j}8 = 10\angle 53.1°$ V

∴　$U = 10$V

例 6-6　如图 6-7 所示，已知电流表读数：$A_1 = 8A$，$A_2 = 6A$。

若（1）$Z_1 = R$，$Z_2 = -\mathrm{j}X_C$，$A_0 = ?$

（2）$Z_1 = R$，Z_2 为何参数，$A_0 = I_{0\max} = ?$

（3）$Z_1 = \mathrm{j}X_L$，Z_2 为何参数，$A_0 = I_{0\min} = ?$

（4）$Z_1 = \mathrm{j}X_L$，Z_2 为何参数，$A_0 = A_1$，$A_2 = ?$

图 6-7 例 6-6 图

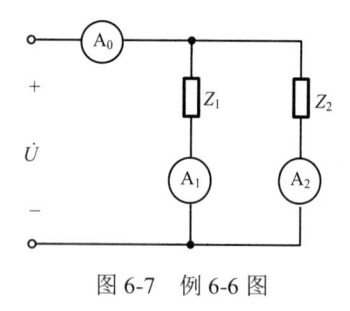

解：画出相量图如图 6-8 所示。

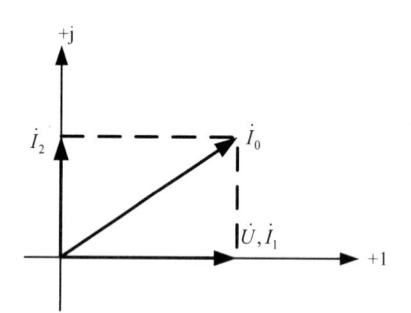

图 6-8 电流相量图

（1）$I_0 = \sqrt{8^2 + 6^2} = 10\text{A}$

（2）Z_2 为电阻，$I_{0\max} = 8 + 6 = 14\text{A}$

（3）$Z_2 = jX_C$，$I_{0\min} = 8 - 6 = 2\text{A}$

（4）$Z_2 = jX_C$，$I_0 = I_1 = 8\text{A}$，$I_2 = 16\text{A}$

例 6-7 图 6-9 示电路 $I_1 = I_2 = 5\text{A}$，$U = 50\text{V}$，总电压与总电流同相位，求 I、R、X_C、X_L。

图 6-9 例 6-7 图

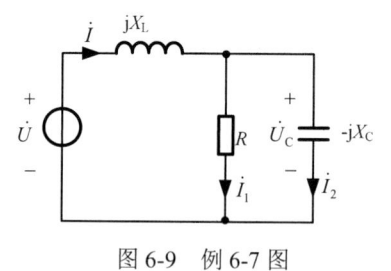

解：设：$\dot{U}_C = U_C \angle 0°$

$\dot{I}_1 = 5\angle 0°$，$\dot{I}_2 = j5$

$\dot{I} = 5 + j5 = 5\sqrt{2} \angle 45°$

$\dot{U} = \dot{I}jX_L + \dot{U}_C = (5 + j5) \times jX_L + 5R = -5X_L + 5R + j5X_L$

令等式两边实部等于实部，虚部等于虚部：

$5X_L = 50/\sqrt{2}$ 得 $X_L = 5\sqrt{2}$

$$5R = \frac{50}{\sqrt{2}} + 5 \times 5\sqrt{2} = 50\sqrt{2} \quad 得:\ R = X_C = 10\sqrt{2}\,\Omega$$

三、电路的时域形式和相量形式（如图 6-10）

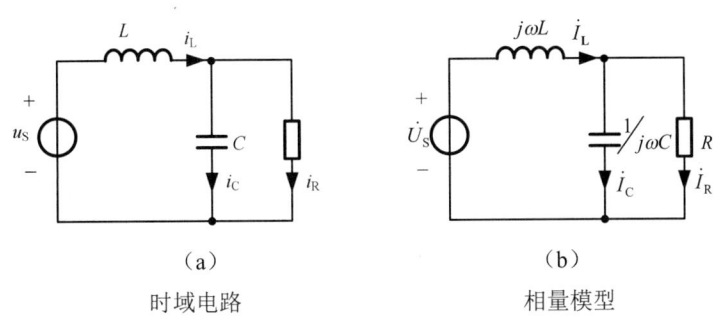

图 6-10 电路

（a）时域电路　　（b）相量模型

时域列写微分方程：
$$\begin{cases} i_L = i_C + i_R \\ L\dfrac{di_L}{dt} + \dfrac{1}{C}\int i_C dt = u_S \\ Ri_R = \dfrac{1}{C}\int i_C dt \end{cases}$$

相量形式代数方程：
$$\begin{cases} \dot{I}_L = \dot{I}_C + \dot{I}_R \\ j\omega L\dot{I}_L + \dfrac{1}{j\omega C}\dot{I}_C = \dot{U}_S \\ R\dot{I}_R = \dfrac{1}{j\omega C}\dot{I}_C \end{cases}$$

从以上可以看出，运用相量法求解可以从求微分方程变成求代数方程。

例 6-8 图 6-11 所示电路，已知 $u(t) = 120\sqrt{2}\cos(5t)$，求：$i(t)$。

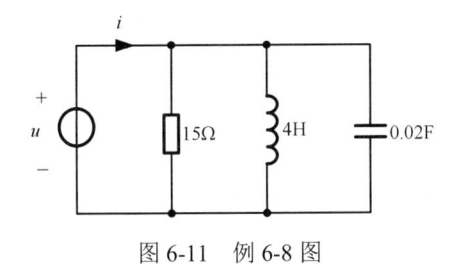

图 6-11　例 6-8 图

解：首先要将电路的时域形式变为相量形式，如图 6-12 所示。

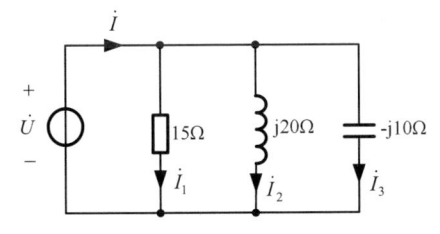

图 6-12　电路的相量形式

$$\dot{U} = 120\angle 0°$$
$$jX_L = j4 \times 5 = j20\,\Omega$$

$$-jX_C = -j\frac{1}{5\times 0.02} = -j10\,\Omega$$

$$\dot{I} = \dot{I}_R + \dot{I}_L + \dot{I}_C = \frac{\dot{U}}{R} + \frac{\dot{U}}{jX_L} + \frac{\dot{U}}{-jX_C}$$

$$= 120\left(\frac{1}{15} + \frac{1}{j20} - \frac{1}{j10}\right)$$

$$= 8 - j6 + j12 = 8 + j6 = 10\angle 36.9°\,\text{A}$$

$$i(t) = 10\sqrt{2}\cos(5t + 36.9°)\,\text{A}$$

四、阻抗和导纳

无源一端口电路，其端口电压、电流为：$u(t) = U_m\sin(\omega t + \psi_u)$，$i(t) = I_m\sin(\omega t + \psi_i)$。则一端口电路的阻抗：$Z = \dot{U}/\dot{I}$，导纳：$Y = \dot{I}/\dot{U}$，它与阻抗互为倒数。

阻抗 Z 是复数，它还可表示为：$Z = R + jX$。

当 $X > 0$，电路呈感性；

当 $X = 0$，电路呈阻性；

当 $X < 0$，电路呈容性。

注意：阻抗是电压相量与电流相量的比值，而不是电压有效值与电流有效值的比值，注意与直流电路的区别。

五、阻抗的串联

1. 等效阻抗：n 个阻抗串联的等效阻抗等于各个串联阻抗之和。
2. 性质：阻抗串联，电压按阻抗成正比分配，即：

$$\dot{U}_k = \frac{Z_k}{Z_{eq}}\dot{U} \quad (k=1,\cdots,n)$$

提问：两个阻抗串联，什么情况下满足 $U = U_1 + U_2$？

六、阻抗的并联

1. 等效导纳：n 个导纳并联的等效导纳等于各个并联导纳之和。
2. 性质：阻抗（导纳）并联，电流按阻抗成反比分配（或按导纳成正比分配），即：

$$\dot{I} = \frac{Z_{eq}}{Z_k}\dot{I} = \frac{Y_k}{Y_{eq}}\dot{I} \quad (k=1,\cdots,n)$$

提问：两个阻抗并联，什么情况下满足 $I = I_1 + I_2$？

例 6-9 求图 6-13 所示电路的等效阻抗，$\omega = 10^5\,\text{rad/s}$。

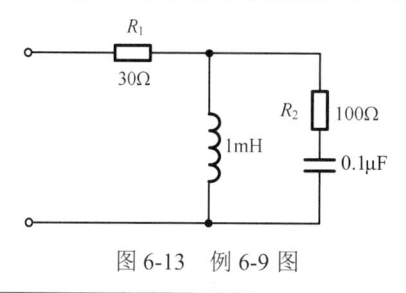

图 6-13 例 6-9 图

教学方法：
比较法
讲授法
设计意图：
强调阻抗和导纳是相量的比值，而不是有效值的比值。

教学方法：
对比法
讲练法
设计意图：
与电阻电路相对比学习。讲清相量法的解题思路。推导出一般交流电路的分析方法，培养学生分析实际交流电路的能力。

重点讲解 难点分析 任务驱动 自主探究（25分钟）

解：感抗和容抗为：
$$X_L = \omega L = 10^5 \times 1 \times 10^{-3} = 100\Omega$$
$$X_C = \frac{1}{\omega C} = \frac{1}{10^5 \times 0.1 \times 10^{-6}} = 100\Omega$$
$$Z = R_1 + \frac{jX_L(R_2 - jX_C)}{jX_L + R_2 - jX_C} = 30 + \frac{j100 \times (100 - j100)}{100}$$
$$= 130 + j100\Omega$$

例 6-10　图 6-14 所示电路对外呈现感性还是容性？

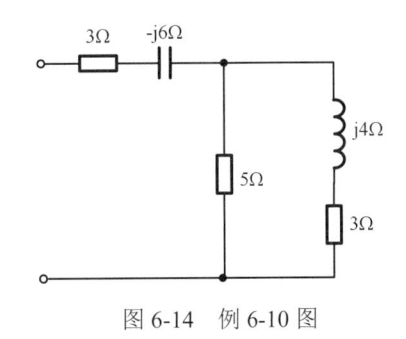

图 6-14　例 6-10 图

解：等效阻抗为：
$$Z = 3 - j6 + \frac{5(3+j4)}{5+(3+j4)}$$
$$= 3 - j6 + \frac{25\angle 53.1°}{8+j4} = 5.5 - j4.75\Omega$$

因为阻抗的虚部为负值，所以阻抗呈容性。

小结：正弦交流电路的一般解题步骤：
1．根据原电路图画出相量模型图。
2．根据相量模型列出相量方程或画相量图。
3．用复数分析法或相量图求解。
4．将结果变换成要求的形式。

七、电路的相量图法

相量图法：未知结果，定性画出各相量，作图求解。

相量图法步骤：

1. 选取参考相量：$\begin{cases} 串联电路选电流 \\ 并联电路选电压 \end{cases}$

2. 由元件和支路的电压、电流相量关系，逐步画相量；

元件 $\begin{cases} R：电压与电流同相 \\ L：电压超前电流 90° \\ C：电流超前电压 90° \end{cases}$　支路 $\begin{cases} RL 支路：电压超前电流 \varphi 角 \\ RC 支路：电流超前电压 \varphi 角 \\ 0° < \varphi < 90° \end{cases}$

3. 由图中所表示的几何关系，求各电压、电流。

例 6-11　求图 6-15 所示电路中 A、A_4 两表的读数。

已知：I_1=5A，I_2=18A，I_3=13A。

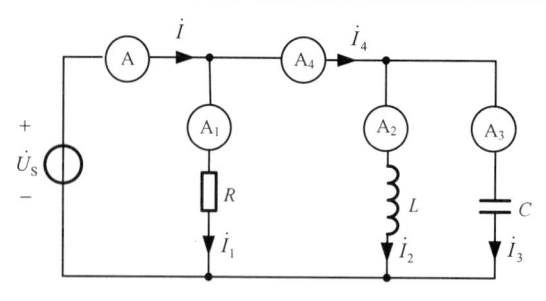

图 6-15 例 6-11 图

解：作相量图如图 6-16 所示，取 R、L、C 三个元件共有的电源电压相量作参考相量。

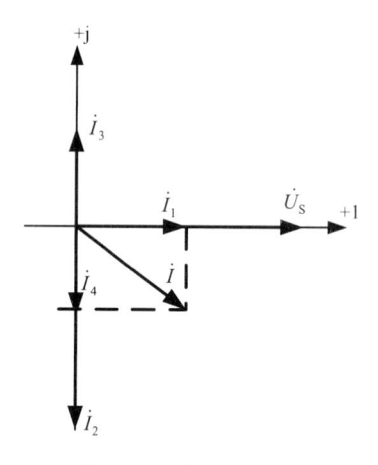

图 6-16 电流相量图

由 $\dot{I}_2 = \dot{U}_S / j\omega L \Rightarrow \dot{I}_2$ 的相量；
由 $\dot{I}_3 = j\omega C \dot{U}_S \Rightarrow \dot{I}_3$ 的相量；
由 $\dot{I}_1 = \dot{U}_S / R \Rightarrow \dot{I}_1$ 的相量；
由 KCL $\Rightarrow \dot{I}$、$\dot{I}_4$ 的相量。

$\therefore I_4 = 5\text{A}$、$I = 7.07\text{A}$

例 6-12 图 6-17 所示电路，$U=380\text{V}$，$f=50\text{Hz}$。改变 $C=80.95\mu\text{F}$，电流表 A 读数最小为 2.59A。求电流表 A_1 和 A_2 的读数。

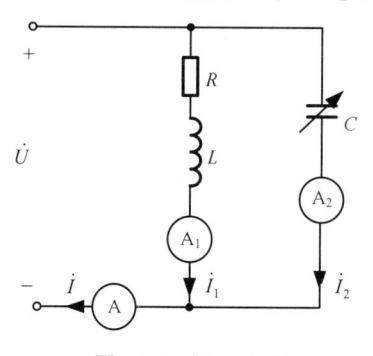

图 6-17 例 6-12 图

解： 设 $\dot{U} = 380 \angle 0°$，则有相量图如图 6-18 所示。

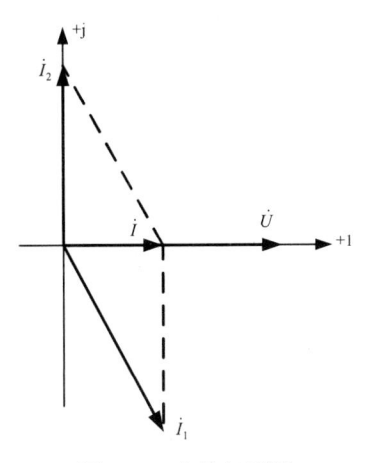

图 6-18 电量相量图

若改变 C 则 I_2 变化。

当 $\dot{I}$ 与 $\dot{U}$ 同相时，则 I 最小。

此时有：$I_1^2 = I^2 + I_2^2$

且 $I_2 = 2\pi fCU = 9.61\text{A}$

∴ $I_1 = \sqrt{I^2 + I_2^2} = 9.952\text{A}$

【本节小结】
1. 电路元件伏安关系的相量形式。
2. 基尔霍夫定律的相量形式。
3. 阻抗和导纳的概念。

【课后作业】
习题六：6-6、6-7、6-8

【思考题】
阻抗为什么是复数而不是相量？

【布置预习】
思考：简单电路可通过阻抗的串联和并联求出来，那么图 6-19 中 $\dot{I}$ 怎么求？引出下节课内容正弦稳态电路的分析和功率的计算。

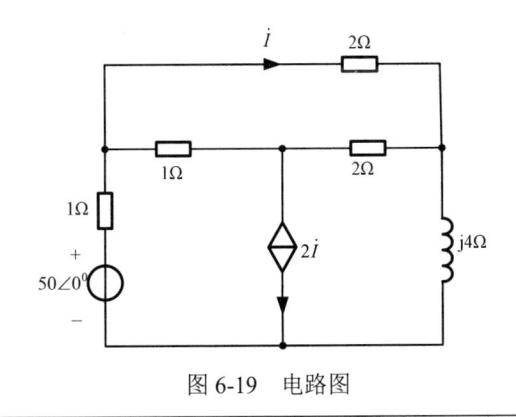

图 6-19 电路图

归纳小结 拓展延伸（5分钟）

教学方法：
比较法

设计意图：
复习总结本堂课的重点。通过引例布置预习。

教学反思	本堂课通过使用对比法，通过对比直流电路中的电阻来学习，学生觉得学起来轻松易懂。通过与电阻电路相对比学习，讲清相量法的解题思路，培养学生分析实际交流电路的能力。

黑板板书设计：

一、电路元件伏安关系的相量形式

1. 电阻元件

$u = Ri \Longrightarrow \dot{U} = R\dot{I}$　　电压与电流同相

2. 电感元件

$u = L\dfrac{\mathrm{d}i}{\mathrm{d}t} \Longrightarrow \dot{U} = \mathrm{j}\omega L\dot{I}$　　电压超前电流 90°

3. 电容元件

$i = C\dfrac{\mathrm{d}u}{\mathrm{d}t} \Longrightarrow \dot{I} = \mathrm{j}\omega C\dot{U}$　　电压滞后电流 90°

二、电路的时域形式和相量形式（如图 6-20 所示）

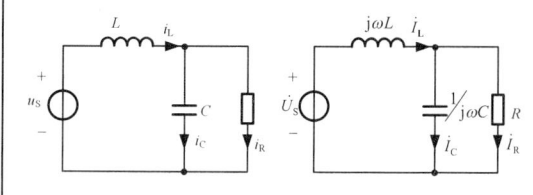

图 6-20　时域形式和相量模型

$\begin{cases} i_L = i_C + i_R \\ L\dfrac{\mathrm{d}i_L}{\mathrm{d}t} + \dfrac{1}{C}\int i_C \mathrm{d}t = u_S \\ Ri_R = \dfrac{1}{C}\int i_C \mathrm{d}t \end{cases}$
$\begin{cases} \dot{I}_L = \dot{I}_C + \dot{I}_R \\ \mathrm{j}\omega L\dot{I}_L + \dfrac{1}{\mathrm{j}\omega C}\dot{I}_C = \dot{U}_S \\ R\dot{I}_R = \dfrac{1}{\mathrm{j}\omega C}\dot{I}_C \end{cases}$

第十六讲　正弦稳态电路的分析及功率

【教学目的】

1．熟练运用电阻电路的分析方法求解正弦稳态电路。
2．深刻理解有功功率、无功功率的含义。
3．熟练求解正弦稳态电路的有功功率、无功功率、视在功率、复功率、功率因数。

【能力目标】

1．教给学生研究问题的方法，培养和锻炼学生的思维能力，提高学生分析和解决问题的能力。
2．从工程角度来分析正弦电路的各种功率的实际物理意义，提高学生的工程应用能力。

【教学内容】

- 正弦稳态电路的分析
- 交流电路的各种功率

【教学重点】

1．正弦稳态电路的分析：直流电路中适用的方法都可以用来分析正弦稳态电路。
2．有功功率、无功功率、视在功率、功率因数的含义：重点讲清楚物理意义。
3．在电路中各种功率的计算：重在讲解思路。

【教学难点】

从工程角度来分析正弦电路的各种功率的实际物理意义，引导学生从工程的角度来分析实际问题。

【教学手段】

1．给出复杂电路的引例，通过提问引导学生自己想到把直流电路中的分析方法用到正弦稳态电路的分析中去。
2．在幻灯片中动画演示电路中功率吸收和能量互换的过程。把电路中看不见的抽象过程形象化在学生面前，使学生觉得直观好懂。着重讲清各种功率的物理意义，提醒学生不要只背公式。
3．通过两道由易到难的例题的分析，让学生掌握有功功率、无功功率、视在功率、功率因数、复功率的求解。

【设计思路】

通过引例讲解回路电流法、结点电压法、戴维宁定理在正弦交流电路中的应用，举例说明相量图法的优越性。在功率的讲解中用动画演示电路中功率吸收和能量互换的过程，把电路中看不见的抽象过程形象化，学生觉得直观好懂，尤其要让学生掌握各种功率的物理意义和工程应用。

教学环节	教学行为	教学方法 设计意图
复习回顾 新课导入 （5分钟）	在黑板上板书三种元件的伏安关系的时域形式和相量形式，帮助学生理解记忆。 提问：直流电路中的电阻和交流电路的阻抗有何异同？ 阻抗是相量吗？ 阻抗串联和并联各有什么用途？ 提问：如图7-1所示，给出三个回路，既有多个独立源又有受控源，要求支路电流 i 怎么求？ 图7-1 引例图 引入：通过提问引导学生自己想到把直流知识用到正弦稳态电路的分析中。	教学方法： 讨论法 设计意图： 复习上节内容，通过引例引出新内容。
重点讲解 难点分析 任务驱动 自主探究 （30分钟）	一、正弦稳态电路的分析 基尔霍夫定律和元件的VAR是分析集中参数电路的理论基础。由于它们的相量形式与直流电路中的形式一致，因此直流电路中适用的等效变换、结点电压法、回路电流法、叠加定理、戴维宁定理等都可以用来分析正弦稳态电路。 例7-1 如图7-2所示，已知： $R_1 = 1000\Omega$，$R_2 = 10\Omega$，$L = 500\text{mH}$，$C = 10\mu\text{F}$， $U = 100\text{V}$，$\omega = 314\text{rad/s}$。 求各支路电流。 图7-2 例7-1图 解：画出电路的相量模型如图7-3所示。	教学方法： 对比法 设计意图： 与直流电路对比学习。通过提问引导学生自己想到把直流知识用到正弦稳态电路的分析中。举例说明相量图法的优越性。通过举例分析正弦稳态电路提高学生交流电路的分析能力。

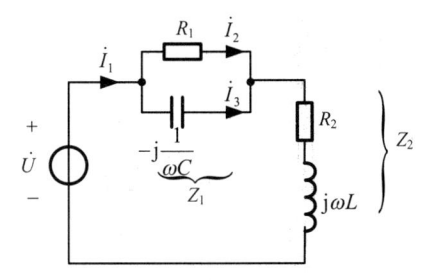

图 7-3 电路的相量形式

$$Z_1 = \frac{R_1(-j\frac{1}{\omega C})}{R_1 - j\frac{1}{\omega C}} = \frac{1000 \times (-j318.47)}{1000 - j318.47} = \frac{318.47 \times 10^3 \angle -90°}{1049.5 \angle -17.7°}$$

$$= 303.45 \angle -72.3° = 92.11 - j289.13 \ \Omega$$

$$Z_2 = R_2 + j\omega L = 10 + j157 \ \Omega$$

$$Z = Z_1 + Z_2$$

$$= 92.11 - j289.13 + 10 + j157$$

$$= 102.11 - j132.13$$

$$= 166.99 \angle -52.3° \ \Omega$$

$$\dot{I}_1 = \frac{\dot{U}}{Z} = \frac{100 \angle 0°}{166.99 \angle -52.3°} = 0.6 \angle 52.3° \text{A}$$

$$\dot{I}_2 = \frac{-j\frac{1}{\omega C}}{R_1 - j\frac{1}{\omega C}} \dot{I}_1 = \frac{-j318.47}{1049.5 \angle -17.7°} \times 0.6 \angle 52.3° = 0.181 \angle -20° \text{A}$$

$$\dot{I}_3 = \frac{R_1}{R_1 - j\frac{1}{\omega C}} \dot{I}_1 = \frac{1000}{1049.5 \angle -17.7°} \times 0.6 \angle 52.3° = 0.57 \angle 70° \text{A}$$

例 7-2 列写图 7-4 所示电路的回路电流方程和结点电压方程。

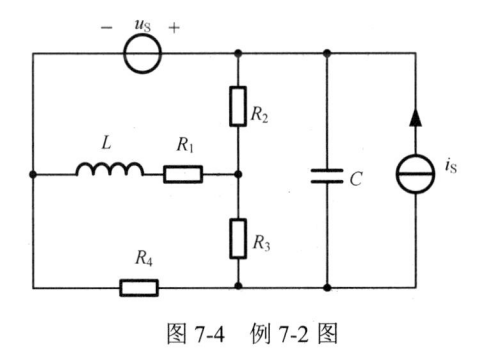

图 7-4 例 7-2 图

解：画出电路的相量模型如图 7-5 所示。

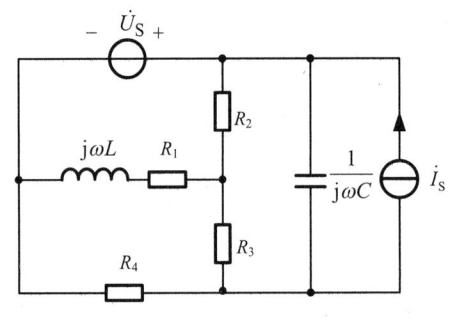

图 7-5 电路的相量形式

回路电流法（如图 7-6 所示）：

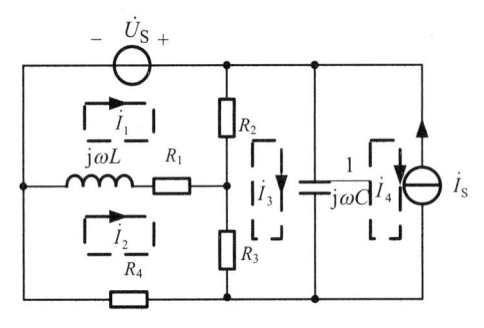

图 7-6 电路的回路电流法求解

回路 1：$(R_1 + R_2 + j\omega L)\dot{I}_1 - (R_1 + j\omega L)\dot{I}_2 - R_2\dot{I}_3 = \dot{U}_S$

回路 2：$(R_1 + R_3 + R_4 + j\omega L)\dot{I}_2 - (R_1 + j\omega L)\dot{I}_1 - R_3\dot{I}_3 = 0$

回路 3：$\left(R_2 + R_3 + \dfrac{1}{j\omega C}\right)\dot{I}_3 - R_2\dot{I}_1 - R_3\dot{I}_2 - \dfrac{1}{j\omega C}\dot{I}_4 = 0$

回路 4：$\dot{I}_4 = -\dot{I}_S$

结点电压法（如图 7-7 所示）：

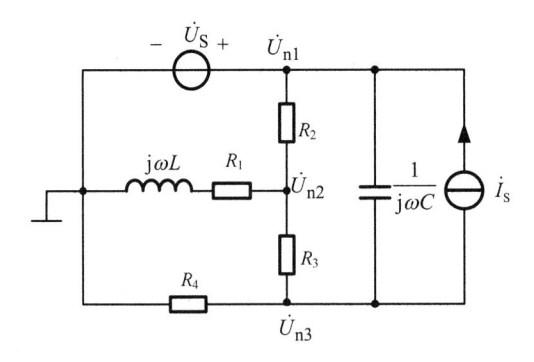

图 7-7 电路的结点电压法求解

结点 1：$\dot{U}_{n1} = \dot{U}_S$

结点 2：$-\dfrac{1}{R_2}\dot{U}_{n1} + \left(\dfrac{1}{R_1 + j\omega L} + \dfrac{1}{R_2} + \dfrac{1}{R_3}\right)\dot{U}_{n2} - \dfrac{1}{R_3}\dot{U}_{n3} = 0$

结点3：$-j\omega C \dot{U}_{n1} - \frac{1}{R_3}\dot{U}_{n2} + \left(\frac{1}{R_3} + \frac{1}{R_4} + j\omega C\right)\dot{U}_{n3} = -\dot{I}_S$

例 7-3 求图 7-8 所示电路的戴维宁等效电路。

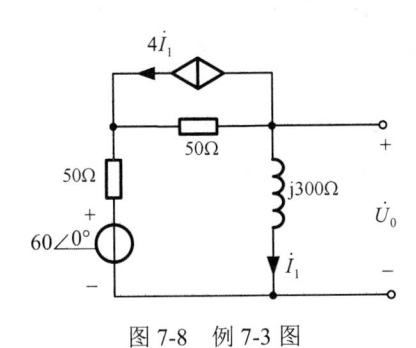

图 7-8 例 7-3 图

解：求开路电压：

$$\dot{U}_0 = -200\dot{I}_1 - 100\dot{I}_1 + 60 = -300\dot{I}_1 + 60 = -300\frac{\dot{U}_0}{j300} + 60$$

$$\dot{U}_0 = \frac{60}{1-j} = 30\sqrt{2}\ \underline{/45°}$$

求短路电流：

$$\dot{I}_{SC} = 60/100 = 0.6\ \underline{/0°}\ A$$

求等效阻抗：

$$Z_{eq} = \frac{\dot{U}_0}{\dot{I}_{SC}} = \frac{30\sqrt{2}\ \underline{/45°}}{0.6} = 50\sqrt{2}\ \underline{/45°}\ \Omega$$

二、瞬时功率 p

设一端口网络的端口电压和电流取关联参考方向，分别为 $u(t) = U_m \sin(\omega t + \psi_u)$，$i(t) = I_m \sin(\omega t + \psi_i)$，则它的瞬时功率为 $p = ui$，但瞬时功率在电路分析中并没有特别重要的物理意义。

思考：瞬时功率是随时间变化的值，不便测量。那么交流电路的功率怎么计量呢？平时我们见到的功率计读出的是什么功率呢？

引入：引导学生思考功率计上读出的数据肯定是我们实实在在用的功率，引入有功功率。

三、有功功率（平均功率）P

$P = \frac{1}{T}\int_0^T ui dt = UI\cos\varphi$，其中 φ 为电压和电流的相位差。单位为瓦特。

1. 纯 R $P = UI\cos\varphi = U_R I_R$
2. 纯 L $P = UI\cos\varphi = 0$
3. 纯 C $P = UI\cos\varphi = 0$

小结：有功功率中电阻实际消耗的功率，如图 7-9 所示。电感和电容的有功功率为零，即电感和电容不消耗能量。

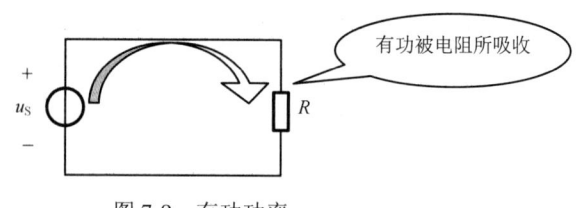

图 7-9 有功功率

提问：电感电容的有功功率为 0，那么它们在电路中充放电的能量怎么计量呢？

引入：引入无功功率。

四、无功功率 Q

无功功率 $Q = UI\sin\varphi$。单位为乏（Var）。

1. 纯 R $P = UI\sin\varphi = 0$
2. 纯 L $P = UI\sin\varphi = UI\sin\dfrac{\pi}{2} = U_L I_L$
3. 纯 C $P = UI\sin\varphi = UI\sin\left(-\dfrac{\pi}{2}\right) = -U_C I_C$

小结：电阻的无功功率为零。无功功率代表一端口网络中的电感电容与电源之间能量互换的最大规模，如图 7-10 所示。

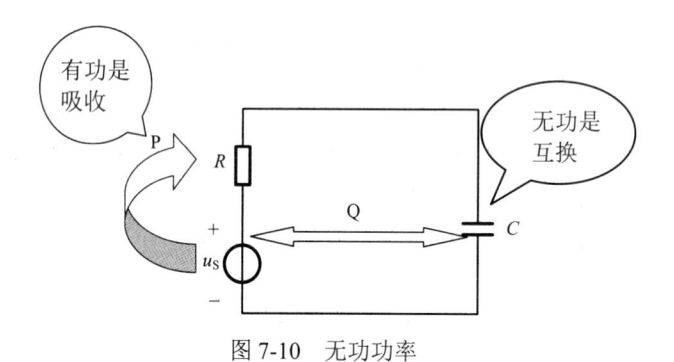

图 7-10 无功功率

五、视在功率 S

视在功率 $S = UI$，单位为伏安。

物理意义：它表示发电机的容量，由额定电压与额定电流决定。

六、功率因数 λ

功率因数 $\lambda = \cos\varphi = \dfrac{P}{S}$。

物理意义：电路中有功的利用程度。

七、复功率

设一端口的电压相量 $\dot{U}$ 和电流相量 $\dot{I}$，则复功率 $\overline{S}$ 定义为：

$$\overline{S} = \dot{U}\dot{I}^* = UI\mathrm{e}^{\mathrm{j}(\psi_u - \psi_i)} = UI\cos\varphi + \mathrm{j}UI\sin\varphi$$

路中功率吸收和能量互换的过程。把电路中看不见的抽象过程形象化在学生面前，学生觉得直观好懂。

复功率单位为 VA。复功率的特性为：电路中的复功率守恒，即电源发出的复功率等于负载消耗的复功率。它包括有功功率和无功功率守恒。

八、有功功率 P、无功功率 Q、视在功率 S 的关系

这三个功率之间满足功率三角形的关系，具有：$P = S\cos\varphi$，$Q = S\sin\varphi$，$S = \sqrt{P^2 + Q^2}$，$\varphi = \arctan\left(\dfrac{Q}{P}\right)$。

例 7-4 如图 7-11 所示，已知 $R=50\Omega$，$X_L=40\Omega$，$X_C=100$，$\dot{I}_R = 4\angle 0°$ A。试求：(1)总电流 $\dot{I}$；(2)电路的功率 P 及功率因数 $\cos\varphi$。

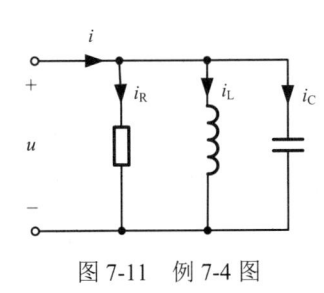

图 7-11 例 7-4 图

解：(1) $\dot{U} = R\dot{I}_R = 50 \times 4\angle 0°$ A $= 200\angle 0°$ A，

$$\dot{I}_L = \frac{\dot{U}}{jX_L} = \frac{200}{j40} \text{A} = -j5 \text{ A}$$

$$\dot{I}_C = \frac{\dot{U}}{-jX_C} = \frac{200}{-j100} \text{A} = j2 \text{ A}$$

$$\dot{I} = \dot{I}_R + \dot{I}_L + \dot{I}_C = 4 - j5 + j2 \text{A} = 5\angle -36.9° \text{ A}$$

(2) $P = I_R^2 R = 4^2 \times 50 \text{W} = 800 \text{W}$，$\cos\varphi = \cos 36.9° = 0.8$

例 7-5 如图 7-12 的电路所示，已知 $\dot{I}_S = 10\angle 0°$ A，求各支路所吸收的复功率，并验证功率守恒。

图 7-12 例 7-5 图

解一：$Z = (10 + j25) // (5 - j15)$

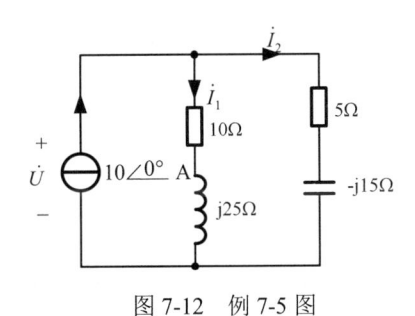

$\dot{U} = 10\angle 0° \times Z = 236\angle -37.1°$ V

$\overline{S}_{发} = 236\angle -37.1° \times 10\angle 0° = 1882 - j1424$ VA

$\overline{S}_{1吸} = U^2 Y_1^* = 236^2 \left(\dfrac{1}{10+j25}\right)^* = 768 + j1920$ VA

教学方法：
对比法
讲练法
设计意图：
强调有功功率 P、无功功率 Q、视在功率 S 的关系不是简单的加减关系，而是平方根的关系。联系工程中功率的测量提高学生的工程实践能力。

重点讲解
难点分析
任务驱动
自主探究
（15分钟）

$$\overline{S}_{1吸} + \overline{S}_{2吸} = \overline{S}_发$$

解二：$\dot{I}_1 = 10 \angle 0° \times \dfrac{5-j15}{10+j25+5-j15} = 8.77 \angle(-105.3°)$ A

$\dot{I}_2 = \dot{I}_S - \dot{I}_1 = 14.94 \angle 34.5°$ A

$\overline{S}_{1吸} = I_1^2 Z_1 = 8.77^2 \times (10+j25) = 769 + j1923$ VA

$\overline{S}_{2吸} = I_2^2 Z_2 = 14.94^2 \times (5-j15) = 1116 - j3348$ VA

$\overline{S}_发 = \dot{I}_1 Z_1 \cdot \dot{I}_S^* = 10 \times 8.77 \angle(-105.3°)(10+j25)$
$\quad\quad\ = 1885 - j1423$ VA

九、功率的测量（如图 7-13）

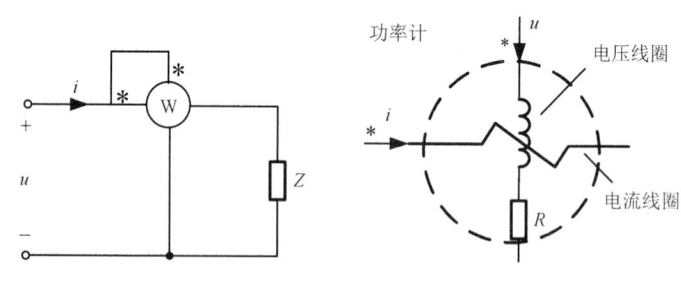

图 7-13 功率的测量

指针偏转角度与平均功率 P 成正比，即可测量 P。

1. 接法：电流 i 从电流线圈"*"号端流入，电压 u 正端接电压线圈"*"号端，此时 P 表示负载吸收的功率。

2. 量程：P 的量程 = U 的量程 × I 的量程 × $\cos\varphi$（表的）。

测量时，P、U、I 均不能超量程。

归纳小结拓展延伸5分钟	【本节小结】 1．利用相量图法分析正弦稳态电路。 2．有功功率、无功功率、视在功率、功率因数的含义。 3．在电路中各种功率的计算，尤其有功功率的计算除了用公式 $P = ui\cos\varphi$ 外，还可以用电阻上功率之和来求。 【课后作业】 习题七：7-2、7-4、7-5、7-14、7-17 【思考题】 无功功率是无用的功率吗？ 【布置预习】 思考：功率因数是有功的利用程度，那么是不是希望提高功率因数呢？又怎样提高功率因素呢？收音机中调台是什么意思？布置预习功率因素的提高、正弦电路的谐振。	教学方法： 比较法 设计意图： 复习总结本堂课的重点。布置预习下堂课内容。
教学反思	本堂课在讲解功率时着重强调各种功率的物理意义，让学生不是一味地背公式，在理解电路中功率分配的同时再去记忆公式，效果有明显的改善。另外把电路中看不见摸不着的功率分配过程用动画的形式表现出来，学生感到直观易懂，效果很好。 **有待改进**：可更大幅度增加工程应用，提高学生的工程应用能力。	

黑板板书设计：

一、有功功率（平均功率）P
$$P = \frac{1}{T}\int_0^T ui\,\mathrm{d}t = UI\cos\varphi$$

二、无功功率 Q
$$Q = UI\sin\varphi$$

三、视在功率 S
$$S = UI$$

四、功率因数 λ
$$\lambda = \cos\varphi = \frac{P}{S}$$

五、复功率
$$\overline{S} = \dot{U}\dot{I}^* = UI\mathrm{e}^{\mathrm{j}(\psi_u-\psi_i)} = UI\cos\varphi + \mathrm{j}UI\sin\varphi$$

六、有功功率 P、无功功率 Q、视在功率 S 的关系
$$P = S\cos\varphi, \quad Q = S\sin\varphi,$$
$$S = \sqrt{P^2+Q^2}, \quad \varphi = \arctan\left(\frac{Q}{P}\right)$$

第十七讲　功率因数的提高、正弦电路的谐振

【教学目的】

1．充分理解提高功率因数的意义，掌握提高功率因数的方法。
2．掌握谐振电路产生的条件、谐振频率的计算、谐振电路的特点。
3．理解谐振电路中品质因数 Q 的物理意义。

【能力目标】

1．结合实际生活中谐振现象，提高分析、解决问题的能力以及把所学知识运用到专业工程实际的能力。
2．培养学生的工程意识和自主创新的意识。
3．关注现实、关注前沿的学术品格。

【教学内容】

● 功率因数的提高
● RLC 串、并联谐振电路的条件、特点

【教学重点】

1．功率因数的理解与如何提高功率因数：着重从物理意义上讲解。
2．串联谐振、并联谐振的含义：重点讲清谐振电路的工作特点。
3．如何判断电路是否处于谐振状态：根据阻抗特点与电路中电流、电压的特点来判断。

【教学难点】

品质因数和选择性的概念：重点在物理过程中去讲，而不是纯计算。

【教学手段】

1．通过实际应用实例说明为什么要提高功率因数，又怎样去提高功率因数？
2．从收音机调台引入到谐振电路。演示谐振实验，改变串联电路中的电容值，观察灯泡的明暗变化，引导学生思考现象发生的原因。
3．引入仿真让学生直观地观测谐振时电压和电流同相。通过仿真演示电路中的谐振现象，力图给学生有关电路谐振现象的最直观的认识。
4．通过一段录像资料演示历史上著名的美国的 Tacoma 大桥因为共振而导致的垮塌现象，通过共振带来的让人触目惊心的后果激发学生对谐振规律的探索的兴趣。

【设计思路】

通过实际应用实例说明为什么要提高功率因数，举例说明怎样提高功率因数。用收音机调台、现场实验、仿真去引入谐振、观察谐振的特点。举例分析怎么求谐振频率、怎么分析谐振电路。通过一段录像资料演示历史上著名的美国的 Tacoma 大桥因为共振而导致的垮塌现象，

通过共振带来的让人触目惊心的后果激发学生对谐振规律的探索的兴趣。引导学生学习研究问题的方法和思路，开阔科学视野。

教学环节	教学行为	教学方法设计意图
复习回顾 新课导入（5分钟）	在黑板上板书各种功率的计算公式，帮助学生理解记忆。 提问：在 RLC 电路中，有功功率是哪个元件上的功率？无功功率呢？ 功率因数有何物理含义？ 功率因数是有功的利用程度。在现实生活中，我们希望功率因数越高越好还是越低越好呢？ 引入：提高功率因数。	教学方法：讨论法 设计意图：在黑板上板书各种功率的计算公式，复习上节课内容，引出新内容。
重点讲解 难点分析 任务驱动 自主探究（30分钟）	一、功率因数的提高 1. 为什么要提高功率因数 当电压与电流之间的相位差不为 0 时，即功率因数不等于 1 时，出现下面两个问题。 ①发电设备的容量不能充分利用。 例如：一台容量为 1000VA（视在功率）的发电机，如果 cos φ=1，则能发出 1000W 的有功功率。可以带 10 盏 100W 的灯泡。 如果接上电感 L 后 cos φ=0.6，则只能接 6 盏 100W 的白炽灯。 ②增加线路和发电机绕组的功率损耗。 小结：从上面两点可以看出，提高电路的功率因数既可以充分利用发电设备的容量，又可以减小线路和电源的损耗。一般企业的功率因数为 0.9 以上。 提问：怎样提高功率因数呢？ 2. 如何提高功率因数 ①提高的前提条件：必须保证原负载的工作状态不变。 ②必须在感性负载上并联一定大小的电容（如图 7-14 所示）。 电容负的无功功率与电感正的无功功率相互补偿 图 7-14 并联电容提高功率因数 并联电容的确定，画出电流相量图如图 7-15 所示。	教学方法：讨论法 案例法 设计意图：从现实生活发电机带负载的角度去说明，如果功率因数不等于 1，发电设备的容量不能充分利用，所以必须要提高功率因数。提问：怎样提高功率因数？ 并联电阻？ 并联电感？ 并联电容？ 那串联呢？为什么不能串联电容呢？组织学生讨论，提高工程应用能力。

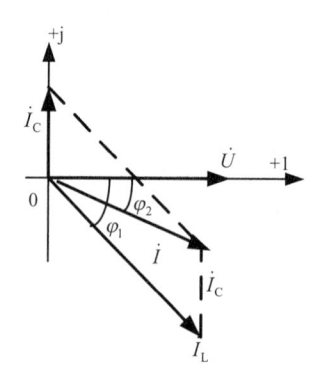

图 7-15 电流相量图

$$I_C = I_L \sin\varphi_1 - I \sin\varphi_2$$

将 $I = \dfrac{P}{U\cos\varphi_2}$，$I_L = \dfrac{P}{U\cos\varphi_1}$ 代入得

$$I_C = \omega C U = \frac{P}{U}(\tan\varphi_1 - \tan\varphi_2)$$

$$C = \frac{P}{\omega U^2}(\tan\varphi_1 - \tan\varphi_2)$$

提问：为什么不能串联电容？

例 7-6 如图 7-14 所示，已知：f=50Hz，U=220V，P=10kW，$\cos\varphi_1 = 0.6$，（1）要使功率因数提高到 0.9，求并联电容 C，并联前后电路的总电流各为多大？（2）若要使功率因数从 0.9 再提高到 0.95，试问还应增加多少并联电容，此时电路的总电流是多大？

解：（1）画出电流相量图如图 7-16 所示。

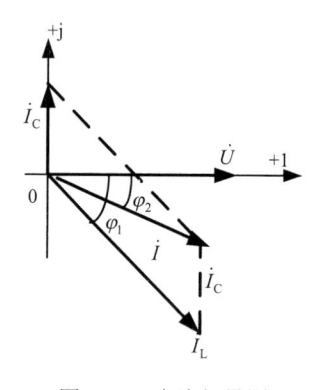

图 7-16 电流相量图

$$\cos\varphi_1 = 0.6 \Rightarrow \varphi_1 = 53.13°$$
$$\cos\varphi_2 = 0.9 \Rightarrow \varphi_2 = 25.84°$$
$$C = \frac{P}{\omega U^2}(\tan\varphi_1 - \tan\varphi_2)$$
$$= \frac{10 \times 10^3}{314 \times 220^2}(\tan 53.13° - \tan 25.84°) = 557\mu F$$

未并电容时：$I = I_L = \dfrac{P}{U\cos\varphi_1} = \dfrac{10\times 10^3}{220\times 0.6} = 75.8\text{A}$

并联电容后：$I = \dfrac{P}{U\cos\varphi_2} = \dfrac{10\times 10^3}{220\times 0.9} = 50.5\text{A}$

（2） $\cos\varphi_1 = 0.9 \Rightarrow \varphi_1 = 25.84°$

$\cos\varphi_2 = 0.95 \Rightarrow \varphi_2 = 18.19°$

$$C = \dfrac{P}{\omega U^2}(\tan\varphi_1 - \tan\varphi_2)$$

$$= \dfrac{10\times 10^3}{314\times 220^2}(\tan 25.84° - \tan 18.19°) = 103\mu\text{F}$$

$$I = \dfrac{10\times 10^3}{220\times 0.95} = 47.8\text{A}$$

二、引入谐振

提问：在现实生活中用到的谐振有哪些？

思考：收音机中有没有谐振？

采用 200W 灯泡模拟电阻元件，将灯泡、电感元件和电容元件构成 RLC 串联电路，改变串联电路中的电容值，观察灯泡的明暗变化，引导学生思考现象发生的原因，引出本次课的主要内容谐振，回顾正弦稳态 RLC 串联电路的分析方法。

三、谐振

含有电感和电容的电路，如果无功功率得到完全补偿，使电路的功率因数等于 1，即：u、i 同相，便称此电路处于谐振状态。

四、RLC 串联谐振电路（如图 7-17 所示）

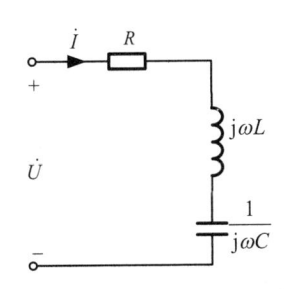

图 7-17 RLC 串联谐振电路

1. 谐振条件（谐振角频率）：

输入阻抗：$Z = R + \text{j}\left(\omega L - \dfrac{1}{\omega C}\right)$

谐振条件：$X(\omega) = \left(\omega L - \dfrac{1}{\omega C}\right) = 0$

谐振角频率：$\omega_0 = \dfrac{1}{\sqrt{LC}}$

品质因数 Q：谐振时电感电压与端口电压的比值。

教学方法：
探究法
实验演示法

设计意图：
从收音机调台引入到谐振电路。演示实验，激发学生学习兴趣。通过观测实验现象分析，提高学生通过现象看本质的能力。

重点讲解
难点分析
任务驱动
自主探究
（50 分钟）

$$Q = \frac{\rho}{R} = \frac{\omega_0 L}{R} = \frac{1}{\omega_0 RC} = \frac{1}{R}\sqrt{\frac{L}{C}}$$

2. 使 RLC 串联电路发生谐振的条件

（1）L、C 不变，改变 ω

ω_0 由电路本身的参数决定，一个 RLC 串联电路只能有一个对应的 ω_0，当外加频率等于谐振频率时，电路发生谐振。

（2）电源频率不变，改变 L 或 C（常改变 C）。

通常收音机选台，即选择不同频率的信号，就采用改变 C 使电路达到谐振。

3. RLC 串联电路谐振时的特点

（1）$\dot{U}$ 与 $\dot{I}$ 同相。

（2）入端阻抗 Z 为纯电阻，即 $Z=R$。电路中阻抗值 $|Z|$ 最小。

（3）电流 I 达到最大值 $I_0 = U/R$（U 一定）。

（4）LC 上串联总电压为零，即

$\dot{U}_L + \dot{U}_C = 0$，LC 相当于短路。

电源电压全部加在电阻上，$\dot{U}_R = \dot{U}_0$。

串联谐振时，电感上的电压和电容上的电压大小相等，方向相反，相互抵消，因此串联谐振又称<u>电压谐振</u>。

（5）功率

$P = RI_0^2 = U^2/R$，电阻功率达到最大。

$Q = Q_L + Q_C = 0$，$Q_L = \omega_0 L I_0^2$，$Q_C = -\frac{1}{\omega_0 C} I_0^2$

即 L 与 C 交换能量，与电源间无能量交换。

强调：谐振时，电感、电容两端的电压之和等于 0，但是电感和电容单个元件上的电压有可能非常大，如不引起注意，会烧坏仪器甚至造成人身安全。反之，在有需要的时候，可以利用这个高压。

五、Q 值与电路选择性的关系

何谓"选择性"？对非谐振频率电流的抑制能力。

曲线越尖，选择性越好，但 Q 值越大。这里存在着矛盾。

RLC 并联电路与 RLC 串联电路是对偶电路，利用对偶关系，可以很方便得到 RLC 谐振并联谐振电路的特点。

教学方法：
讲授法
仿真演示法
设计意图：
引入仿真让学生直观地观测谐振时电压和电流同相。通过仿真演示电路中的谐振现象，力图给学生有关电路谐振现象的最直观的认识。

教学方法：
类比法
视频演示法
设计意图：
通过一段录像资料演示历史上著名的美国的 Tacoma 大桥因为共振而导致的坍塌现象，通过共振带来的让人触

六、引入仿真（如图 7-18）

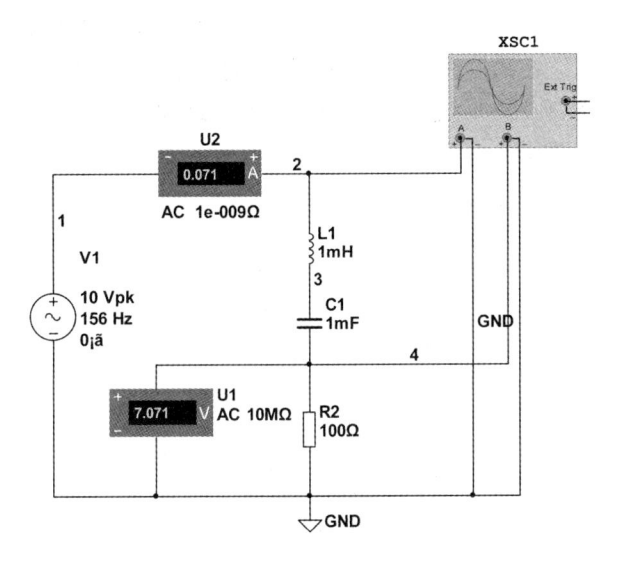

图 7-18 谐振仿真电路

七、拓展：与机械共振进行类比

讨论：谐振电路可能带来的危害有哪些？举例说明谐振有时候会带来破坏，并强调电力系统中要避免谐振发生。

引出机械系统的谐振即共振现象，共振现象的破坏性举例：塔科马大桥垮塌原因（风振频率接近桥身的某一个固有频率，使得桥身剧烈共振垮塌），总结出机械共振和电路谐振本质有相同的地方：对激励源放大的作用。

将串联谐振电路与机械振动进行类比研究，得出结论：正弦稳态 RLC 电路的响应对应机械系统的受迫振动，振荡电流（对应机械系统中的速度）的频率与外加激励相同；机械系统的共振（振幅最大）对应于电路谐振（串联谐振电流最大）。

在工程实践中，常常把其它领域的问题转换为电路问题，采用类比推理的方法为解决新问题提供思路。将科学研究的实例作为案例进行介绍，得出机械问题等可以用电路模型来分析的结论。

给出科研中的案例，压电悬臂梁作为微机电系统中的驱动机构有，其结构示意图如图 7-19 所示。

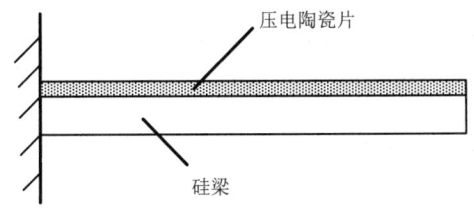

图 7-19 案例

它可以通过等效电路的方法来描述，其等效电路如图 7-20 所示，

其中 R_0 静态电阻非常大可以忽略，L_1、C_1 和 R_1 与压电悬臂梁的机械参数（刚度、质量、阻尼等）有关。实际运用中，我们希望悬臂梁工作在谐振状态，这样，在相同激励电压下，振动的幅度最大而且稳定，可见机械问题可以转换为电问题进行分析，学好电路课程对学生将来从事科学研究十分有帮助。

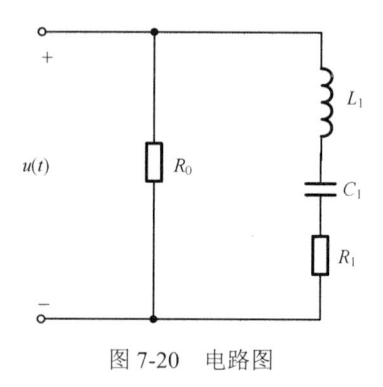

图 7-20 电路图

例 7-7 RLC 串联电路的端电压 $u = 10\sqrt{2}\sin(2500t + 15°)$ V，当电容 $C = 8\mu F$ 时，电路中吸收的功率为最大，且为 100W。求电感 L 和电路的 Q 值。

解：

$$\omega L = \frac{1}{\omega C}$$
$$P = \frac{U^2}{R}$$
$$Q = \frac{\omega L}{R}$$

解得：$L = 0.02$H，$Q = 50$。

例 7-8 图 7-21 所示滤波电路，要求负载中不含有基波分量，但 $4\omega_1$ 的谐波分量能全部传送至负载。如 $\omega_1 = 1000$rad/s，$C = 1\mu F$，求 L_1 和 L_2。

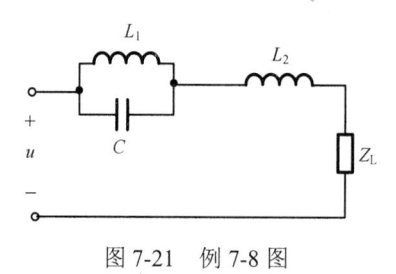

图 7-21 例 7-8 图

解： $Z_{in} = j\omega L_1 // \dfrac{1}{j\omega C} + j\omega L_2 + Z_L$

当 $\omega = \omega_1$ 时，$Z_{in} \to \infty$，$j\omega_1 L_1 // \dfrac{1}{j\omega_1 C} = \dfrac{j\omega_1 L_1}{1 - \omega_1^2 L_1 C} \to \infty$

	$1-\omega_1^2 L_1 C = 0$，所以，$L_1 = \dfrac{1}{\omega_1^2 C} = \dfrac{1}{(10^3)^2 \times 10^{-6}} = 1\text{H}$ 当 $\omega = 4\omega_1$ 时，$Z_{\text{in}} = Z_L$，$\dfrac{\text{j}4\omega_1 L_1}{1-16\omega_1^2 L_1 C} + \text{j}4\omega_1 L_2 = 0$ 所以，$L_2 = \dfrac{1}{16\omega_1^2 L_1 C - 1} = \dfrac{1}{15} = 66.67\text{mH}$	
归纳小结拓展延伸（5分钟）	【本节小结】 1．怎样提高功率因数。 2．谐振电路的定义。 3．串联谐振电路特点，品质因数的物理意义，串联谐振电路的应用。 4．并联谐振电路的特点和应用。 【课后作业】 习题七：7-18、7-19、7-23、7-25 【思考题】 1．是否并联电容越大，功率因数越高？ 2．能否用串联电容的方法来提高功率因数？ 3．谐振电路还有哪些实际应用？谐振电路又有哪些危害？ 【布置预习】 思考：第3章讲的正弦稳态电路，那么现实生活中譬如教室里的正弦电路是怎样布线的呢？是一相还是三相？引出三相电路。	教学方法： 比较法 设计意图： 梳理总结本堂课的知识点，布置课后思考题进一步拓展实践应用。通过思考引出三相电路。
教学反思	谐振电路是指具有 R、L、C 参数的正弦稳态电路在一定条件下所呈现的一种特殊现象，是电路这门课程的重点和难点，和前述课程《大学物理》及后续课程《模拟电子技术》等联系紧密，是后续课程所必需的专业基础知识。谐振的概念广泛应用于科学与工程的很多领域中，比如无线收音机和电视机的选频电路、滤波电路、LC 振荡器都会用到谐振电路，在至少包含一个电容元件和电感元件的任何电路中，均有可能出现谐振现象；另一方面，电路谐振状态也会影响系统的正常工作，在一些情况下应设法加以避免，因此研究谐振电路具有重要的实用意义，但谐振电路的讲解涉及的知识面非常广，有些知识如复数的计算本身学生就很难理解，在教学中力图化难为简，为学生打下一个扎实的专业基础，现总结这堂课的特点如下： （1）注重科学思维方法的训练，侧重过程的分析。 （2）在教学活动中创设实际应用需求情景，提出知识目标，鼓励学生主动思考，提出问题。 （3）根据授课学生的认知水平和专业（机械专业）有针对性地设计教学内容。 （4）注重知识的承前启后，尤其是与物理学不同领域的融会贯通，结合科研案例的分析，激发学生的学习兴趣和热情。	

黑板板书设计：

一、RLC 串联谐振电路	二、串联谐振电路的谐振特点
输入阻抗：$Z = R + j(\omega L - \dfrac{1}{\omega C})$ 谐振条件：$X(\omega) = (\omega L - \dfrac{1}{\omega C}) = 0$ 谐振角频率：$\omega_0 = \dfrac{1}{\sqrt{LC}}$ 品质因数 Q：谐振时电感电压与端口电压的比值。	1．电压与电流同相位，电路输入阻抗具有最小值，$Z = R$。 2．当输入电压一定时，谐振电流最大，$I = \dfrac{U}{R}$。 3．电感电压与电容电压大小相等，相位相反。串联谐振亦称电压谐振。

前沿知识拓展

谐振在软开关中的应用：软开关技术

软开关技术是使功率变换器得以高频化的重要技术之一，它应用谐振的原理，使开关器件中的电流（或电压）按正弦或准正弦规律变化。当电流自然过零时，使器件关断（或电压为零时，使器件开通），从而减少开关损耗。它不仅可以解决硬开关变换器中的硬开关损耗问题、容性开通问题、感性关断问题及二极管反向恢复问题，而且还能解决由硬开关引起的 EMI 等问题。

当开关频率增大到兆赫兹级范围，被抑制的或低频时可忽视的开关应力和噪声，将变得难以接受。谐振变换器虽能为开关提供零电压开关和零电流开关状态，但工作中会产生较大的循环能量，使导电损耗增大。为了在不增大循环能量的同时，建立开关的软开关条件，发展了许多软开关 PWM 技术。它们使用某种形式的谐振软化开关转换过程，开关转换结束后又恢复到常规的 PWM 工作方式，但它的谐振电感串联在主电路内，因此零开关条件与电源电压、负载电流的变化范围有关，在轻载下有可能失去零开关条件。为了改善零开关条件，人们将谐振网络并联在主开关管上，从而发展成零转换 PWM 软开关变换器，它既克服了硬开关 PWM 技术和谐振软开关技术的缺点，又综合了它们的优点。目前无源无损缓冲电路将成为实现软开关的重要技术之一，在直流开关电源中也得到了广泛的应用。

如今软开关变换器都应用了谐振原理，在电路中并联或串联谐振网络，势必产生谐振损耗，并使电路受到固有问题的影响。为此，人们在谐振技术和无损耗缓冲电路的基础上提出了组合软开关功率变换器的理论。组合软开关技术结合了无损耗吸收技术与谐振式零电压技术、零电流技术的优点，其基本原理是通过辅助管实现部分主管的零电流关断或零电压开通，主管的其余软开关则是由无损耗吸收网络来加以实现，吸收能量恢复电路被 ZCT、ZVT 谐振电路所取代，辅助管的软开关则是由无损耗吸收网络或管电压、电流自然过零来加以实现。换言之，即电路中既可以存在零电压开通，也可以存在零电流关断，同时既可以包含零电流开通，也可以包含零电压关断，是这四种状态的任意组合。由此可见，由无损耗缓冲技术和谐振技术组合而成的新型软开关技术将成为新的发展趋势。

设计意图：教学内容应及时反映当代电工技术的发展，使学生获得最新科学技术成果的知识。教材的更换速度有限，我们在教学过程中应结合当前发展趋势，及时引入新技术，这样一方面使学生开阔视野，可激发学生的学习兴趣，提高其重视程度；另一方面还可启发学生拓宽思路，开阔眼界，学用结合，使得学生能尽快适应工程应用的需要。

第十八讲　阻抗的并联及功率因数的提高（实验）

【实验目的】

1. 深刻理解电感、电容无功功率的互补特性。
2. 熟悉交流电压表、电流表、功率表的使用方法。
3. 了解日光灯的原理、各部件的作用，学会日光灯的安装。
4. 了解与感性负载并联电容 C 提高电路功率因数的方法以及对电路电流、功率和功率因数的影响。

【能力目标】

1. 通过实验掌握工频交流电的用电常识。
2. 在实验中通过对交流用电设备功率因数的提高，让学生理解节约用电的意义。
3. 培养学生排除实验故障、解决问题的能力。

【实验内容】

- 完成日光灯电路的安装，并测量灯管两端的电压、镇流器两端电压和电路的电流、有功功率。
- 与日光灯电路并联电容 C，改变不同的电容值，分别测量在电源电压不变情况下日光灯电路中有关电压和电流、电容 C 电路中的电流以及整个电路的电流和有功功率。
- 计算并联电容 C 前、后电路的功率因数。

【实验重点】

提高功率因数的方法。

【实验难点】

理解电感、电容无功功率的互补特性。

【仪器设备】

三相自耦变压器、功率表、交流电压表、交流电流表、电工综合实验装置、日光灯电路、可调电容。

【设计思路】

根据教学内容，选用镇流器与日光灯作为感性负载电路。实验中，让学生采用功率计、交流电流表、交流电压表分别测量功率因数补偿前后的总功率及各个元件的电流、电压，计算出补偿前后电路的功率因数。在处理实验数据时，利用相量法分析其产生误差的原因。通过该实验，学生均能得出结论：提高线路功率因数最有效的方法是在感性负载电路两端并联电容，此法连接方便，成本较低。

第十八讲 阻抗的并联及功率因数的提高（实验）

教学环节	教学行为	教学方法设计意图
实验准备（5分钟）	一、预习要求 弄清楚利用电流插头和电流插座测量电流的方法，了解日光灯的工作原理。 二、实验前准备 检查学生的预习报告，学生登录，领取实验条形码。	
重点讲解 难点分析（15分钟）	三、演示讲解 1．功率表的使用（如图7-22） 注意事项：功率表电压线圈、电流线圈的接法。 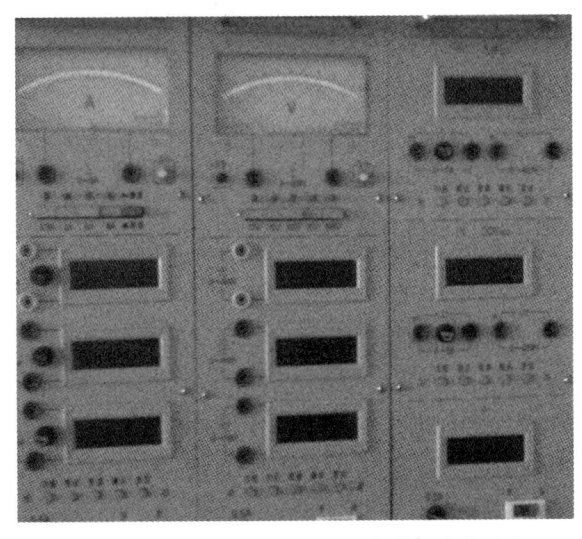 图 7-22 阻抗的并联及功率因素的提高实验台 2．用普通日光灯电路做感性负载的实验 电路如图7-23所示。实验在KHDG型电工综合实验台上进行。单相交流电源从三相自耦变压器的输出端U和N引出。 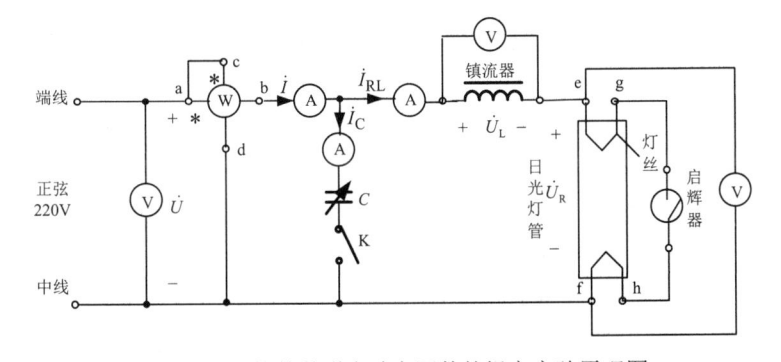 图 7-23 阻抗的并联合功率因数的提高实验原理图 3．采用并联电容的方法提高日光灯的功率因数 将可调电容C的接线端K接到自耦变压器的输出端N，即并上电	教学方法： 演示法 探究法 设计意图： 实验教学是整个教学过程中的一个重要环节，是培养学生科学实验能力的重要手段。目的是使学生熟悉仪器仪表的使用，掌握实验的一般方法和步骤。培养学生独立分析问题、解决问题的能力和实验技能，激发了学生积极参与实验的兴趣和认真完成实验的主观能动性。

容器。改变电容值为 1μF、3μF、5μF。打开总电源，旋转自耦变压器手柄使日光灯发亮且电压 U=220V。然后测量电压 U、U_R、U_L，测量电流 I、I_{RL}、I_C，测量功率 P，并将测量结果填入表 3-1 中。

表 7-1 实验数据

$C/\mu F$	U/V	U_R/V	U_L/V	I/A	I_{RL}/A	I_C/A	P/W	计算值 $\cos\varphi$
0								
1								
3								
5								

4．实验注意事项

（1）日光灯电路不能接错。

（2）每次改接实验负载（如改变电容器参数）或实验完毕，都必须将变压器的手柄归零，再断电源。

（3）注意安全，此实验属强电，接通电源后。切勿用手触摸电路裸露带电部分，否则有生命危险。

独立完成实验（70分钟）

四、学生独立完成实验，教师进行适当的辅导

实验前，让学生了解实验原理、实验内容、实验方法、实验目的和能力目标，了解实验所选用的仪器。实验中，首先简单讲解实验内容、实验设备的应用。然后学生独立完成实验，教师进行适当的辅导，在辅导中应选择适当的时机激发学生的思维，启发、提问学生，而不要直接给出答案。通过此次实验引导学生找出造成误差的原因，着重引导学生观察所有的实验现象，如日光灯电路中功率表指针由于电压表的接入而产生的微小摆动等，对引起实验误差的各种可能因素逐一排除与确定。实验结果显示，纯电阻和纯电感电路的用功率法和相量法计算出的结果在合理的误差范围之内，而日光灯电路依然误差较大，从而使学生悟出把镇流器看作纯电感与电阻的串联是不妥的结论，更何况这个纯电感的感抗会随着激励源频率的变化而变化。"真正感受到身边的科学就在我们学习的理论中，理论和实践不再是互不相干的，而是相辅相成的。"学生通过该实验建立起来的感性知识，为他们学习后续的理论知识打下了良好的基础。

通过采用多样化的实验课堂教学，结合素质教育，将电路理论和实验教学应用到日常实际电路中，结合工程的严密性和可行性，为后续课程做了实验铺垫，极大地激发了学生的学习兴趣，提高了学生的实际操作能力和实验教学效率。

拓展：实验的日常及工业应用

一般提高功率因数实验中的负载是固定的，无功补偿的电容量也是固定的。但实际工业电路中负载是时时刻刻变化的，补偿的电容量

教学方法：
实践法
探究法

设计意图：
学生按照接线图搭接电路、测量实验数据和分析实验数据。由实验现象和实验数据得到提高功率因数的方法。在辅导中应选择适当的时机激发学生的思维，启发、提问学生，而不要直接给出答案。在辅导

就要随着负载的变化而变化，以使电路保持较高的功率因数。通过实际的工业电路的拓展，不仅激发学生的学习兴趣，而且巩固了相量法的分析，实验教学效果显著。

五、检查学生的实验结果，给出实验成绩

【课后作业与思考题】

1．实验报告。

2．有时候启辉器可以用一只按钮代替，为什么？需要注意什么问题？

3．是不是电容越大，功率因数就越高呢？

4．画出相量图，分析为什么在感性负载两端并联适当的电容器以后可以提高负载的功率因数。

中，教师应把排除实验故障作为培养和考核学生解决问题能力的手段。

第十九讲　串联谐振电路及电感参数测量电路设计（实验）

【实验目的】

1. 加深对串联谐振电路特性的理解。
2. 掌握测量谐振频率、品质因数和绘制频率特性曲线的方法。
3. 认识品质因数对电路选择性的影响。

【能力目标】

1. 通过对谐振频率的寻找与幅频特性曲线的描绘，培养学生在频域分析中合理设计有效测量数据并对数据进行综合分析、处理的能力。
2. 通过使用示波器、信号发生器，培养学生使用精密仪器的学习能力。

【实验内容】

- 高 Q 值串联谐振电路幅频特性测试：①测谐振频率 f_0；用两种方法测试：一种用示波器观测电压与电流同相，另一种是测电阻上的电压达到最大值。②测量幅频特性。
- 低 Q 值串联谐振电路幅频特性测试：重复上述操作。

【实验重点】

高 Q 值、低 Q 值串联谐振电路幅频特性测试。

【实验难点】

测量谐振频率 f_0。

【仪器设备】

示波器、信号发生器、交流毫伏表、电路实验箱

【设计思路】

从实践电路——收音机调频调台中谐振现象的应用，引出对谐振电路的研究。首先，学生可以设计不同方案寻找谐振点，并且验证所寻找的谐振点是否准确，通过与理论计算得出的谐振点相比较，得出理论值与实验值的误差，学会分析产生误差的各种原因。接下来，学生以谐振点为中心，在其附近调节信号源的频率，通过测量电路中的参数，从而研究电路各参数随频率变化而变化，在坐标上通过描点法，归纳出产生的变化规律，掌握幅频分析电路的基本方法和手段。

教学环节	教学行为	教学方法 设计意图
实验准备（5分钟）	一、预习要求 复习与谐振相关的理论知识，按给定的参数计算谐振频率的理论值。用 Multisim 10.0 对实验内容进行仿真。 二、实验前准备 检查学生的预习报告，学生登录，领取实验条形码	
重点讲解 难点分析（15分钟）	三、演示讲解 1. 示波器和信号发生器的应用（如图 7-24、图 7-25 所示） **注意事项**：在使用示波器时，要注意与信号发生器共地。 图 7-24 示波器 图 7-25 信号发生器 2. 高 Q 值串联谐振电路幅频特性测试 按图 7-26 接线，其中 $U_S = 2V$（有效值），$R = 30\Omega$，$L = 16mH$，$C = 63000pF$。测量谐振频率 f_0，用交流毫伏表测量谐振时的 U_R、U_L、U_C 并填入表 7-2 中。在谐振频率 f_0 左边取 5 个频率，右边取 5 个频率，测量 10 个频率下的 U_R、U_L、U_C 并填入表 3-2 中。并用示波器观察谐振时电压和电流的波形是否同相。	**教学方法**： 演示法 探究法 **设计意图**： 引导学生学会如何通过实验手段去判断电路是否处于谐振状态：根据电阻上的电压是否与电源电压相等、电路中电流和电压是否同相来判断。通过本次实验使学生熟悉信号发生器和示波器等仪器仪表的使用，掌握实验的一般方法和步骤。培养学生独立分析问题、解决问题的能力和实验技能，激发了学生积极参与实验的兴趣和认真完成实验的主观能动性。

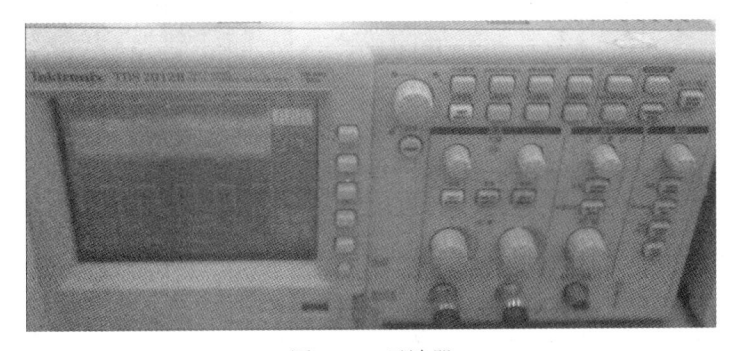

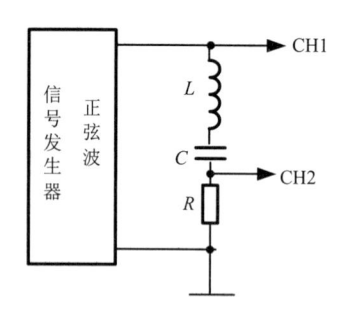

图 7-26　串联谐振电路接线图

表 7-2　实验数据表

	f/Hz											
测量数值	U_S/V	2	2	2	2	2	2	2	2	2	2	2
	U_R/V											
	U_L/V											
	U_C/V											
计算值	I/A											
	U_S/I											
	f/f_0											

3．低 Q 值串联谐振电路幅频特性测试

按图 7-26 接线，其中 $U_S = 2V$（有效值），$R = 100\Omega$，$L = 16\text{mH}$，$C = 63000\text{pF}$。测量谐振频率 f_0，用交流毫伏表测量谐振时的 U_R、U_L、U_C 并填入表中。在谐振频率 f_0 左边取 5 个频率，右边取 5 个频率，测量 10 个频率下的 U_R、U_L、U_C 并填入表 7-3 中。并用示波器观察谐振时电压和电流的波形是否同相。

表 7-3　实验数据表

	f/Hz											
测量数值	U_S/V	2	2	2	2	2	2	2	2	2	2	2
	U_R/V											
	U_L/V											
	U_C/V											
计算值	I/A											
	U_S/I											
	f/f_0											

4．实验注意事项

（1）当频率改变以后，正弦信号 u_S 的有效值也要保持 2V。

（2）测量过程中，要及时更换交流毫伏表的量程，以免损坏交流毫伏表。

独立完成实验（70分钟）	**四、学生独立完成实验，教师进行适当的辅导** 　　实验前，让学生了解实验原理、实验内容、实验方法、实验目的和能力目标，了解实验所选用的仪器。实验中，首先简单讲解实验内容、实验设备的应用。然后学生独立完成实验，教师进行适当的辅导，在辅导中应选择适当的时机激发学生的思维，启发、提问学生，而不要直接给出答案。在辅导中，教师应把排除实验故障作为培养和考核学生解决问题能力的手段。在具体操作过程中，教师一般应从以下几个方面对学生提示产生问题的原因：实验线路连接是否合理；测量仪表选择是否合适；仪表量程与被测量值是否相符；操作是否规范；学生本身是否具备必要的知识基础；是否真正明确实验的目的等。这样做才能使学生通过实验得到锻炼和提高，才能有更多的收益，才能增强学生自己独立处理问题的信心。实验结束后检查学生的实验结果，给出实验成绩。在实验的过程中，有目的地去培养卓越工程师应具备的创新能力、思维能力和动手能力。 **五、检查学生的实验结果，给出实验成绩** 　　1. 实验报告。 　　2. 如何判断 RLC 串联电路是否达到谐振状态？总结判断谐振的各种方法并说明优缺点。 　　3. 谐振时，电阻 R 两端的电压为什么与电源电压不相等？ 　　4. 实验中，RLC 串联电路发生谐振时，是否有 $U_C = U_L$？ 　　5. RLC 串联电路谐振时，$U_C = U_S$，$U_L = U_S$ 两式是否成立？为什么？ 　　6. 根据实验结果分析：谐振频率前后电路呈感性、阻性还是容性？	**教学方法：** 实践法 探究法 **设计意图：** 通过采用多样化的实验课堂教学，结合素质教育，将电工理论知识和实验教学结合起来，为后续课程做了实验铺垫。

第二十讲　三相电路、对称三相电路的计算

【教学目的】

1. 掌握三相电源和负载的连接方式以及对称三相电路中电压、电流和功率的计算。
2. 了解生产生活中供配电的基本知识和安全用电的基本常识。

【能力目标】

1. 通过对三相电路的研究，提高学生的用电安全意识。
2. 通过问题探究，培养学生分析问题的能力。
3. 通过联系实际应用，拓展升华，提升学生解决问题的能力。

【教学内容】

- 对称三相电源
- 对称三相电源的连接方式
- 线电压、相电压、线电流和相电流
- 对称三相负载
- 对称三相电路

【教学重点】

掌握对称三相电路在不同的连接情况下，线电压和相电压，线电流和相电流之间的关系。

【教学难点】

1. 对称三相电源的对称关系。
2. 中性线的作用。

【教学手段】

1. 运用视频实例，创设情境，激趣引新。
2. 三相电路比较抽象，单纯从理论上讲解学生不易理解，选用直观的动画步步深入，降低其理论难度。
3. 运用 Multisim 仿真实验，增强学生的视觉感受，从而突破教学难点。

【设计思路】

紧抓两个核心，构建三个部分，教学过程从上至下步步推进。

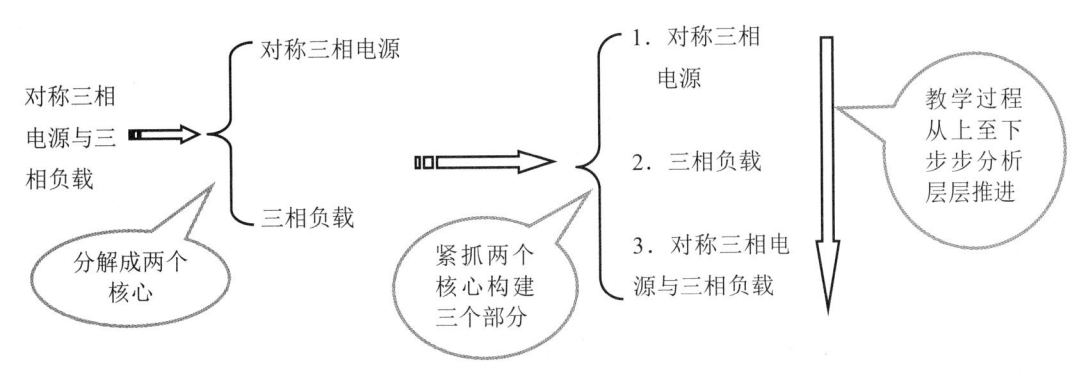

第二十讲 三相电路、对称三相电路的计算

教学环节	教学行为	教学方法设计意图
复习回顾 新课导入 情境引入 明确目标 （10分钟）	复习第3章求解正弦稳态电路的相量法。 **提问**：教室里用的是正弦交流电,那么电力系统发电、供电是几相呢?在家里电器维修时,火线、零线是什么概念? **引入**：前面第3章讲了正弦交流电路,第4章将从一相过渡到三相。 **提问**：为什么要用三相供电呢? **解析**： 1. 发电方面：比单相电源可提高功率50%; 2. 输电方面：比单相输电节省钢材25%; 3. 配电方面：三相变压器比单相变压器经济且便于接入负载; 4. 运电设备：具有结构简单、成本低、运行可靠、维护方便等优点。 **总结**：以上优点使三相电路在动力方面获得了广泛应用,是目前电力系统采用的主要供电方式。 **注意**：研究三相电路要注意其特殊性,即：特殊的电源、特殊的负载、特殊的连接、特殊的求解方式。 **播放导入视频**	教学方法： 讨论法 案例法 设计意图： 从日常生活中引出三相电路,使学生觉得学有所用。创设情境,引入课程,吸引学生注意,激发学生求知欲,活跃课堂气氛。
重点讲解 难点分析 任务驱动 自主探究 （20分钟）	一、对称三相电源 用3个频谱相同,幅值相等而相位依次相差120°的电动势作为供电电源的电路称为三相电路。 $$\begin{cases} u_A = \sqrt{2}U\sin\omega t \\ u_B = \sqrt{2}\sin(\omega t - 120°) \\ u_C = \sqrt{2}U\sin(\omega t + 120°) \end{cases}$$ 用相量来表示： $$\begin{cases} \dot{U}_A = 220\angle 0° \\ \dot{U}_B = 220\angle -120° \\ \dot{U}_C = 220\angle 120° \end{cases}$$ 用相量图如图8-1所示表示。	教学方法： 探究法 设计意图： 从电力系统供电引出三相电路,从三相发电机引出三相电源,从Multisim仿真波形得到更直观的感受。

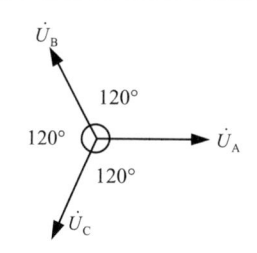

图 8-1 三相电源相量图

二、线电压、相电压、线电流和相电流（如图 8-2 所示）

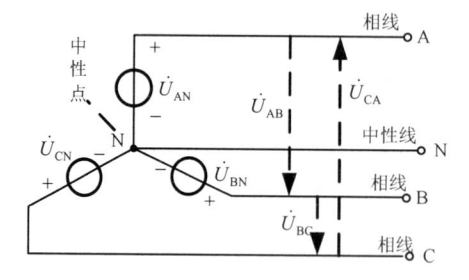

图 8-2 三相电源

从 A、B、C 端子引出的导线俗称火线。三相电源末端连在一起为电源中性点 N。线电压：火线与火线之间的电压。相电压：每相电源的电压或火线与中线点之间的电压。线电流：流过火线的电流。相电流：流过每相负载的电流。

三、对称 Y 形连接三相电源的电压电流关系（如图 8-3 所示）

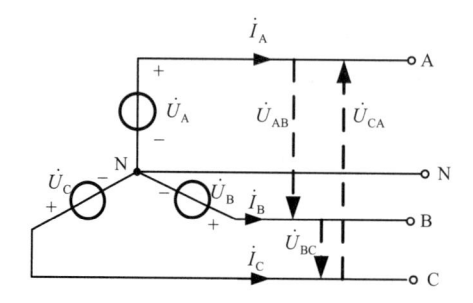

图 8-3 对称 Y 形连接三相电源的电压电流

利用相量图如图 8-4 所示，得到相电压和线电压之间的关系：

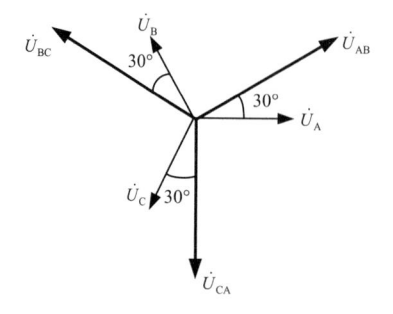

图 8-4 线电压、相电压的相量图

黑板上板书接线图，强调线电压、相电压、线电流、相电流的概念。在黑板上画相量图：引导学生推算线电压和相电压的相位关系。激发学生独立思考；提高学生的分析、推导能力。

$$\left.\begin{array}{l}\dot{U}_{AB}=\sqrt{3}\dot{U}_{AN}\angle 30°\\ \dot{U}_{BC}=\sqrt{3}\dot{U}_{BN}\angle 30°\\ \dot{U}_{CA}=\sqrt{3}\dot{U}_{CN}\angle 30°\end{array}\right\}$$ 线电压对称（大小相等，相位互差 120°）

结论：对 Y 接法的对称三相电源：

（1）相电压对称，则线电压也对称。

（2）线电压大小等于相电压的 $\sqrt{3}$ 倍，即 $U_L=\sqrt{3}U_p$。

（3）线电压相位领先对应相电压 30°。

四、对称△连接三相电源（如图 8-5 所示）

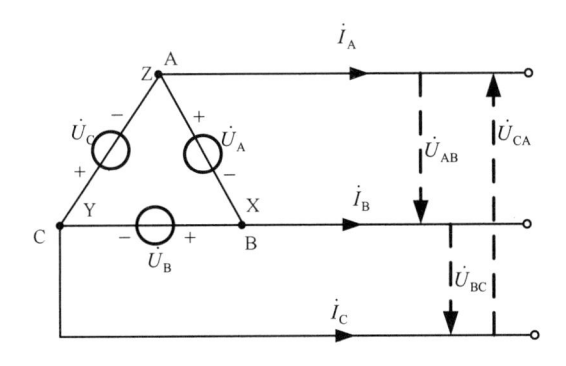

图 8-5 三相电源的三角形连接

设 $\dot{U}_A=U\angle 0°$ $\dot{U}_{AB}=\dot{U}_A=U\angle 0°$

  $\dot{U}_B=U\angle -120°$ $\dot{U}_{BC}=\dot{U}_B=U\angle -120°$

  $\dot{U}_C=U\angle 120°$ $\dot{U}_{CA}=\dot{U}_C=U\angle 120°$

即线电压等于对应的相电压。

五、引入仿真

运行 Multisim 仿真对称三相电源，电路如图 8-6 所示，分析三相电源的波形特点。

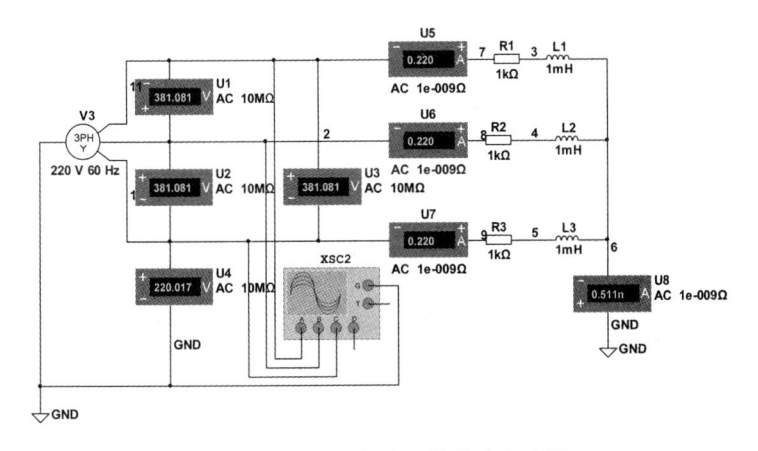

图 8-6 对称三相电源的仿真电路图

三相电路波形如图 8-7 所示。

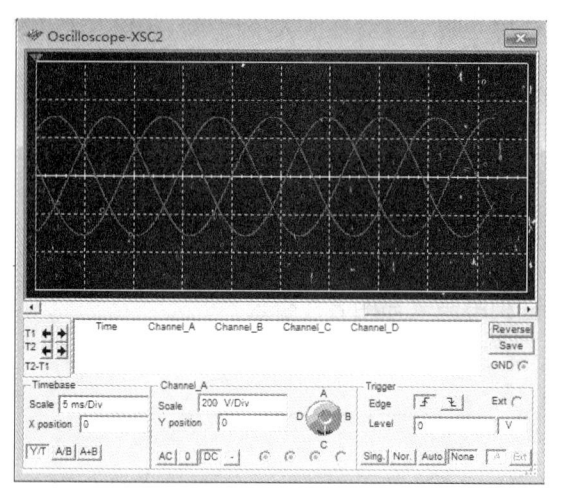

图 8-7 三相电源的波形图

六、三相负载

1. 负载星形连接（如图 8-8 所示）

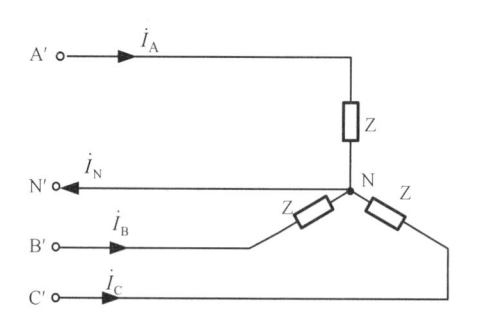

图 8-8 负载星型连接

负载的相电压 U_P：每相负载上的电压 $\dot{U}_{A'N'}$，$\dot{U}_{B'N'}$，$\dot{U}_{C'N'}$。

负载的线电压 U_L：负载端线间的电压 $\dot{U}_{A'B'}$，$\dot{U}_{B'C'}$，$\dot{U}_{C'A'}$。

线电流 I_L：流过端线的电流 $\dot{I}_A$，$\dot{I}_B$，$\dot{I}_C$。

相电流 I_P：流过每相负载的电流 $\dot{I}_{ab}$，$\dot{I}_{bc}$，$\dot{I}_{ca}$（如图 8-9 所示）。

结论：

（1）线电压大小等于相电压的 $\sqrt{3}$ 倍，即 $U_L = \sqrt{3} U_p$。

（2）线电压相位领先对应相电压 30°，即 $\dot{U}_{AB} = \sqrt{3}\dot{U}_{AN} \angle 30°$。

（3）线电流等于对应的相电流。

2. 负载三角型连接（如图 8-9 所示）

重点讲解
难点分析
任务驱动
自主探究
（20分钟）

教学方法：
探究法
仿真演示法
设计意图：
从 Multisim 仿真的电表读数中让学生得到更直观的感受。引导学生推算线电压和相电压的相位关系，培养学生总结归纳能力、分析计算能力。

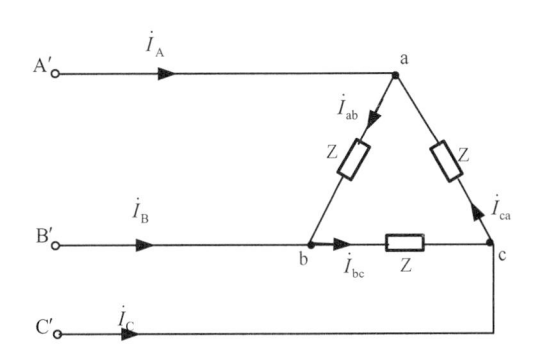

图 8-9　负载三角型连接

结论：
（1）线电流大小等于相电流的$\sqrt{3}$倍，即$I_L = \sqrt{3}I_p$。
（2）线电流相位滞后对应相电流30°，即$\dot{I}_A = \sqrt{3}\dot{I}_{ab}\angle -30°$。
（3）线电压等于对应的相电压，即$\dot{U}_{AB} = \dot{U}_{AN}$。

3．运行 Multisim 仿真电路实验（如图 8-10 所示）

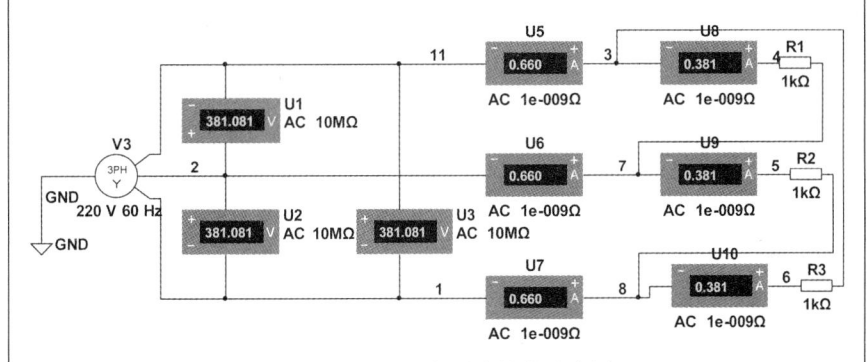

图 8-10　负载三角型连接的仿真图

提问：负载额定电压为 220V 要怎样连接？如果为 380V 呢？
练习：对称 Y 形连接三相电源，若$\dot{U}_A = 220\angle 0°$，则$\dot{U}_{AB} = ?$，$\dot{U}_{BC} = ?$，$\dot{U}_{CA} = ?$。
通过练习让学生熟悉三相电路线电压和相电压的关系。

| 重点讲解 难点分析 任务驱动 自主探究 （35分钟） | 七、Y-Y 对称三相电路的特点
1．Y-Y 连接对称三相电路如图 8-11 所示，不管有无中线，电源中性点 N 与负载 N′之间的电压为 0，即 N 与 N′等电位。
2．将电源中性点 N 与负载 N′短接之后，各相工作状态独立，即各相的工作状态仅取决于各相的电源和负载。
八、Y-Y 对称三相电路归为一相的计算法
1．取 A 相来计算，将 A 相的负载、电源的各中点用无阻导线相接。
2．绘出一相的电路图如图 8-12 所示，计算其各电压，电流。
3．推算其他两相的电量。 | 教学方法：
讲授法
讲练法
设计意图：
在黑板上用结点电压法详细推导中线上的电压等于零，并说明这是三相 |

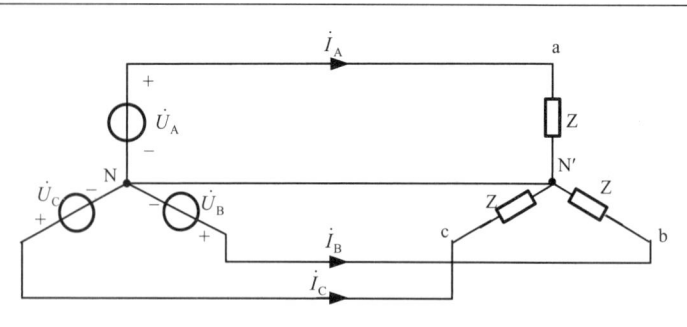

图 8-11　Y-Y 连接对称三相电路

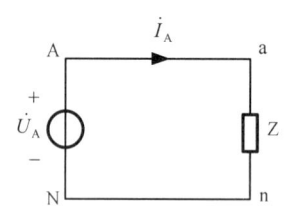

图 8-12　A 相计算电路

提问：为什么三相可以化为一相？

中线阻抗为什么不参与计算？

负载△连接没有中线怎么办呢？

例 8-1　已知对称三相电源线电压为 380V，$Z=6.4+j4.8\Omega$，$Z_L=6.4+j4.8\Omega$。求图 8-13 所示电路中负载 Z 的相电压、线电压和电流。

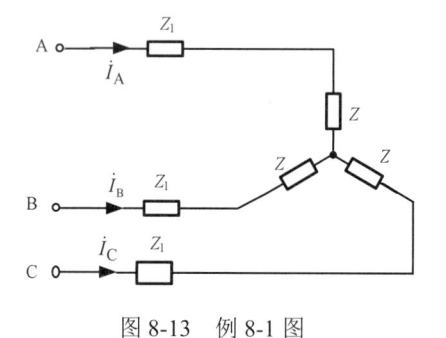

图 8-13　例 8-1 图

解：画出完整的三相电路如图 8-14 所示。

图 8-14　三相电路

画出一相计算图如图 8-15 所示。

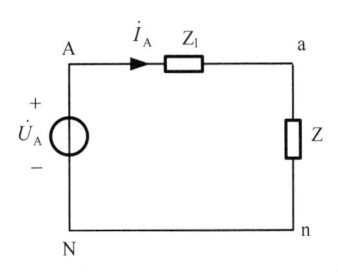

图 8-15 三相化为一相电路

设 $\dot{U}_{AB} = 380 \angle 0°$ V，则 $\dot{U}_{AN} = 220 \angle -30°$ V

$$\dot{I}_A = \frac{\dot{U}_{AN}}{Z + Z_L} = \frac{220 \angle -30°}{9.4 + j8.8}$$

$$= \frac{220 \angle -30°}{12.88 \angle 43.1°} = 17.1 \angle -73.1° \text{A}$$

$\dot{U}_{an} = \dot{I}_A \cdot Z = 17.1 \angle -73.1° \times 8 \angle 36.9° = 136.8 \angle -36.2°$ V

$\dot{U}_{ab} = \sqrt{3} \dot{U}_{an} \angle 30° = \sqrt{3} \times 136.8 \angle -6.2°$ V $= 236.9 \angle -6.2°$ V

九、Y-△连接对称三相电路的计算法

Y-△对称三相电路如图 8-16 所示。

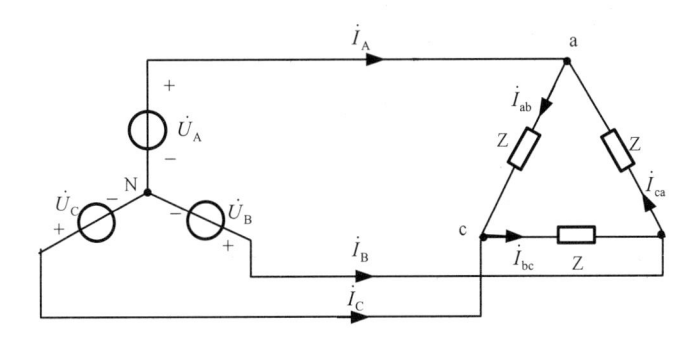

图 8-16 Y-△对称三相电路

先将△→Y 变换如图 8-17 所示。

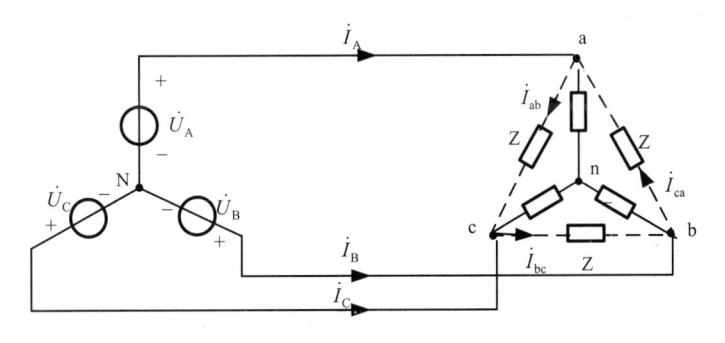

图 8-17 将△负载变为 Y 负载

在变换后的电路中利用三相化为一相的方法如图 8-18 所示。

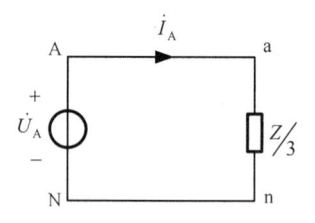

图 8-18 三相化为一相

小结：将△负载进行阻抗△-Y 变换，然后按归为一相的方法，计算线电流值，再返回原△电路，根据线相关系，求出相电流和相电压。

例 8-2 如图 8-19 所示对称 Y-△ 电路中，$Z = 300\angle 30°\ \Omega$，$Z_1 = 14.14\angle 45°\ \Omega$，对称线电压 $U_{AB} = 380$ V，求负载端线电压和线电流。

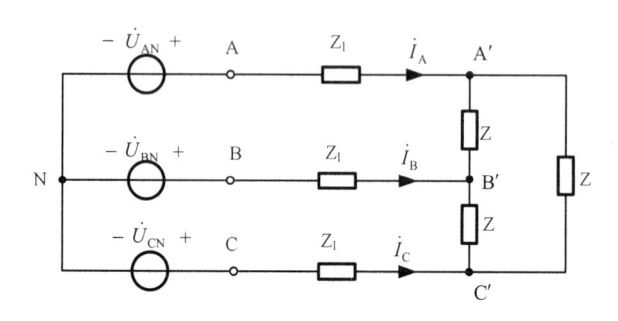

图 8-19 例 8-2 图

解：利用 Y-△ 变换将原电路化为图 8-20 的 Y/Y 系统计算。

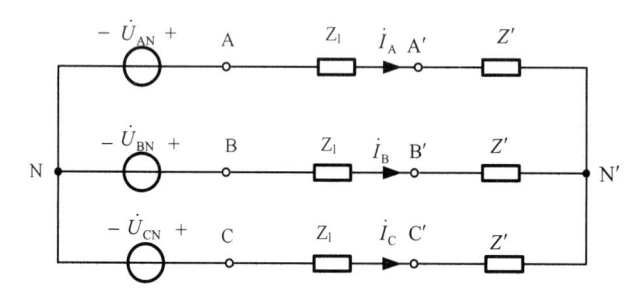

图 8-20 将△负载变为 Y 负载

如图 8-20，等效 Y 形负载的每相阻抗为

$$Z' = \frac{Z}{3} = \frac{300\angle 30°}{3} = 100\angle 30°\ \Omega$$

设电源相电压 $\dot{U}_A = \frac{1}{\sqrt{3}} U_{AB} \angle 0° = 220\angle 0°$ V

根据一相计算电路和对称性，计算 Y 形负载的线电流为

$$\dot{I}_A = \frac{\dot{U}_A}{Z_1 + Z'} = \frac{220\angle 0°}{14.14\angle 45° + 100\angle 30°} = 1.935\angle -31.85°\ \text{A}$$

$$\dot{I}_B = \alpha^2 \dot{I}_A = 1.935 \angle -151.85° \text{ A}$$
$$\dot{I}_C = \alpha \dot{I}_A = 1.935 \angle 88.85° \text{ A}$$

于是，等效 Y 形负载的相电压为

$$\dot{U}_{A'N'} = Z' \dot{I}_A = 100 \angle 30° \times 1.935 \angle -31.85° = 193.5 \angle -1.85° \text{ V}$$

利用线电压和相电压的关系及对称性，可得负载端的线电压。

$$\dot{U}_{A'B'} = \sqrt{3}\, \dot{U}_{A'N'} \angle 30° = 335.1 \angle 28.15° \text{ V}$$
$$\dot{U}_{B'C'} = \alpha^2 \dot{U}_{A'B'} = 335.1 \angle -91.85° \text{ V}$$
$$\dot{U}_{C'A'} = \alpha \dot{U}_{A'B'} = 335.1 \angle 148.15° \text{ V}$$

因此，图 8-19 中负载的相电流即可求得

$$\dot{I}_{A'B'} = \frac{\dot{U}_{A'B'}}{Z} = 1.117 \angle -1.85° \text{ A}$$
$$\dot{I}_{B'C'} = \alpha^2 \dot{I}_{A'B'} = 1.117 \angle -121.85° \text{ A}$$
$$\dot{I}_{C'A'} = \alpha \dot{I}_{A'B'} = 1.117 \angle 118.15° \text{ A}$$

例 8-3 如图 8-21 所示对称三相电路，电源线电压为 380V，$|Z_1|=10\Omega$，$\cos\varphi_1 = 0.6$（滞后），$Z_2 = -j50\Omega$，$Z_N = 1+j2\Omega$。

求：线电流、相电流，并定性画出相量图（以 A 相为例）。

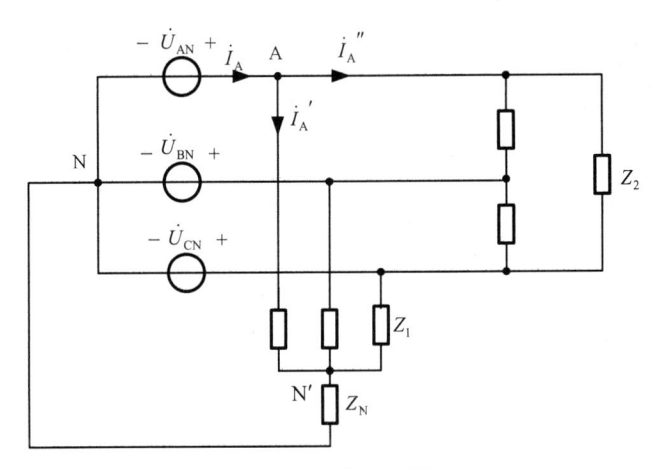

图 8-21　例 8-3 图

解：画出一相计算图如图 8-22 所示。

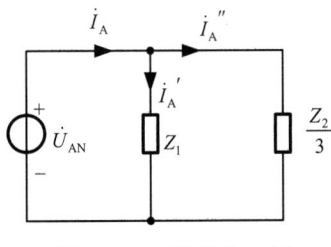

图 8-22　三相化为一相

设 $\dot{U}_{AN} = 220 \angle 0°$ V。

$$\dot{U}_{AB} = 380 \angle 30° \text{ V}$$

$$\cos\varphi_1 = 0.6, \quad \varphi_1 = 53.1°$$

$$Z_1 = 10 \angle 53.1° = 6 + j8 \Omega$$

$$Z'_2 = \frac{1}{3}Z_2 = -j\frac{50}{3}\Omega$$

$$\dot{I}'_A = \frac{\dot{U}_{AN}}{Z_1} = \frac{220 \angle 0°}{10 \angle 53.13°} = 22 \angle -53.13° \text{ A} = 13.2 - j17.6\text{A}$$

$$\dot{I}''_A = \frac{\dot{U}_{AN}}{Z'_2} = \frac{220 \angle 0°}{-j50/3} = j13.2\text{A}$$

$$\dot{I}_A = \dot{I}'_A + \dot{I}''_A = 13.9 \angle -18.4° \text{ A}$$

根据对称性可得：

$$\dot{I}_B = 13.9 \angle -138.4° \text{ A}$$
$$\dot{I}_C = 13.9 \angle 101.6° \text{ A}$$

第一组负载的三相电流：

$$\dot{I}'_A = 22 \angle -53.1° \text{ A}$$
$$\dot{I}'_B = 22 \angle -173.1° \text{ A}$$
$$\dot{I}'_C = 22 \angle 66.9° \text{ A}$$

第二组负载的相电流：

$$\dot{I}_{AB2} = \frac{1}{\sqrt{3}}\dot{I}'_A \angle 30° = 13.2 \angle 120° \text{ A}$$
$$\dot{I}_{BC2} = 13.2 \angle 0° \text{ A}$$
$$\dot{I}_{CA2} = 13.2 \angle -120° \text{ A}$$

由此可以画出相量图如图 8-23 所示。

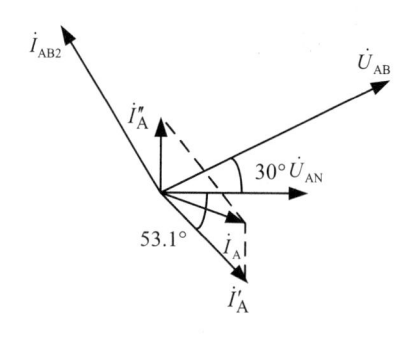

图 8-23 三相电压电流相量图

| 归纳小结 拓展延伸 (5分钟) | 【本节小结】
1．三相电路的特点。
2．对称 Y 形与三角形连接三相电源的电压电流关系。
3．对称三相电路的三相化为一相的分析方法。
【课后作业】
习题八：8-1、8-2、8-3 | 教学方法：
讲授法
设计意图：
梳理总结本堂课的知识点，培养学生 |

	【思考题】	的总结归纳
	1. 为什么对称三相电路可以应用三相化为一相的分析方法？ 2. 为什么对称三相电路中线的电压和电流都为零？ 【布置预习】 不对称三相电路的计算、三相功率。	能力。
教学反思	通过本次授课，达到了预期的教学目标：学生掌握了对称三相电源与三相负载电流和电压的数量关系，能熟练运用相量法对电路进行分析，认识到 Multisim 仿真软件对电路进行仿真实验的重要性。在课堂中，合理利用仿真软件、动画、多媒体展示等生动形象的教学素材组织学生进行分析推导，充分发挥学生的主观能动性，培养了学生对现象的分析能力以及利用所学知识解决实际问题的能力；同时通过介绍三相电路的实际应用，增强了学生用电的安全意识，开拓了学生的视野。	

黑板板书设计：

一、对称三相电源（如图 8-24 所示）

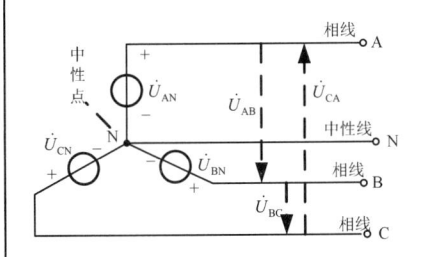

图 8-24 对称三相电源

线电压：火线与火线之间的电压。
相电压：每相电源的电压或火线与中线点之间的电压。
线电流：流过火线的电流。
相电流：流过每相负载的电流。

二、对称三相电路 Y 和 △ 连接的线电压和相电压的关系（如图 8-25 所示）

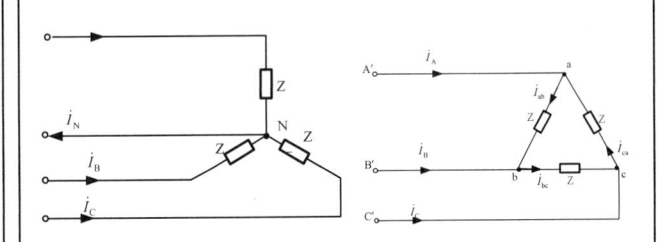

图 8-25 Y 联接和 △ 联接的对称电路

(1) 线电压大小等于相电压的 $\sqrt{3}$ 倍，即 $U_L = \sqrt{3}U_p$。
(2) 线电压相位领先对应相电压 30°。
(3) 线电流等于对应的相电流。

(1) $I_L = \sqrt{3}I_p$。
(2) 线电流相位滞后相电流 30°。
(3) 线电压等于对应的相电压。

第二十一讲 不对称三相电路的计算、三相功率

【教学目的】

1. 掌握不对称三相电路中电压、电流和功率的计算。
2. 掌握三相电路中功率的测量。

【能力目标】

1. 通过对三相电路的研究，提高学生的安全用电意识。
2. 通过对生活中用电现象的分析，培养学生探索求新、发现问题、解决问题的能力。

【教学内容】

- 不对称三相电路的计算
- 三相电路的功率
- 三相电路功率的测量

【教学重点】

1. 不对称三相电路中性点位移和中线的作用。
2. 二瓦计法测量三相电路功率。

【教学难点】

1. 不对称三相电路的计算。
2. 三相电路功率的测量。

【教学手段】

1. 以"问题/实践"而启思。在三相电路中的教学中，不对称电路不是重点但却是难点，而且日常生活中大多是不对称三相电路，所以本节教学有着非常重要的实践意义。在本节教学过程中，通过举一宿舍平时用电的故障现象作为例题，一步一步引导学生学会分析不对称三相电路并理解中线的重要作用。在分析三相功率计算与测量时，设置多处思考题进行提问，引导学生关注理论相关知识点，启发学生沿着正确方向思考问题，实现课堂内师生互动。

2. 以"规律"而求知。在本章课堂讲解过程中，要始终贯穿一条主线。即三相电路实质上是复杂正弦电流电路，它是正弦交流电路的一种特殊类型：特殊的电源、特殊的负载、特殊的连接方式、特殊的计算方法。让学生了解并掌握这些规律，才能使他们学好这些知识要点。

【设计思路】

1. 采用实践现象引入、启发式教学法。
2. 采取由浅入深、循序渐进的教学策略。
3. 运用"引课（实践）-任务驱动-探究拓展"的课堂教学模式。

教学环节	教学行为	教学方法设计意图
复习回顾 新课导入 （5分钟）	复习对称三相电路。 在黑板上画 Y—Y 三相电路。 提问：什么是线电压？什么是相电压？什么是线电流？什么是相电流？Y 连接中线电压与相电压、线电流与相电流的关系？Δ连接中线电压与相电压、线电流与相电流的关系？ 引导：现实生活中都是不对称的三相电路，怎么来分析？ 三相电路中功率怎么来测量？	教学方法： 讨论法 设计意图： 复习对称电路，从日常生活的故障现象引出不对称的三相电路以及功率的测量，从而引入新课。
重点讲解 难点分析 任务驱动 自主探究 （30分钟）	一、不对称三相电路的概念 定义：三相电源和三相负载中只要有一部分不满足对称条件，就是不对称三相电路（如图 8-26 所示）。 图 8-26　不对称三相电路 三相负载 Z_a、Z_b、Z_c 不相同。 $$\dot{I}_A = \frac{\dot{U}_{AN}}{Z_a} \quad \dot{I}_B = \frac{\dot{U}_{BN}}{Z_b} \quad \dot{I}_C = \frac{\dot{U}_{CN}}{Z_c}$$ $$\dot{I}_{N'N} = \dot{I}_A + \dot{I}_B + \dot{I}_C = \frac{\dot{U}_{AN}}{Z_a} + \frac{\dot{U}_{BN}}{Z_b} + \frac{\dot{U}_{CN}}{Z_c} \neq 0$$ 二、引入仿真（如图 8-27 所示） 例 8-4　如图 8-28 电路中，电源三相对称。当开关 S 闭合时，电流表的读数均为 5A。 求：开关 S 打开后各电流表的读数。	教学方法： 案例法 设计意图： 因为课时少和课程对这部分内容要求低的原因，在分析不对称电路时，通过宿舍停电来说明没有中线时，某一相发生故障有什么严重后果，以此说明中线的重要性。让学生在明白平时遇见的故障中学会分析电路，激发学生独立思考，提高学生分析问题、解决问题的能力。

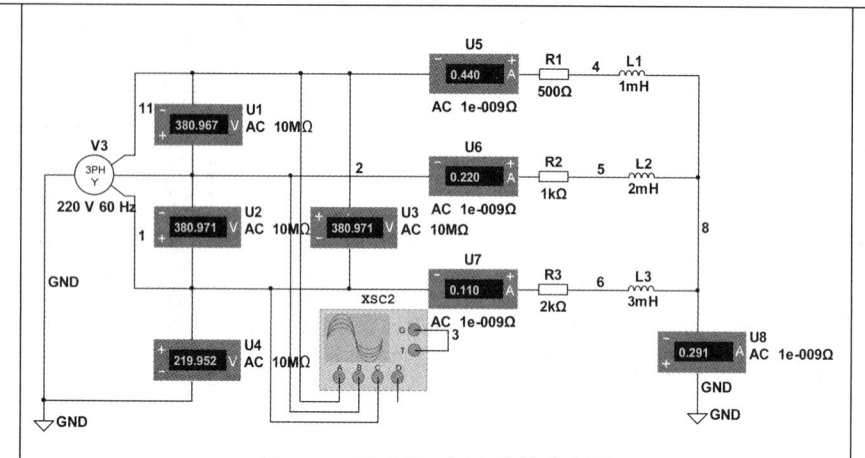

图 8-27 不对称三相电路的仿真图

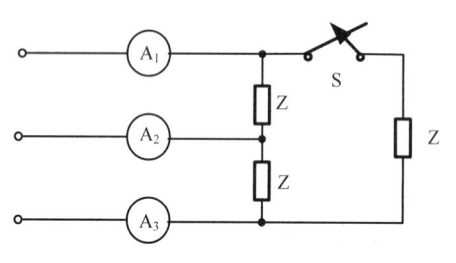

图 8-28 例 8-4 图

解：开关 S 打开后，A_2 表中的电流与负载对称时的电流相同。而 A_1、A_3 中的电流相当于负载对称时的相电流。

电流表 A_2 的读数=5A

电流表 A_1、A_3 的读数=$5/\sqrt{3}=2.89$A

例 8-5 如图 8-29 所示，在有中性线和无中性线两种情况下，分析 A 相负载发生短路或断路时电路的工作情况。

（1）有中性线，A 相负载发生短路；

（2）无中性线，A 相负载发生短路；

（3）有中性线，A 相断路；

（4）无中性线，A 相断路。

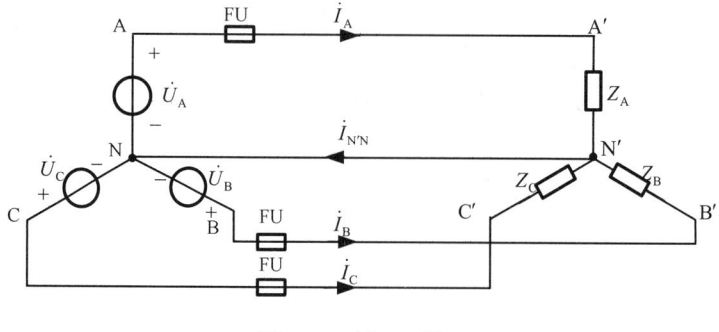

图 8-29 例 8-5 图

解：(1) 有中性线，A 相负载发生短路（如图 8-30）
仅 A 相熔断器熔断，B 相、C 相负载仍正常工作。

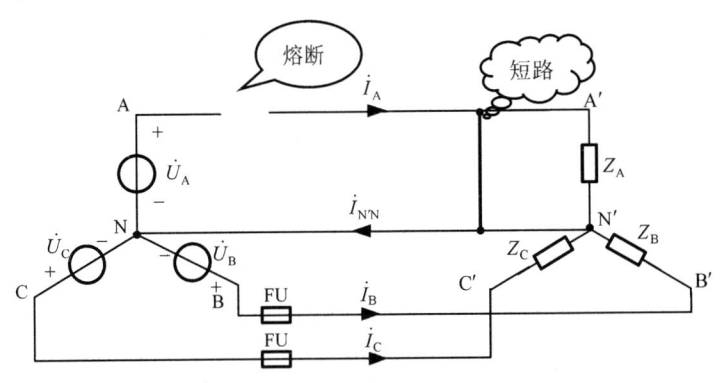

图 8-30 有中性线 A 相负载发生短路

(2) 无中性线，A 相负载发生短路（如图 8-31）
B 相、C 相负载承受电源线电压，I_B、I_C 增大，$\dot{I}_A = -(\dot{I}_B + \dot{I}_C)$，FU 不一定熔断，B 相、C 相负载损坏。

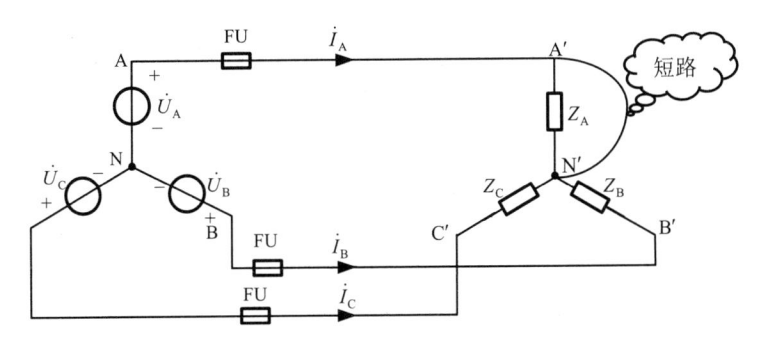

图 8-31 无中性线 A 相负载发生短路

(3) 有中性线，A 相断路（如图 8-32）
B 相、C 相负载正常工作。不受影响。

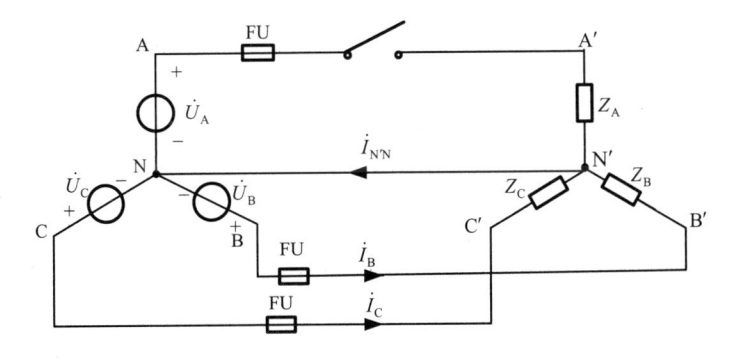

图 8-32 有中性线 A 相断路

(4) 无中性线，A 相断路（如图 8-33）
B 相、C 相负载串联，接在线电压 $\dot{U}_{BC}$ 上，仍不能正常工作。

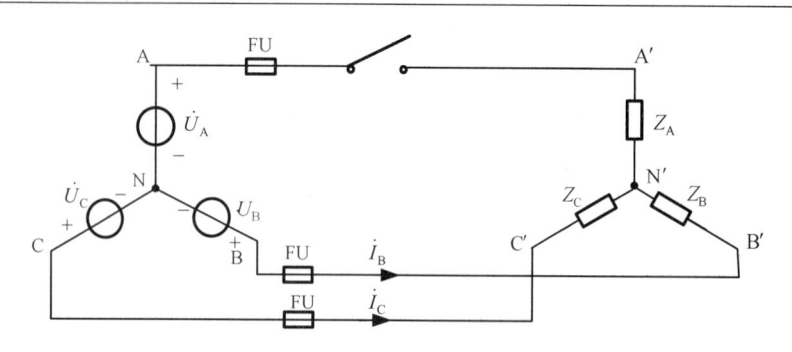

图 8-33 无中性线 A 相断路

从上面的例题可以看出：

（1）负载不对称而又没有中性线时，负载的相电压就不对称，有的相的电压高于负载的额定电压，有的低于负载的额定电压。这都是不允许的。三相负载的相电压必须对称。

（2）不对称负载星形连接时必须有中性线。中性线的作用就在于使星形连接的不对称负载的相电压对称。中性线（指干线）内不应接入熔断器或闸刀开关，以保证中性线不断开。

2．中线的作用：不对称三相电路中，若用短路线将电源中点与负载中点连接起来，可以强制 $\dot{U}_{N'N}=0$。这样三相可分别独立计算。若其中某一相电路发生变化，不会影响另外两相的工作状态。

提问：为什么中线不能接入熔断器或闸刀开关？

重点讲解　难点分析　任务驱动　自主探究（45分钟）

三、三相电路的功率

1．三相电路功率：有功功率，无功功率和复功率，且均为每相对应功率之和

$$P = P_A + P_B + P_C$$
$$Q = Q_A + Q_B + Q_C$$
$$\overline{S} = \overline{S}_A + \overline{S}_B + \overline{S}_C$$

2．对称三相电路的功率：对称三相电路的有功功率、无功功率和复功率均为某一相对应功率的 3 倍。它们可用相电压、相电流计算，也可用线电压、线电流计算。

$$P = 3U_p I_p \cos\varphi = \sqrt{3} U_L I_L \cos\varphi$$
$$Q = 3U_p I_p \sin\varphi = \sqrt{3} U_L I_L \sin\varphi$$
$$\overline{S} = 3\overline{S}_A = 3U_p I_p = \sqrt{3} U_L I_L$$

式中：U_p、I_p 为相电压、相电流，U_L、I_L 为线电压、线电流，$\cos\varphi$ 是一相的功率因数。

强调：φ 是相电压与相电流的相位差。

四、三相功率的测量

1．功率表电流线圈和电压线圈的接法；

2．对称三相四线制电路可只用一个功率表测量三相功率；

教学方法： 探究法　讨论法

设计意图： 在黑板上板书各种相量的相量图，让学生弄清楚 φ 是相电压与相电流的相位差。让学生在理解功率的基础上着重掌握三相功率的测量。增强学生的工程意识，培养学生将理论与实践相结合的能力。

3．不对称三相四线制电路应用三个功率表测量三相功率（如图 8-34 所示）。

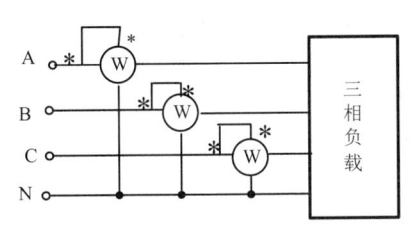

图 8-34　三相功率的测量

4．二瓦计法：三相三线制电路不管是否对称均采用两个功率表测量三相功率，它们两个功率表的电流线圈分别串入两根火线中，它们的电压线圈的非电源端共同接到非电流线圈所在的第三条端线上。如图 8-35 所示，三相负载的平均功率为两只功率表读数之和：
$$P = P_1 + P_2$$
其中　　$P_1 = U_{AC} I_A \cos\varphi_1$　　　$P_2 = U_{BC} I_B \cos\varphi_2$
φ_1、φ_2 是 $\dot{U}_{AC}$ 与 $\dot{I}_A$、$\dot{U}_{BC}$ 与 $\dot{I}_B$ 的相位差。

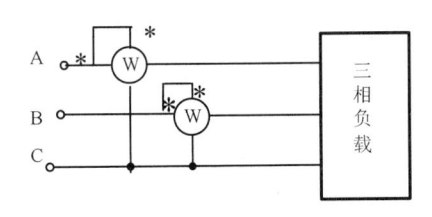

图 8-35　二瓦计法测功率

若电路为对称三相电路，P_1 和 P_2 还可以表示为
$$P_1 = U_{AC} I_A \cos(\varphi - 30°), \quad P_2 = U_{BC} I_B \cos(\varphi + 30°)$$
φ 是任一相负载的阻抗角。

例 8-6　如图 8-36 所示，已知 $U_L = 380\text{V}$，$Z_1 = 30 + j40\Omega$，电动机 $P = 1700\text{W}$，$\cos\varphi = 0.8$（感性）。

求：（1）线电流和电源发出的总功率；

（2）用两表法测电动机负载的功率，画接线图，求两表读数。

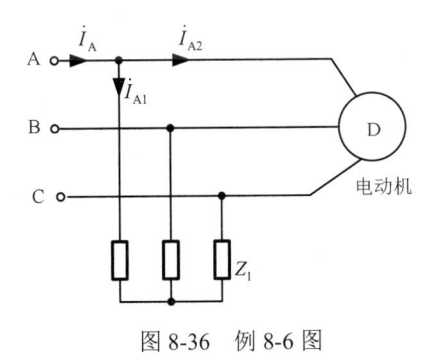

图 8-36　例 8-6 图

解：（1）令 $\dot{U}_{AN} = 220 \angle 0°$ V

$$\dot{I}_{A1} = \frac{\dot{U}_{AN}}{Z_1} = \frac{220\angle 0°}{30+j40}$$
$$= 4.41 \angle -53.1° \text{ A}$$

电动机负载：$P = \sqrt{3}U_L I_{A2}\cos\varphi = 1700\text{W}$

$$I_{A2} = \frac{P}{\sqrt{3}U_L \cos\varphi} = \frac{P}{\sqrt{3}\times 380\times 0.8} = 3.23\text{A}$$

$\cos\varphi = 0.8$，$\varphi = 36.9°$

$\dot{I}_{A2} = 3.23\angle -36.9°$ A

总电流：
$$\dot{I}_A = \dot{I}_{A1} + \dot{I}_{A2}$$
$$= 4.41\angle -53.1° + 3.23\angle -36.9° = 7.56\angle -46.2° \text{ A}$$
$$P_{总} = \sqrt{3}U_L I_A \cos\varphi_{总}$$
$$= \sqrt{3}\times 380\times 7.56\cos 46.2° = 3.44\text{kW}$$
$$P_{Z1} = 3\times I_{A1}^2 \times R_1 = 3\times 4.41^2 \times 30 = 1.74\text{kW}$$
$$P_D = 1700\text{W} \qquad P_{总} = P_{Z1} + P_D = 3.44\text{kW}$$

（2）两表的接法如图 8-37 所示

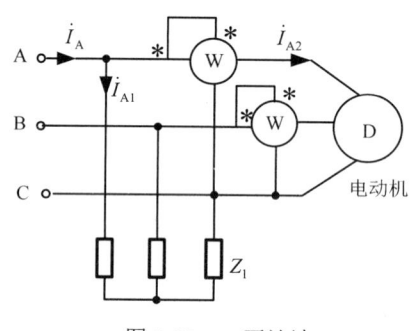

图 8-37 二瓦计法

表 W_1 的读数 P_1：
$P_1 = U_{AC}I_{A2}\cos\varphi_1 = 380\times 3.23\times \cos(-30°+36.9°) = 1218.5\text{W}$

表 W_2 的读数 P_2：
$P_2 = U_{BC}I_{B2}\cos\varphi_2 = 380\times 3.23\times \cos(-90°+156.9°)$
$= 380\times 3.23\times \cos(30°+36.9°) = 481.6\text{W}$

| 归纳小结 拓展延伸（10分钟） | 【本节小结】
1. 不对称三相电路的求解。
2. 三相电路功率的测量。
①功率表电流线圈和电压线圈的接法；
②二表法测量三相电路功率时的解法。
【课后作业】
习题：7-4、7-5 | 教学方法：
讲授法
设计意图：
梳理总结本堂课的知识点，培养学生的总结归纳能力。通过引例布置 |

	【思考题】 1. 为什么中线不能接入熔断器或闸刀开关？ 2. 在功率的计算中，为什么 φ 是相电压与相电流的相位差？	预习第五章动态电路。
教学反思	因为课时少和本课程对不对称三相电路这部分内容要求低的原因，这堂课主要通过举学生平时遇到的故障案例来对不对称三相电路进行分析，这样学生觉得简单直接，效果比以前从纯理论来分析的效果要好很多。在学习三相功率时，着重三相功率测量，强调理论与实践相结合，培养了学生对现象的分析能力以及利用所学知识解决实际问题的能力。	

黑板板书设计：

一、对称三相电路的功率

$$P = 3U_p I_p \cos\varphi = \sqrt{3} U_L I_L \cos\varphi$$

$$Q = 3U_p I_p \sin\varphi = \sqrt{3} U_L I_L \sin\varphi$$

$$\overline{S} = 3\overline{S}_A = 3U_p I_p = \sqrt{3} U_L I_L$$

强调：φ 是相电压与相电流的相位差。

二、二瓦计法（如图 8-38 所示）

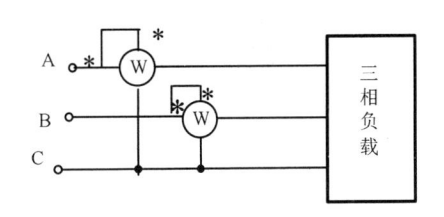

图 8-38　二瓦计法

$$P = P_1 + P_2$$

$P_1 = U_{AC} I_A \cos\varphi_1$　　$P_2 = U_{BC} I_B \cos\varphi_2$

φ_1、φ_2 是 $\dot{U}_{AC}$ 与 $\dot{I}_A$、$\dot{U}_{BC}$ 与 $\dot{I}_B$ 的相位差。

若电路为对称三相电路，P_1 和 P_2 还可以表示为

$P_1 = U_{AC} I_A \cos(\varphi - 30°)$，

$P_2 = U_{BC} I_B \cos(\varphi + 30°)$

φ 是任一相负载的阻抗角。

应用实例：电力系统简介

电力系统主要由发电厂、输电线路、配电系统及负荷组成，通常覆盖广阔的地域。发电厂将原始能源转换为电能，经过输电线路送至配电系统，再由配电系统把电能分配给负荷，由上述四个部分组成的统一整体叫做电力系统。

发电方式按能源划分有火力发电、水力发电、核能发电、风力发电、地热发电、太阳能发电、潮汐发电等。处于研究阶段的有磁流体发电、燃料发电等。

大多数发电厂利用三相同步发电机来发电。一个发电厂中往往安装多台发电机并联运行，根据负载的情况决定发电机运行的台数，这样就可以达到既满足负载要求，又能降低发电成本

的目的。

由于输送与分配电能的需要，电力系统由多个层次的电压等级组成，这些不同的电压等级是由国家规定的标准电压，又称额定电压。制定标准电压的依据是由于以下的理由：三相功率正比于线电压与线电流的乘积。当输送功率一定时，输电电压越高，则输电电流越小，因而所用的导线截面积愈小，从而线路投资愈小；但电压愈高对绝缘的要求愈高，杆塔、变压器、断路器的绝缘投资也愈高。因而对应于一定的输送功率和输送距离应有一最佳的输电电压。但从设备制造的经济性以及运用时便于代换，必须规格化、系列化，且等级不宜过多。

我国国家标准规定的电力网的标准电压有 3kV、6kV、10kV、35kV，110kV、220kV、330kV、500kV，750kV 等。3kV 限于工业企业内部采用。10kV 是最常用的城乡配电电压。当负荷中高压电动机比重很大时常用 6kV 或 10kV 配电。35kV 用于中等城市或大型工业企业内部供电，也用于农村网。110kV 用于中、小电力系统的主干线及大型电力系统的二次网络，也用于向电负荷较重的农村地区送电。220kV、330kV、500kV、750kV 多用于大型电力系统的主干线。

我国国家标准规定的生活用电的标准电压为 220V。

我国国家标准规定的动力用电的标准电压为 220V、380V、6kV、10kV。

输送和分配电能时，经常要将一个电压等级的电能变换为另一个电压等级的电能，这需要通过变压器来实现。一般来说，电力系统中变压器的安装容量是发电机安装容量的 6~8 倍。

设计意图：通过介绍电力系统让学生深刻理解三相电路，提高学生的实际应用能力。

第二十二讲　三相交流负载电路的设计与测量（实验）

【实验目的】

1. 掌握三相负载作星形连接、三角形连接的方法，验证这两种接法下线电压、相电压及线电流、相电流的关系。
2. 比较三相供电方式中三线制和四相制的特点，充分理解三相四线制供电系统中中线的作用。
3. 研究在三相负载不对称情况下各电压、电流之间的关系。

【能力目标】

1. 学生从实验数据和实验现象分析三相电路的特点，训练学生实践应用的工程能力。
2. 锻炼学生通过使用交流电压表查找故障点，提高排除强电故障的能力，增强用电安全意识。

【实验内容】

- 三相负载星形连接时，有中线接平衡负载、没有中线接平衡负载、有中线接不平衡负载、没有中线接不平衡负载、C相断开这五种情况的线电流、线电压、相电压。
- 三相负载△连接时，△接平衡负载、△接不平衡负载、△接AB相断开、△接平衡负载且A相相线断开、△接不平衡负载且A相相线断开，这五种情况的线电压、线电流、相电流。

【实验重点】

三相负载星形连接和三角形连接的线电压、相电压、线电流、相电流的测量。

【实验难点】

三相负载星形连接和三角形连接的接线。

【仪器设备】

三相自耦变压器、交流电流表和电压表、电工综合实验装置、白炽灯。

【设计思路】

从现实生活中的三相供电线路出发，引出负载电路的连接方式有两种：星形连接和三角形连接。首先，学生根据所学理论知识分别设计出：负载为星形连接的对称电路和不对称电路，负载为三角形连接的对称电路和不对称电路，自行设计实验方案。通过方案检查后，进行实际电路连接，完成数据测量。并学会分析数据，分析实践应用中出现的问题及解决方法，从而进一步培养学生的工程实践能力。

教学环节	教学行为	教学方法设计意图
实验准备（5分钟）	一、预习要求 复习三相负载星形连接和三角形连接的线电压、相电压、线电流、相电流的关系。 二、实验前准备 检查学生的预习报告，学生登录，领取实验条形码。	
重点讲解 难点分析 （15分钟）	三、演示讲解 1. 交流电压表、交流电流表的应用（如图8-39所示） 图8-39 交流电压表、交流电流表 **注意事项**：交流电压表、交流电流表的接法和量程。 2. 三相负载星形连接 接线图如图8-40所示，负载分5种情况：①Y_0接平衡负载；②Y接平衡负载；③Y_0接不平衡负载；④Y接不平衡负载；⑤Y接C相断开；测量电压和电流，并将测量结果填入表8-1中。 Y_0表示三相电源有中线；Y表示三相电源无中线。 图8-40 负载星形连接接线图	**教学方法**： 演示法 探究法 **设计意图**： 实验教学是整个教学过程中的一个重要环节，是培养学生科学实验能力的重要手段。目的是使学生熟悉仪器仪表的使用，掌握实验的一般方法和步骤。培养学生独立分析问题、解决问题的能力和实验技能，激发学生积极参与实验的兴趣和认真完成实验的主观能动性。

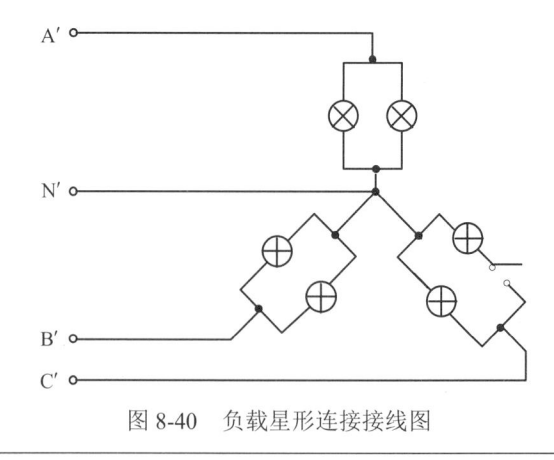

表 8-1 实验数据

负载	中线	亮灯盏数 A相	亮灯盏数 B相	亮灯盏数 C相	线电流/A I_A	线电流/A I_B	线电流/A I_C	线电压/V U_{AB}	线电压/V U_{BC}	线电压/V U_{CA}	相电压/V U_{AN}	相电压/V U_{BN}	相电压/V U_{CN}	I_N	$U_{NN'}$
①	有	2	2	2											
②	无	2	2	2											
③	有	2	2	1											
④	无	2	2	1											
⑤	无	2	2	0											

3. 三相负载△连接

接线图如图 8-41 所示，负载分 5 种情况：①△接平衡负载；②△接不平衡负载；③△接 AB 相断开；④△接平衡负载且 A 相断开；⑤△接不平衡负载且 A 相断开；测量电压和电流，并将测量结果填入表 8-2 中。

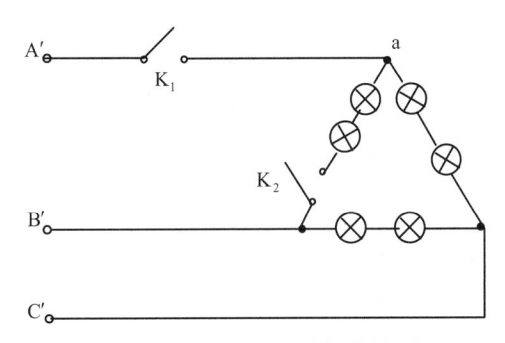

图 8-41 三相负载△连接接线图

表 8-2 实验数据

负载	导线1	亮灯盏数 AB相	亮灯盏数 BC相	亮灯盏数 CA相	线电流/A I_A	线电流/A I_B	线电流/A I_C	线电压/V U_{AB}	线电压/V U_{BC}	线电压/V U_{CA}	相电流/A I_{AB}	相电流/A I_{BC}	相电流/A I_{CA}
①	接上	2	2	2									
②	接上	2	2	1									
③	接上	0	2	2									
④	不接	2	2	2									
⑤	不接	2	2	1									

	4．实验注意事项 　　因为此实验为强电，所以要先断电、再接线、后通电；先断电、后拆线；而且相电压不要超过230V。	
独立完成实验(70分钟)	**四、学生独立完成实验，教师进行适当的辅导** 　　学生按照接线图搭接电路、测量实验数据和分析实验数据。由实验现象和实验数据得到三相负载星形连接和三角形连接的线电压、相电压、线电流、相电流的关系。通过实验达到对学生的观察和实验能力的培养，能使学生掌握正确的电量测量方法，通过分析实验数据和现象总结一定的规律，达到由现象到本质的飞跃。 　　在实验教学过程中，经常会发生学生搭错实验电路的问题，他们往往会得出一个错误的实验数据和实验现象。这时，不一定要由教师指出错误的所在；应该在教师的指导下由学生自己检查电路，分析电路的故障点，并最终得出正确的结论。这样即使学生有一种成就感，同时也锻炼他们查找故障点，使他们对电路有一定的分析和实践能力。总之，在实验教学中要使学生成为实验的主人，通过教师的指导，培养学生的实践能力，使学生掌握基本的测量、分析和总结实验能力，提高学生的创新能力，为今后的学习打下扎实的基础。 　　**五、检查学生的实验结果，给出实验成绩** 【课后作业与思考题】 　　1．实验报告。 　　2．负载作星形连接时，为什么白炽灯泡需并联后组成各相负载。而三角形连接时，灯泡需串联后组成各相负载？ 　　3．负载作星形连接时，能否将白炽灯泡串联后组成各相负载？如果可以，为什么实验中不提倡这样做？ 　　4．为什么在三相四线供电系统中，其中线不得安装保险丝？	教学方法： 实践法 探究法 设计意图： 使学生在三相电路的学习中能够运用理论知识解决实践当中出现的问题，达到由理论到实践，再到理论的目的。

第二十三讲　动态电路、交流电路习题课

【教学目的】

　　动态电路和交流稳态电路是电工技术中的重要理论。在动态电路中重点要掌握三要素法。在交流电路中要掌握正弦量、相量、相量图、相量模型、阻抗和导纳等概念；熟练运用相量法分析正弦稳态电路；学会计算正弦稳态电路的有功功率、无功功率、视在功率和复功率；理解提高功率因数的意义和方法；熟练运用三相线、相电压或电流之间的关系求解对称三相电路的电压、电流、功率。

【能力目标】

　　1．例题及习题课教学是巩固重要理论和方法的一种重要课堂教学形式，是培养提高学生的应用能力和分析能力的重要手段。

　　2．通过习题加强概念的理解和提高计算能力，系统掌握动态电路和交流电路的知识，以提高学生独立思考和分析问题的能力。

【教学内容】

　　例 1、例 2、例 3、例 4、例 5

【教学策略】

　　例题及习题课教学是巩固重要理论和方法的一种重要课堂教学形式，是检验教学效果、实施素质教育的重要途径。通过例题、习题的讲练，可揭示电工学知识的内在规律，沟通各部分知识的联系，从而使学生把所学的知识系统化、条理化，提高分析问题和解决问题的能力，能把所学的知识应用于实践。同时，以例题、习题为载体，能够使学生进一步理解和牢固掌握已学过的基础知识和技能，科学地掌握电工学知识和思想方法，发展学习能力，提高学习质量及素养。

【设计思路】

　　在阐明原理的前提条件下，结合典型例题让学生自己先去思考，提出解题思路，然后就学生提出的不同思路、方法给予点评，分析各种方法的正误性、优缺点等。这样一方面可以使学生在独立思考中锻炼思维能力，另一方面也可以让学生集众家之所长，开拓思维空间、开阔思路。再者，采用这种方法也有助于搞好课堂教学，通过观察学生的课堂表现，随时了解学生的听课情况、对知识的掌握程度，及时发现问题，及时解决。习题课采取学生主讲，主讲后再展开讨论，最后辅导教师总结的方式进行，以加强学生学习能力的培养。

教学环节	教学行为	教学方法设计意图
习题讲解（90分钟）	1. 课前布置学生复习第 5 章到第 8 章；布置学生讲解，并计入平时成绩。 2. 通过先练习后讲解，对同一题目用各种不同方法求解，加深对相量法的理解；并熟练运用相量法求解正弦交流电路。 3. 通过习题加强概念的理解和提高相量的计算能力，系统掌握交流稳态电路的知识，以提高学生独立思考和分析问题的能力。 4. 要求学生归纳总结第 5、6、7、8 章的知识点，教师启发并总结提高。 一、知识点：此题意在复习巩固相量的概念和计算，在相量的计算中，注意不仅要考虑大小还要考虑方向；正确使用正弦稳态电路的一般分析方法。下题可采用相量图法，但最好使用戴维宁定理求解等效电路然后应用公式求解 **例 1** 图 8-42 所示正弦稳态电路，已知 $\omega=10^4$ rad/s，并且，（1）当端口 a、b 开路时，电压表 1 读数 $U_1=0$ V，电流表读数为 2A；（2）当端口 a、b 短路时，$\dot{U}_1=\dot{U}_2$，两电压表读数都为 10V，而电流表读数为 0.5A。试求负载 $Z_L=80\Omega$，其功率为多少。 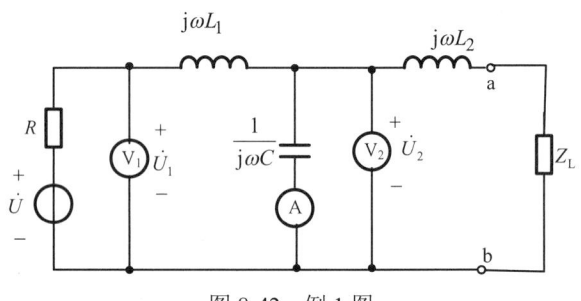 图 8-42　例 1 图 二、知识点：此二题意在复习巩固功率的概念和计算。 **例 2** 图 8-43 所示网络中，已知 $u_1(t)=10\cos(1000t+30°)$V，$u_2(t)=5\cos(1000t-60°)$ V，电容器的阻抗 $Z_C=-j10\Omega$。试求网络 N 的入端阻抗和所吸收的平均功率及功率因数。 **例 3** 电路如图 8-44 所示。试求结点 A 的电位和电流源供给电路的有功功率、无功功率。 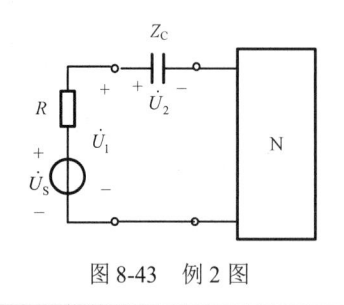 图 8-43　例 2 图 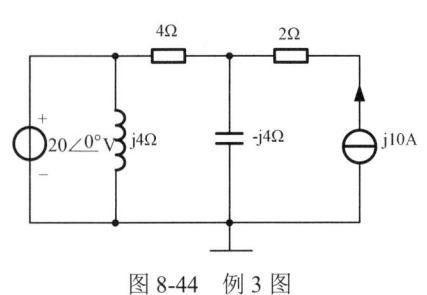　　　图 8-44　例 3 图	教学方法： 讨论法 讲练法 设计意图： 以讨论、讲练的方式进行。强调解题思路和方法。在习题课中，同一道例题通过用不同的方法求解，让学生熟练地选择出最优的解题方法。通过习题加强概念的理解和提高计算能力，系统掌握交流电路的知识，以提高学生独立思考和分析问题的能力。

三、知识点：对称三相电路具有空间上对称的特点，计算时只要算出一相的电量，即可推出其他两相的电量；单相电路中的正弦稳态方法均可推广到三相电路中

例 4 一个对称三相感性负载，三相功率为 1200W，功率因数为 0.6，接于对称三相三线制电源上，线电压为 380V，今欲使电源的功率因数提高到 0.8，应怎样加接电容？

（1）试画出连接电路图，并计算电容量 $C=?$

（2）若用二瓦计法测上述电路的三相功率，试画出接线图，并计算功率因数提高后两功率表的读数。

四、知识点：复习电路在谐振中的性质以及参数的求解

例 5 某收音机的等效电路如图 8-45 所示。已知 $R=8\Omega$，$L=300\mu H$，C 为可调电容。广播电台信号 $U_{S1}=1.5mV$，$f_1=540kHz$；$U_{S2}=1.5mV$，$f_2=600kHz$。

（1）电路对信号 u_{S1} 发生谐振时，求电容 C 值和电路的品质因数 Q。

（2）持（1）中的 C 不变，分别计算 u_{S1} 和 u_{S2} 在电路中产生的电流及在电容 C 上的输出电压。

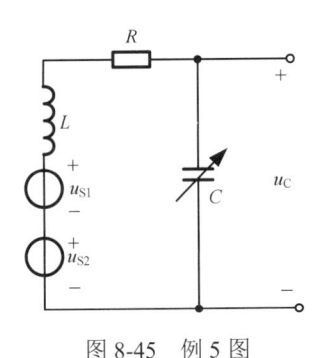

图 8-45 例 5 图

五、知识点：复习三要素求解动态电路的方法

例 6 图 8-46 所示电路中，$t=0$ 时，开关闭合，求 $t>0$ 的 i_L、i_2、i_2。

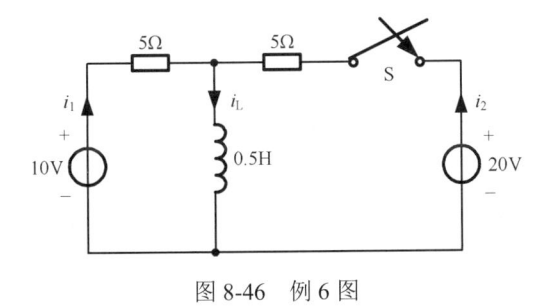

图 8-46 例 6 图

【板书设计】

例 1、2、3、4、5、6 的求解过程

第二十四讲 应用案例教学（讨论课）

【教学目的】

针对"电工电子学"内容多而学时少，学生实际动手操作内容和时间均有限的问题，本精品示范课堂有针对性地通过案例教学，在课堂上提高学生解决问题的能力。在实际教学过程中，由于学时有限，案例的选择不宜过多过难，最好从实际工程中提炼出来，随着科学技术的进步，实例也应随之不断更新。

【教学内容】

- 直流电路教学案例
- 三相电路教学案例
- 暂态电路教学案例

【能力目标】

1. 现代教学理念强调兴趣在教学活动中的重要作用，教学从知识传授向培养能力转变。在本堂课案例教学中采用"提出问题—解决方案—得出结论"的启发式教学方法，引导学生发现问题、解决问题，激发学习的积极性，使学生不仅掌握相应的专业知识，还能培养学生主动思考和学习精神，具备创新能力。

2. 通过对案例的分析，目的在于应用知识解决实际问题，而实际问题的解决过程就是对知识的再理解、再巩固的过程，既是能力的发展过程，也是拓展思维的过程。

【教学手段】

应用案例教学法进行教学，恰当运用任务驱动、设问、引导的研究式教学方法，将知识传授和素质教育相结合，以提高学生分析问题和解决问题的综合应用能力。

【设计思路】

《电工技术》课程研究性教学的三个环节形成了学习能力和创新能力的渐进式培养模式：①通过启发式和讨论式的课堂教学使学生初步理解和掌握理论内容；②通过实验使理论内容得到验证和深化；③通过科研训练既可以使知识得到应用、能力得到提高，又可以促进后续学习。这一模式符合人类的具体—抽象—具体的认知过程，不仅使学生学到了理论知识，更重要的是使学生带着浓厚的兴趣掌握了学习方法和应用方法。

教学环节	教学行为	教学方法设计意图
（20分钟）	一、直流电路教学案例 1．案例介绍 　　实际中用于测量直流电压、直流电流的多量程直流电压表、直流电流表是由称为微安计的基本电流表头与一些电阻串并联组成的。微安计是一个很灵敏的测量机构，内部有一个可动的线圈称为动圈，动圈的内阻称为微安计的内阻。动圈中通过电流之后，与永久磁铁互相作用，受到电磁力作用而偏转，所偏转的角度与线圈中通过的电流成比例关系。固定在动圈上的指针随动圈偏转，从而显示线圈所偏转的角度。微安计所能测量的最大电流为该微安计的量程。例如，一个微安计测量的最大电流为50μA，就说该微安计的量程为50μA。在测量时通过该微安计的电流不能超过50μA，否则微安计将损坏。内阻及量程是描述微安计特性的两个参数，分别用R_G及I_G表示。怎样用微安计来构成电压表、电流表呢？ 　　2．解决思路 　　（1）直流电压表 　　将微安计串联一个降压电阻R_k，就构成最简单的直流电压表，如图8-47所示。测量时，将电压表并接在被测电压U_x的两端，这时通过微安计的电流为 $$I = \frac{U_x}{R_G + R_k}$$ 　　由于微安计内阻R_G及降压电阻R_k的值是不变的，因此通过微安计的电流I与被测电压U_x成正比。只要在标度盘上按电压刻度，根据指针偏转的位置就能得到被测电压U_x的值。 图8-47　直流电压表原理图 　　降压电阻R_k根据电压表的量程U_L确定。当被测电压$U_x = U_L$时，通过表头的电流$I = I_G$，用欧姆定律可求出降压电阻的值为 $$R_k = \frac{U_L - R_G I_G}{I_G}$$ 　　在多量程直流电压表中，用转换开关分别将不同数值的降压电阻与微安计串联，就能得到几个不同的电压量程。 　　**例1**　图8-48为多量程电压表的原理图，已知微安计参数$R_G = 3\text{k}\Omega$，	教学方法： 案例法 讨论法 设计意图： 通过此案例的分析，不仅使学生进一步巩固了本学期所学的理论知识，而且让学生将理论与实践高度结合起来。根据精品示范课堂的要求，我们必须一改以往那种平铺直入的授课方式，更多地应用案例教学法进行教学，恰当运用任务驱动、设问、引导的研究式教学方法，将知识传授和素质教育相结合，以提高学生分析问题和解决问题的综合应用能力。

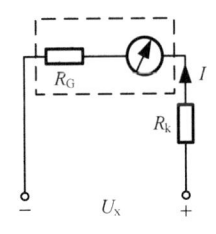

$I_G = 50\mu A$,各挡分压电阻分别为 $R_1 = 47\text{k}\Omega$,$R_2 = 150\text{k}\Omega$,$R_3 = 800\text{k}\Omega$,$R_4 = 4\text{M}\Omega$,$R_5 = 5\text{M}\Omega$。试求该电压表的五个量程 U_1、U_2、U_3、U_4 和 U_5。

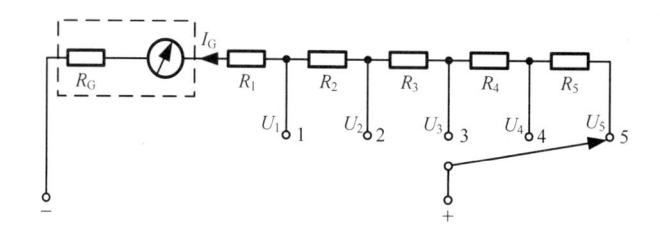

图 8-48 例 1 图

解:电压表的 5 个量程分别为

$U_1 = (R_G + R_1)I_G = (3 + 47) \times 50 = 2.5\text{V}$

$U_2 = (R_G + R_1 + R_2)I_G = (3 + 47 + 150) \times 50 = 10\text{V}$

$U_3 = (R_G + R_1 + R_2 + R_3)I_G = (3 + 47 + 150 + 800) \times 50 = 50\text{V}$

$U_4 = (R_G + R_1 + R_2 + R_3 + R_4)I_G$
$= (3 + 47 + 150 + 800 + 4000) \times 50 = 250\text{V}$

$U_5 = (R_G + R_1 + R_2 + R_3 + R_4 + R_5)I_G$
$= (3 + 47 + 150 + 800 + 4000 + 5000) \times 50 = 500\text{V}$

显然,这已经构成了可测量低、中电压的多量程电压表。

(2)直流电流表

将微安计并联一个分流电阻 R_k,就构成最简单的直流电流表,如图 8-49 所示。测量某一支路的电流 I_x 时,将电流表与该支路串联,使被测电流 I_x 通过电流表,根据并联电路的分流公式,可得通过微安计的电流

$$I = \frac{R_k}{R_G + R_k}I_x$$

上式表明,在一定的分流电阻 R_k 下,通过微安计的电流 I 与被测电流 I_x 成正比关系,所以只要在标度盘上按电流刻度,则根据指针偏转的位置就能得到被测电流 I_x 的值。

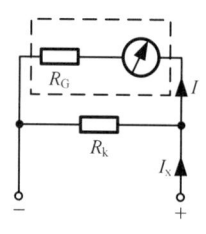

图 8-49 直流电流表原理图

分流电阻 R_k 根据电流表的量程 I_L 确定。当被测电流 $I_x = I_L$ 时,通过微安计的电流 $I = I_G$,因此

$$R_k = \frac{R_G I_G}{I_L - I_G}$$

在多量程直流电流表中，用转换开关分别将不同数值的分流电阻与微安计并联，就能得到几个不同的电流量程。

例 2 图 8-50 为多量程电流表的原理图，已知微安计参数 $R_G = 3.75\text{k}\Omega$，$I_G = 40\mu\text{A}$，电流表的各档量程分别为 $I_1 = 500\text{mA}$、$I_2 = 100\text{mA}$、$I_3 = 10\text{mA}$、$I_4 = 1\text{mA}$、$I_5 = 250\mu\text{A}$、$I_6 = 50\mu\text{A}$。试求各分流电阻的值。

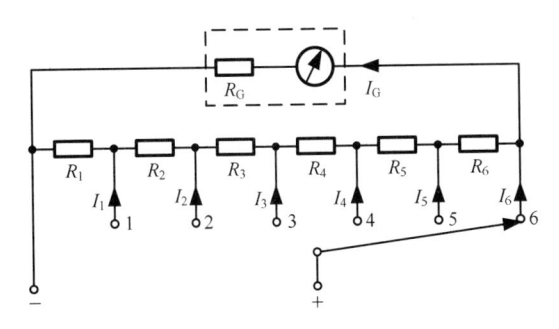

图 8-50 例 2 图

解： 从图示的电路可以看出：整个电流表有 6 个分流电阻，当使用最小的量程 I_6 时，全部分流电阻串联起来与微安计并联，令 $R = R_1 + R_2 + R_3 + R_4 + R_5 + R_6$，则

$$R = \frac{R_G I_G}{I_6 - I_G} = \frac{3.75 \times 40}{50 - 40} = 15\text{k}\Omega$$

采用量程 I_1 时，除 R_1 以外的分流电阻与微安计串联之后，再与 R_1 并联，由分流公式

$$I_G = \frac{R_1}{R + R_G} I_1$$

可求出

$$R_1 = \frac{R + R_G}{I_1} I_G = \frac{15 + 3.75}{500} \times 40 = 1.5\Omega$$

同理可求出

$$R_2 = \frac{R + R_G}{I_2} I_G - R_1 = \frac{15 + 3.75}{100} \times 40 - 1.5 = 6\Omega$$

$$R_3 = \frac{R + R_G}{I_3} I_G - (R_1 + R_2) = \frac{15 + 3.75}{10} \times 40 - 7.5 = 67.5\Omega$$

$$R_4 = \frac{R + R_G}{I_4} I_G - (R_1 + R_2 + R_3) = \frac{15 + 3.75}{1} \times 40 - 75 = 675\Omega$$

$$R_5 = \frac{R + R_G}{I_5} I_G - (R_1 + R_2 + R_3 + R_4) = \frac{15 + 3.75}{0.25} \times 40 - 750 = 2250\Omega$$

最后求出

$$R_6 = R - (R_1 + R_2 + R_3 + R_4 + R_5) = 15 - 3 = 12\text{k}\Omega$$

这里给大家提一个实际问题，图 8-51 所示电路似乎也可构成多量程

电流表，为什么实际电流表采用图 8-50 所示电路而不采用图 8-51 所示电路呢？大家可以从转换开关触点可能接触不良上去思考。由此可见，理论联系实际并不容易，一个电路是否实用，是需要从多个方面进行分析的。

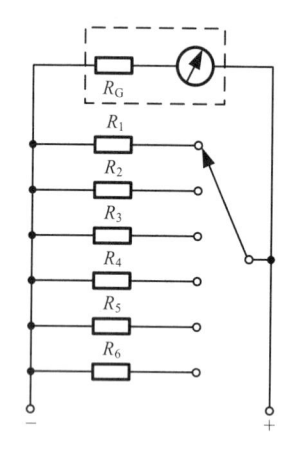

图 8-51　不实用的电流表电路

二、三相电路教学案例

1. 案例介绍

假如学生宿舍 1、2、3 栋分别接入三相电路中的 A 相、B 相、C 相。如果第 1 栋宿舍短路，你认为第 2、3 栋宿舍会受影响吗？如有为什么？如没有，又是为什么？如果第 1 栋宿舍断路，那么第 2、3 栋宿舍又会怎么样呢？为什么？

2. 解决思路

在三相电路中，在讲解不对称三相负载中线的作用时，任凭教师怎么讲解学生都体会不到那根小小的中线到底有多大的作用，但一用案例讲解学生就恍然大悟。

这则案例激起了学生浓厚的兴趣，有些说没有影响；有些说有影响，第 2、3 栋的灯泡会炸掉，还有些同学甚至说会起火。学生展开了热烈的讨论，课堂气氛非常活跃。

等学生讨论一阵后，这时教师又做进一步的启发。让学生画出三相电路图，在有中线和没有中线的情况下去分析。这时学生在草稿本上写写画画，让学生思考一阵后，请学生代表上台画出三相电路图分析如下：

在有中性线和无中性线两种情况下，分析 A 相负载发生短路或断路时电路的工作情况。

（1）有中性线，A 相负载发生短路。电路如图 8-52 所示。

仅 A 相熔断器熔断，B 相、C 相负载仍正常工作。也就是说三相电路有中线的话，第 1 栋宿舍短路，第 2、3 栋宿舍不受影响。

（2）没有中线，A 相发生短路。电路如图 8-53 所示。

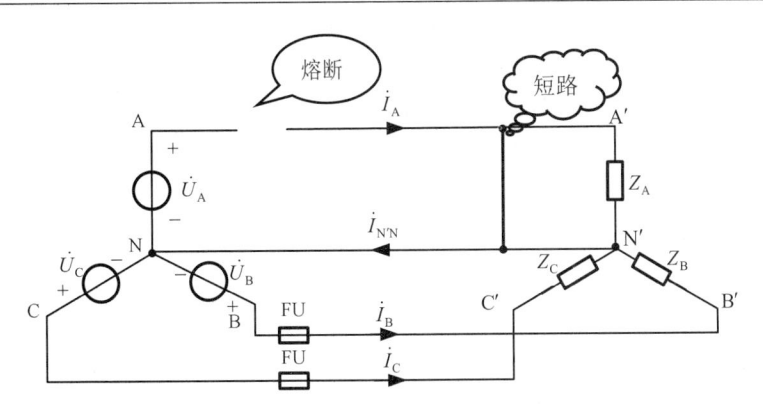

图 8-52 有中线的情况

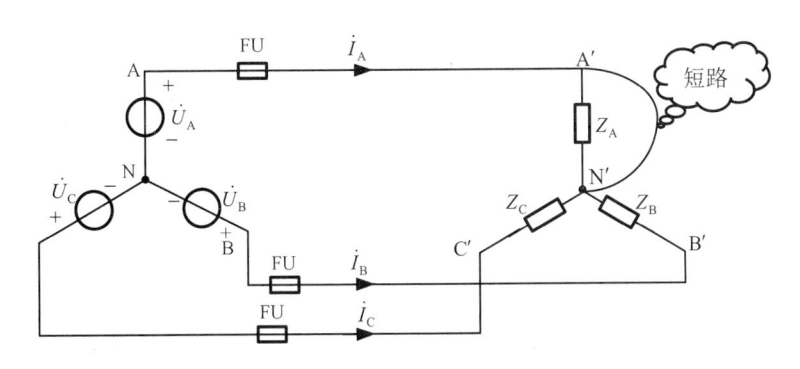

图 8-53 无中线的情况

B 相、C 相负载承受电源线电压，I_B、I_C 增大，$\dot{I}_A = -(\dot{I}_B + \dot{I}_C)$，FU 不一定熔断，B 相、C 相负载损坏。也就是说第 1 栋宿舍短路，如没有中线的情况下，那么第 2、3 栋宿舍所有的灯泡都会炸掉。再让学生联想，如果宿舍变成医院，况且还有病人在做抢救手术又会造成什么后果呢？进一步提醒学生是中线值钱还是昂贵的医疗设备甚至人的性命值钱呢？这时学生通过一连串的联想，在脑海中形成一个深刻的印象，三相电路中的中线绝对不能断开。

（3）有中性线，A 相断路。电路如图 8-54 所示。

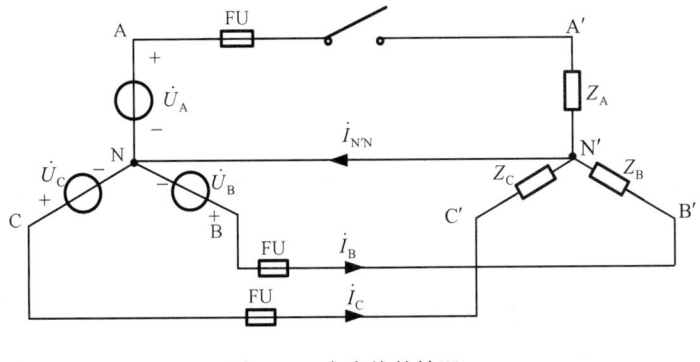

图 8-54 有中线的情况

B相、C相负载正常工作。不受影响。也就是说三相电路有中线的话，第1栋宿舍断路，第2、3栋宿舍不受影响。

（4）无中性线，A相断路。电路如图8-55所示。

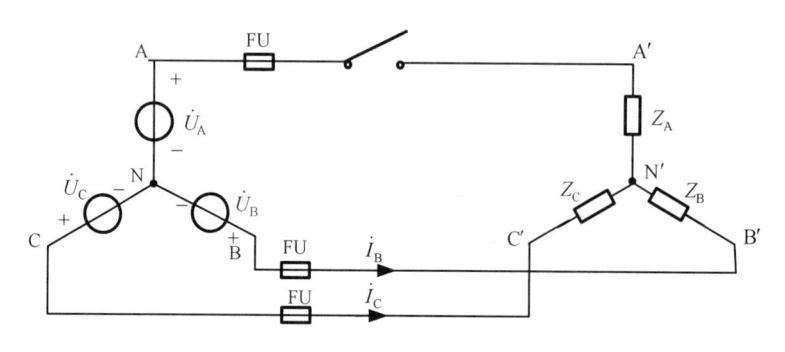

图8-55 无中线的情况

B相、C相负载串联，接在线电压$\dot{U}_{BC}$上，仍不能工作。也就是说第1栋宿舍断路，如没有中线的情况下，那么第2、3栋宿舍所有的灯泡都会变暗。如果有空调、冰箱的话，那就会因电压过低而停止工作，这样通过对比学生已经明白中线在三相电路中的重要作用了。这时教师再归纳总结如下：

① 负载不对称而又没有中性线时，负载的相电压就不对称，有的相的电压高于负载的额定电压，有的低于负载的额定电压。这都是不允许的。三相负载的相电压必须对称。

②不对称负载星形连接时必须有中性线。中性线的作用就在于使星形连接的不对称负载的相电压对称。中性线（指干线）内不应接入熔断器或闸刀开关，以保证中性线不断开。

通过案例分析，可以把抽象的理论知识和实际应用结合起来，使学生体会到《电工技术》的知识就在身边，并在日常生活中占有很重要的意义。这样就可提高学生把所学理论知识运用到专业工程实际的能力。

三、暂态电路教学案例

暂态电路分析是《电工技术》重要的一章，多数教材的教学内容基本局限在理论分析计算的层面。而实际应用中，有很多利用暂态过程实现所需功能的设备，电焊机就是很好的一例。

1. 案例介绍

电焊机的点焊过程就是利用大电流通过工件压接点的接触电阻时，接触点瞬时发热而熔接金属的。根据焊接理论和经验可知，使焊点的瞬间熔接需要大约50J的能量。因为点焊是在几毫秒内完成的，瞬时功率可达上千瓦甚至更大，体积为$1mm^3$的点焊区域内温升可超过金属的熔点。

现代新型便携式焊机的体积小重量轻，由于是手工操作的设备，必须使用低于50V的安全电压供电。那么，怎样在低压小容量供电电源的情况下，获得很大的瞬时功率？

电容器的储能容易，而且可以瞬间释放能量，人们设计了如图 8-56 所示的点焊机电源电路。供电采用 24V 电池；储能电容器由三个电容量为 105μF 的大电容器 C_1-C_3 并联组成。该组电容器能够在低电压条件下存储足够的能量。S 为单刀双掷开关，充电限流电阻 R_1 的阻值 5Ω，电阻 R_2 是开关 S 的等效内阻和导线电阻的总和，大约为 5mΩ；电阻 R_L 为焊点介质的接触电阻，可以将其理解为焊接负载，大约有 20mΩ。

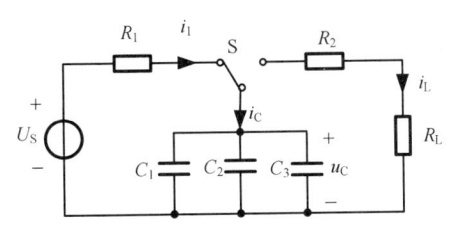

图 8-56 点焊机的充电放电模型

当开关 S 拨到左边时，电容被充电储能。当开关 S 拨到右边时，电容放电瞬间释放能量。因此，点焊机操作过程对应着电容的充电和放电两个过程。

2．解决思路

本案例将涉及到暂态电路的初始值、时间常数、零状态响应、零输入响应、瞬时功率和平均功率等 RC 电路暂态分析中的基本问题。可以将此例作为引例，来展开讲解 RC 电路暂态响应的各种概念，推导电容充放电的规律，并以本例的实际参数值进行定量计算。除了计算常规的初始值、时间常数、零状态响应和零输入响应外，还应对充放电的功率、效率以及电容储能进行计算。

通过定量计算得到结论：大容量电容器能够储存很高的电能，瞬间放电电流极大。正因为电容具有这样的充放电特性，才能实现点焊功能。

在课堂分析过程中还应指出，由于理想电源是不存在的，因此 R_1 中还包括了电源的内阻。考虑到电源内阻是很小的，故需要接外串电阻，使该支路的电阻值达到几个欧姆。我们可让学生思考：为什么要外串电阻？R_1 阻值选多大较为合适？过大或过小会有什么影响？

| 教学反思 | 案例型教学法是一种创新性的教学方法，其教学过程是多元智能理论在现代教学中的科学运用，特别是教师在教学中的地位和作用发生了根本性的变化，真正体现了学生在整个教学活动中的主体地位。案例教学法强调通过学生的自主学习来获得知识和技能，有利于学生创新能力的培养和提高。在教师的指导下，将案例作为项目的形式交由学生自己处理。其中信息的收集、方案的设计、项目实施及最终评价，都由学生全部或部分独立组织、安排学习行为，解决在处理项目中遇到的困难。这样不仅传授给学生理论知识和操作技能，而且培养了他们的职业能力，更能符合"卓越计划"对人才培养模式的需求。 |

参考文献

[1] 邱关源. 电路. 第 5 版. 北京：高等教育出版社，2006.
[2] 李翰荪. 电路分析基础. 第 4 版. 北京：高等教育出版社，2006.
[3] 刘子建. 电工技术. 北京：中国水利水电出版社，2014.
[4] 李中发. 电工技术. 第 2 版. 北京：中国水利水电出版社，2014.
[5] 秦曾煌. 电工学. 第 6 版. 北京：高等教育出版社，2003.
[6] 吴大正. 电路基础. 西安：西安电子科技大学出版社，2002.
[7] 吴锡龙. 电路分析导论. 北京：高等教育出版社，1987.
[8] 赖旭芝. 电路理论基础. 第 2 版. 长沙：中南大学出版社，2007.
[9] 张静秋. 电路与电子技术实验教程. 长沙：中南大学出版社，2013.
[10] 崔建明. 电路与电子技术的 Multisim 10.0 仿真. 北京：中国水利水电出版社，2009.
[11] 路勇. 电子电路实验与仿真. 北京：清华大学出版社，北京交通大学出版社，2010.
[12] 王仲奕. 电路习题解析. 第 4 版. 西安：西安交通大学出版社，2002.
[13] 范世贵，郭婷. 电路分析基础重点难道点考点辅导与精析. 西安：西北工业大学出版社，2001.
[14] 王淑敏. 电路基础常见题型解析及模拟题. 西安：西北工业大学出版社，2000.
[15] 邢丽冬，潘双来. 电路学习指导与习题精解. 第 2 版. 北京：清华大学出版社，2009.